JN297639

システム制御工学シリーズ 23

行列不等式アプローチによる制御系設計

工学博士 小原 敦美 著

コロナ社

システム制御工学シリーズ編集委員会

編集委員長　池田　雅夫（大阪大学・工学博士）
編 集 委 員　足立　修一（慶應義塾大学・工学博士）
（五十音順）　　梶原　宏之（九州大学・工学博士）
　　　　　　　　杉江　俊治（京都大学・工学博士）
　　　　　　　　藤田　政之（東京工業大学・工学博士）

（2007年1月現在）

刊行のことば

　わが国において，制御工学が学問として形を現してから，50年近くが経過した．その間，産業界でその有用性が証明されるとともに，学界においてはつねに新たな理論の開発がなされてきた．その意味で，すでに成熟期に入っているとともに，まだ発展期でもある．

　これまで，制御工学は，すべての製造業において，製品の精度の改善や高性能化，製造プロセスにおける生産性の向上などのために大きな貢献をしてきた．また，航空機，自動車，列車，船舶などの高速化と安全性の向上および省エネルギーのためにも不可欠であった．最近は，高層ビルや巨大橋梁（きょうりょう）の建設にも大きな役割を果たしている．将来は，地球温暖化の防止や有害物質の排出規制などの環境問題の解決にも，制御工学はなくてはならないものになるであろう．今後，制御工学は工学のより多くの分野に，いっそう浸透していくと予想される．

　このような時代背景から，制御工学はその専門の技術者だけでなく，専門を問わず多くの技術者が習得すべき学問・技術へと広がりつつある．制御工学，特にその中心をなすシステム制御理論は難解であるという声をよく耳にするが，制御工学が広まるためには，非専門のひとにとっても理解しやすく書かれた教科書が必要である．この考えに基づき企画されたのが，本「システム制御工学シリーズ」である．

　本シリーズは，レベル0（第1巻），レベル1（第2～7巻），レベル2（第8巻以降）の三つのレベルで構成されている．読者対象としては，大学の場合，レベル0は1,2年生程度，レベル1は2,3年生程度，レベル2は制御工学を専門の一つとする学科では3年生から大学院生，制御工学を主要な専門としない学科では4年生から大学院生を想定している．レベル0は，特別な予備知識なしに，制御工学とはなにかが理解できることを意図している．レベル1は，少

し数学的予備知識を必要とし，システム制御理論の基礎の習熟を意図している。レベル2は少し高度な制御理論や各種の制御対象に応じた制御法を述べるもので，専門書的色彩も含んでいるが，平易な説明に努めている。

　1990年代におけるコンピュータ環境の大きな変化，すなわちハードウェアの高速化とソフトウェアの使いやすさは，制御工学の世界にも大きな影響を与えた。だれもが容易に高度な理論を実際に用いることができるようになった。そして，数学の解析的な側面が強かったシステム制御理論が，最近は数値計算を強く意識するようになり，性格を変えつつある。本シリーズは，そのような傾向も反映するように，現在，第一線で活躍されており，今後も発展が期待される方々に執筆を依頼した。その方々の新しい感性で書かれた教科書が制御工学へのニーズに応え，制御工学のよりいっそうの社会的貢献に寄与できれば，幸いである。

1998年12月

編集委員長　池　田　雅　夫

まえがき

　身近なところから極限状況までも含めたさまざまな現象の時間的な振る舞いについて，その仕組みを解き明かし役立てようという営みの一つとして，システム制御工学は発展しその重要性を増してきている．この分野は，工学のみならず，微分方程式，関数解析，最適化などの諸分野との交流を続けながら多岐にわたって成長してきたが，その中心は「線形時不変システム」と呼ばれる，定係数の線形常微分方程式に支配されるシステムの構造や動特性の理論である．

　本書は，有限次元の線形時不変システムの安定性，受動性，有界実性などの基礎的諸性質を，最適化と関連する線形行列不等式（LMI）という概念を軸に詳しく解説する．つぎに，これらの結果が凸最適化を通してシステム解析，ロバスト制御系設計，ゲインスケジュールド制御系設計などの応用とどのように関わってくるかを概説する．

　今日 LMI を取り巻く環境には，内点法と呼ばれる優れた解法とそのフリーウェアが簡単に入手可能な上，これを活かす学問的成果と技術の蓄積も備わっているので，われわれはこの，いわば知的社会基盤の恩恵を容易に享受できる．執筆にあたり，このような最適化分野との接点を重視するとともに，線形時不変システム理論のある特定の部分がいかに構築されているかを，LMI とその背後の数理的な仕組みから俯瞰・解釈できるようにも配慮した．二兎を追うようなこの野心的な試みにより，本書が初学者に役立つだけでなく，すでにこの分野に従事している読者にもなんらかの新しい見方や着想を提供できたとしたら，望外の喜びである．

　想定する読者は，一般教養課程の線形代数・微積分の基礎的な知識を有し，専門課程での制御工学の講義をある程度学んだことがある人である．それら以上の必要事項や予備知識は最小限を本書内に準備し，自己完結できるように記し

たつもりである。

　本書の草稿に丁寧に目を通していただき，貴重なコメントを賜った土谷 隆，増淵 泉の両氏に深謝します。また，恩師の北森俊行先生，須田信英先生や，多くの同僚や学生の諸氏には，さまざまな機会を通じて，この分野について幾多もの点から啓発していただいた。謝意を表します。

　最後に，本書執筆の機会をいただいた編集委員の方々，執筆から刊行まで長い間お世話になったコロナ社の方々，そして著者を励まし続けてくれた家族にも心から感謝したい。

2016 年 1 月

小原敦美

記号一覧

$\forall x, P(x)\ (P(x), \forall x)$	任意の x について命題 $P(x)$ が成り立つ（$\forall$：全称記号）
$\exists x, P(x)\ (P(x), \exists x)$	ある x が存在して命題 $P(x)$ が成り立つ（$\exists$：存在記号）
x s.t. $P(x)$	条件 $P(x)$ を満たす x (subject to または such that)
$\{x|P(x)\}$	条件 $P(x)$ を満たす x を要素とする集合
$X \Rightarrow Y$	X ならば Y（X は Y の十分条件，Y は X の必要条件）
$X \Leftrightarrow Y$	X と Y は同値（X は Y の必要十分条件）
$X := Y$	X を Y と定義する
$\mathcal{A} \pm \mathcal{B}$	集合 $\mathcal{A}$ と $\mathcal{B}$ のミンコフスキ和（9 ページ参照）
$\mathcal{A} \backslash \mathcal{B}$	集合 $\mathcal{A}$ に属し，かつ集合 $\mathcal{B}$ には属さない要素の集合
A^*	行列 A の複素共役転置，$A^* := \bar{A}^T$
A^{-*}	行列 A^* の逆行列，$A^{-*} := (A^*)^{-1} = (A^{-1})^*$
A^{-T}	行列 A^T の逆行列，$A^{-T} := (A^T)^{-1} = (A^{-1})^T$
$A^{1/2}$	$A^{1/2} \succeq 0$ かつ $(A^{1/2})^2 = A$ を満たす行列
aff $\mathcal{A}$	集合 $\mathcal{A}$ のアファイン包
bd $\mathcal{A}$	集合 $\mathcal{A}$ の境界
block-diag$\{A_1, \cdots, A_r\}$	行列 $A_1, \cdots, A_r$ を対角ブロックに持つブロック対角行列
$\mathcal{B}[T_1, T_2; x_0]$	88 ページ参照
$\mathbf{C}_{+e}$	実部が非負の複素数集合と $\{\infty\}$ の和集合
cl $\mathcal{A}$	集合 $\mathcal{A}$ の閉包
conv $\mathcal{A}$	集合 $\mathcal{A}$ の凸包
diag$\{\sigma_1, \cdots, \sigma_r\}$	対角要素が σ_i である $r \times r$ 対角行列
$F(\mathcal{A})$	写像 F による集合 $\mathcal{A}$ の像（10 ページ参照）
Herm$(n; \mathbf{C})$	n 次エルミート行列集合
I, I_q	単位行列，q 次単位行列
Im$[s]$, Re$[s]$	複素数 s の虚部と実部

$\mathrm{im}\, A$	行列（線形写像）A の像空間，$\mathrm{im}\, A := \{y \mid \exists x, y = Ax\}$
$\mathrm{int}\, \mathcal{A}$	集合 $\mathcal{A}$ の内部
$\mathcal{K}^\circ$	錐 $\mathcal{K}$ の極錐（11 ページ参照）
$\mathrm{ker}\, A$	行列（線形写像）A の核（零空間），$\mathrm{ker}\, A := \{x \mid 0 = Ax\}$
$\lambda(A)$	行列 A の固有値集合
$\lambda_i(A)$	適当に順番 i を付けた，行列 A の各固有値
$\lambda_{\max}(A)$	行列 A のすべての固有値が実数の場合の最大固有値
$\lambda_{\min}(A)$	行列 A のすべての固有値が実数の場合の最小固有値
$\mathrm{nonneg}\, \mathcal{A}$	集合 $\mathcal{A}$ の非負包
$\mathrm{PD}(n),\ \mathrm{PD}(n; \mathbf{R})$	n 次実対称正定値行列集合
$\mathrm{PD}(n; \mathbf{C})$	n 次エルミート正定値行列集合
$\mathrm{ri}\, \mathcal{A}$	集合 $\mathcal{A}$ の相対的内部
$\sigma_i(A)$	大きさが i 番目の行列 A の特異値
$\sigma_{\max}(A),\ \bar{\sigma}(A)$	行列 A の最大特異値（$= \sigma_1(A)$）
$\mathrm{span}\, \mathcal{A}$	$\mathcal{A}$ の線形包
$\mathrm{Sym}(n),\ \mathrm{Sym}(n; \mathbf{R})$	n 次実対称行列集合
$0_{p \times q}$	要素がすべて 0 の $p \times q$ 行列
$\mathbf{1}$	要素がすべて 1 のベクトル

目　次

1. はじめに

1.1　線形行列不等式の一つの例 …………………………………… *1*
1.2　何ができるのか？ 本書の趣旨 ………………………………… *2*
1.3　全体の流れ，書き方 …………………………………………… *3*

2. 線形行列不等式とその性質

2.1　凸集合と凸関数 ………………………………………………… *5*
　2.1.1　凸集合 ……………………………………………………… *5*
　2.1.2　凸関数 ……………………………………………………… *12*
　2.1.3　分離定理* …………………………………………………… *14*
2.2　正定値行列と線形行列不等式 ………………………………… *17*
　2.2.1　正定値性 …………………………………………………… *17*
　2.2.2　線形行列不等式（LMI） …………………………………… *21*
　2.2.3　線形行列不等式の性質 …………………………………… *25*
2.3　半正定値計画 …………………………………………………… *34*
　2.3.1　半正定値計画（SDP）問題 ………………………………… *34*
　2.3.2　非線形計画問題のSDPへの変換について ……………… *37*
　2.3.3　行列関数と半正定値計画 ………………………………… *41*
演　習　問　題 ………………………………………………………… *51*

3. 数理計画との関連

- 3.1 最適化問題 ……………………………………………… 53
- 3.2 半正定値計画問題の主・双対問題とその表現 ……………… 55
- 3.3 他の典型的な凸計画問題や SDP との関係 …………………… 60
  - 3.3.1 線形計画問題 ……………………………………… 60
  - 3.3.2 凸2次計画問題と2次錐計画問題 ……………………… 63
  - 3.3.3 SDP との関係 ……………………………………… 69
  - 3.3.4 関連する話題：LMI の表現力と SDP 緩和 …………… 71
- 演習問題 …………………………………………………………… 75

4. 線形システムの性質と線形行列不等式

- 4.1 システムの安定性と行列固有値の存在領域 ………………… 79
  - 4.1.1 リアプノフ方程式・不等式の性質 …………………… 79
  - 4.1.2 クロネッカ積を用いた LMI による固有値存在領域の制約 … 82
- 4.2 消散性 ……………………………………………………… 88
  - 4.2.1 システムの消散性：時間・周波数領域での定義と条件 … 88
  - 4.2.2 伝達関数の正実性と有界実性 ………………………… 93
  - 4.2.3 消散性の強い結果について …………………………… 100
- 4.3 H_2 ノルム …………………………………………………… 104
- 4.4 入出力の振幅制約条件 …………………………………… 109
- 演習問題 …………………………………………………………… 113

5. 線形行列不等式の利用に役立つ技法

- 5.1 変数の消去* ……………………………………………… 115
- 5.2 S-procedure* ……………………………………………… 119

5.3　ロバスト行列不等式とロバスト最適化 * ……………………………… *123*
5.4　KYP 補 題 * ……………………………………………………… *128*
　5.4.1　極錐とある不等式について ……………………………………… *130*
　5.4.2　KYP 補題への適用 ……………………………………………… *133*
演 習 問 題 ……………………………………………………………… *138*

6.　多目的ロバスト制御への応用

6.1　不確かさを伴う制御対象の表現 ……………………………………… *141*
6.2　不確かさへの対処：ロバスト安定性 ………………………………… *146*
　6.2.1　一般化制御対象 …………………………………………………… *146*
　6.2.2　積分 2 次制約（IQC）によるロバスト安定条件 ……………… *147*
6.3　システムの性能のロバスト性 ………………………………………… *158*
6.4　（多目的）フィードバック制御器の LMI による設計 ……………… *161*
　6.4.1　閉ループ系の実現から導かれる非線形行列不等式 …………… *161*
　6.4.2　変数変換を用いた LMI への変形 ……………………………… *162*
6.5　多目的制御器設計の数値例 …………………………………………… *169*
　6.5.1　制御対象と問題の設定 …………………………………………… *169*
　6.5.2　セパレータ Π の構成 …………………………………………… *171*
　6.5.3　設計条件として得られる非凸行列不等式とその扱い ………… *172*
　6.5.4　計 算 結 果 ……………………………………………………… *175*
演 習 問 題 ……………………………………………………………… *177*

7.　ゲインスケジュールド制御

7.1　ゲインスケジュールド制御とは ……………………………………… *180*
　7.1.1　基本的な考え方 …………………………………………………… *180*
　7.1.2　注意点：スケジューリング変数変化速度の考慮 ……………… *181*
　7.1.3　制御器補間法と LPV 法 ………………………………………… *183*
　7.1.4　LPV システム ……………………………………………………… *184*

7.2 LPVシステムへのモデル化 ……………………………… 186
7.2.1 ヤコビ行列による線形化近似 …………………………… 186
7.2.2 LPVシステムとノルム有界変動を用いた補間による方法 ……… 188
7.2.3 quasi-LPVモデリング …………………………………… 191
7.3 LPV法によるゲインスケジュールド制御系設計 …………… 193
7.3.1 LPVシステムのおもな性質とその不等式条件 ………………… 194
7.3.2 パラメータ依存線形微分行列不等式について ………………… 197
7.3.3 パラメータ依存解を用いた制御器設計法 …………………… 199
7.3.4 ポリトープ型LPVモデルと定数解を用いる方法 ……………… 201
7.3.5 LFT型LPVモデルを用いる方法 ………………………… 203
7.4 軌道追従制御への応用 ………………………………… 207
7.4.1 区分線形関数によるLPVシステムの構成 …………………… 207
7.4.2 数値例と結果 ………………………………………… 209
演習問題 …………………………………………………… 214

付録 …………………………………………………………… 216
A.1 線形代数からの簡単な準備 —— 固有値・特異値・ノルム ……… 216
A.1.1 内積とノルム ………………………………………… 216
A.1.2 特異値と固有値 ……………………………………… 217
A.2 集合と位相からの簡単な準備 ……………………………… 218
A.3 システム制御工学からの簡単な準備 ……………………… 221
A.3.1 線形システム理論からの必要事項 ………………………… 221
A.3.2 消散性を保証する2次形式の蓄積関数について ……………… 222
A.3.3 関数のノルムと入出力安定性 …………………………… 223

引用・参考文献 ……………………………………………… 226
演習問題の解答 ……………………………………………… 231
索引 ………………………………………………………… 249

1 はじめに

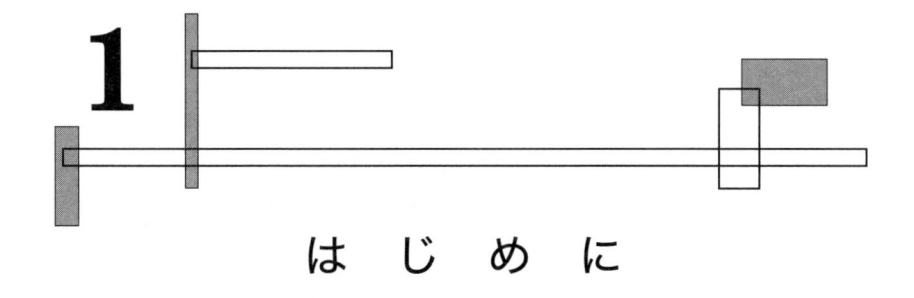

この章では，本書で主要な役割を果たす線形行列不等式とはどのようなものかを具体的に知ってもらうために，まず，システム制御の分野で非常になじみ深い例を一つ挙げる。

次に，そのような線形行列不等式を扱うことがこの分野にもたらした進展を端的に述べ，この背景を踏まえた本書の趣旨を述べる。最後に，本書の構成と書き方を説明する。

1.1 線形行列不等式の一つの例

A を $n \times n$ の正方行列，$x(t)$ を n 次元ベクトルとして，行列 A によって記述されたつぎのような線形時不変な常微分方程式系を考える。

$$\dot{x}(t) = Ax(t), \quad x(0) = x_0$$

ここで "$\cdot$" は時間微分を表す。任意の初期値 x_0 に対する解 $x(t)$ が，$\lim_{t \to \infty} x(t) = 0$ を満たすとき，**原点は漸近安定**あるいは**系（システム）は安定**といわれる。

システム制御および隣接した信号処理や機械・ロボット工学などの分野において，与えられたシステムの安定性を調べることは，理論的な興味以上に，速い応答性や安全性などと絡んで工学的にもしばしば非常に重要な問題となる。

状態方程式とも呼ばれる上のような微分方程式系が安定であるための必要十

分条件として，「A のすべての固有値の実部が負であること」がよく知られている。一方，システム制御工学では，行列の固有値を求めることなくシステムの安定性を判別したい状況がしばしば起こる。そのような場合に適した別の必要十分条件の一つで有用なものは，「行列に関する不等式

$$A^T X + XA \prec 0, \quad X \succ 0$$

を満たす解行列 X が存在すること」である[†]。ここで，$\prec$ や $\succ$ は行列に関する不等号であり，後に詳しく説明する。

　この不等式が**線形行列不等式**（linear matrix inequality; LMI）と呼ばれるものの一例であり，本書でおもにシステム制御の側面から線形行列不等式の性質や応用を考察していく際の最も基本的な不等式でもある。

　一方，LMI を満たす行列を変数とするある最適化問題は**半正定値計画**（semidefinite programming; SDP）問題と呼ばれ，多くの理論的興味と重要な応用の存在が明らかになり，数理計画分野で理論・アルゴリズム・実装の研究が盛んとなった。

　現在では，LMI や SDP の応用はシステム制御だけでなく，さまざまな工学に加え，自然科学や社会科学にも及んでいる。

1.2 何ができるのか？ 本書の趣旨

　LMI を特に制御系設計に用いることがもたらした最も大きな恩恵は，これまで仕様を満足する制御器を解析的に導けなかった設計問題に対して理論的な保証を持つ数値解を与えられるようになったことである。典型的な例として，本書でも扱う複数の制御仕様を満たす制御系やゲインスケジュールド制御系の設計問題がある。

　LMI がシステム制御でいかに活用されるかを解説することが本書第一の目的であるが，本書ではつぎの 2 点も試みる。

[†] この結果はリアプノフ（Lyapunov）の定理と呼ばれる。

- 長い歴史がありシステム制御の基礎である「時不変な線形システム」の理論を，（できれば少ない予備知識でスタートし）基礎的な部分からLMIという観点で見つめ直し理解を深める。
- 上述したように多くの理工学の分野で必須の計算技術となりつつあるSDPをはじめとする凸最適化をやや丁寧に紹介し，システム制御で培われたモデリングなどのウザと併せて他分野でも使えるようにする。

この企てが少しでも奏功していれば幸いである。なお，LMIのシステム制御への応用に関してはすでにいくつかの特色のある良書[1]～[3]†もあるので，参照されたい。

1.3 全体の流れ，書き方

本書は当初大学院生向けの企画であった。しかし，結果的にはシステム制御工学についての予備知識として，多くの大学の学部で講義される「古典制御」から伝達関数の計算とブロック線図の変形，また「現代制御」から状態方程式，安定性，可制御・可観測性などの前半部分を一通り理解している程度でよいと思われる。したがって，興味ある学部生も十分読み始めることができる。ただし，本書の内容上，行列やベクトルの基本計算は多い。また，線形時不変システム理論をLMIで基礎から捉え直すという副次的な目的のため，類書に比べて凸解析の一部の基本的概念にページを割いている。

本書の全体の流れは，以下のようになっている。上記の予備知識でまとめや解説が必要な部分を2章と付録で述べる。さらに詳細な説明は，線形システム理論については文献[4]～[6]など，線形代数については文献[7],[8]など，凸解析については文献[9],[10]などを参照されたい。

3章ではLMIやSDPの数理計画における位置付けや話題を概説し，4章では線形システムの基本的かつ重要な性質とLMIの関係を詳説する。5章ではLMIの有用でかつ興味深い結果をまとめる。6章では4章の内容に基づくロバ

---
† 肩付き番号は巻末の引用・参考文献を示す。

スト制御系設計について，積分 2 次制約を中心に据えて解説する．7 章はゲインスケジュールド制御への応用である．7 章の各論の詳細は参考文献で補った．

　節や項の見出しの最後に付与した "*" の記号はやや詳細な議論を展開していることを意味しており，これらの節や項は結果を利用するのみでも十分役立つだろう．

　本書では，説明を簡潔に記すため，近年のシステム制御の専門書では珍しくなくなってきた，数学書のような以下の書き方を比較的多用した．

$\forall x, P(x)$　　　任意の x について命題 $P(x)$ が成り立つ（全称記号）
$\exists x, P(x)$　　　ある x が存在して命題 $P(x)$ が成り立つ（存在記号）
x s.t. $P(x)$　　条件 $P(x)$ を満たす x（subject to または such that）
$\{x|P(x)\}$　　　条件 $P(x)$ を満たす x を要素とする集合
$:=$　　　　　　右辺による左辺の定義

2

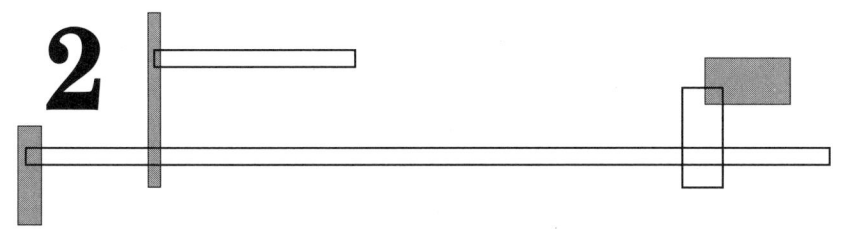

線形行列不等式とその性質

　この章では，本書で必要となる予備的な知識を解説する。巻頭に記号表があり，付録にはわずかながら集合と位相，線形代数の基礎的事項をまとめてあるので，適宜参考にして読み進めていただきたい。

2.1 凸集合と凸関数

2.1.1 凸　集　合

【定義 2.1】 （凸集合）
$\mathbf{R}^n$ の部分集合 $\mathcal{C}$ が**凸集合**（convex set）であるとは

$$\forall \alpha \in [0,\ 1],\ \forall x_1, x_2 \in \mathcal{C}, \qquad \alpha x_1 + (1-\alpha)x_2 \in \mathcal{C}$$

が成り立つことである。空集合 $\emptyset$ は凸集合と約束する。

例 2.1　以後，本書では $\mathbf{R}^n$ の内積を $\langle y, x \rangle := x^T y$ とする。
　$\mathbf{R}^n$ 自身，$\mathbf{R}^n$ の 1 点 x のみからなる集合 $\{x\}$ は凸集合である。線形部分空間も凸集合である。$\mathbf{R}^n$ の $q+1$ 本のベクトル $v_0, \cdots, v_q$ に対して

$$\mathcal{A} := \left\{ x \,\middle|\, x = v_0 + \sum_{i=1}^{q} \alpha_i v_i,\, \alpha_i \in \mathbf{R} \right\}$$

と定義される集合は**アファイン部分空間**（affine subspace）と呼ばれ，線形部分空間を原点から v_0 だけ平行移動したものであり，これも凸集合である．

ある法線ベクトル $h \in \mathbf{R}^n$ と $d \in \mathbf{R}$ で定まる**超平面**（hyperplane）$\{x|\langle h,x \rangle = d\}$，**閉半空間**（closed half space）$\{x|\langle h,x \rangle \leqq d\}$，**開半空間**（open half space）$\{x|\langle h,x \rangle < d\}$ も，簡単であるが重要な凸集合の例である．複数の閉半空間の共通集合として，凸な多面体（2次元なら三角形とその内部など）を構成できる．

球の内部，球の内部と球面の和集合も凸である．一般に $c \in \mathbf{R}^n$ を中心とする楕円体の表面とその内部 $\mathcal{E}$ は，ある行列 L やベクトル y を用いて

$$\mathcal{E} := \{x|\, x = c + Ly,\, y^T y \leqq 1\}$$

と表せる[†]．これらも凸である．特に $L = I_n$（n 次単位行列）のとき，$\mathcal{E}$ は球面とその内部を表す．

$\mathbf{R}^2$ では，図 **2.1** のような図形は凸集合である．本書の主題となる線形行列不等式の解集合も凸であることを後に示す．

一方，球面 $\left\{ x \in \mathbf{R}^n \,\middle|\, \sum_{i=1}^{n} x_i^2 = 1 \right\}$ や球の外部は，凸集合ではない．た

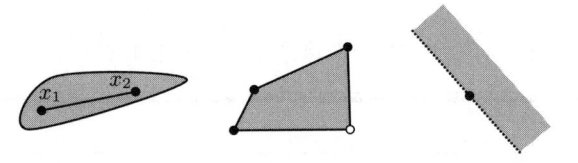

図 2.1 2次元平面上の凸集合の例（3種類）．ただし，境界の実線，黒点は集合に含まれ，点線，白丸は含まれないとする．

[†] ある行列 R を用いて，$\mathcal{E} := \{x|(x-c)^T R^T R(x-c) \leqq 1\}$ とも表せる．

がいに素な複数の集合の和集合，穴の空いた集合も凸でない。$\mathbf{R}^2$ では，図 2.2 のような図形は凸集合ではない。

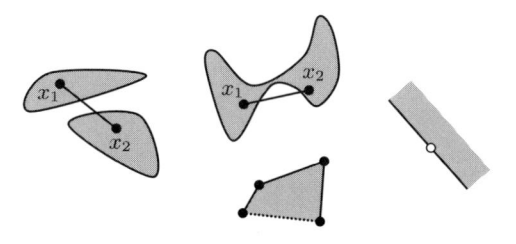

図 2.2 2 次元平面上の非凸集合の例（4 種類）

例題 2.1 $\mathbf{R}^n$ の q 本のベクトルの集合 $\{v_1, \cdots, v_q\}$ に対して

$$x = \sum_{i=1}^{q} \alpha_i v_i, \quad \alpha_i \in \mathbf{R}, i = 1, \cdots, q$$

で定義されるベクトル x を考える。$\sum_{i=1}^{q} \alpha_i = 1$ かつ $\alpha_i \geqq 0\ (i = 1, \cdots, q)$ を満たすとき，x を v_i の**凸結合**（convex combination）という。この条件を満たすすべての α_i に対する凸結合の集合

$$\mathcal{P} := \left\{ x \,\middle|\, x = \sum_{i=1}^{q} \alpha_i v_i,\ \sum_{i=1}^{q} \alpha_i = 1,\ \alpha_i \geqq 0,\ i = 1, \cdots, q \right\}$$

は**ポリトープ**（polytope）（あるいは $\{v_1, \cdots, v_q\}$ の**凸包**[†]）と呼ばれる。ポリトープ $\mathcal{P}$ が凸集合であることを示せ。

【解答】 ポリトープが凸集合の定義を満たすことを示す。ポリトープの定義から，任意の $x, y \in \mathcal{P}$ に対してある α_i, β_i が存在して

$$x = \sum_{i=1}^{q} \alpha_i v_i,\ \sum_{i=1}^{q} \alpha_i = 1,\ \alpha_i \geqq 0,\ i = 1, \cdots, q$$

$$y = \sum_{i=1}^{q} \beta_i v_i,\ \sum_{i=1}^{q} \beta_i = 1,\ \beta_i \geqq 0,\ i = 1, \cdots, q$$

[†] $\{v_1, \cdots, v_q\}$ の凸包（convex hull）を $\mathcal{P} = \text{conv}\{v_1, \cdots, v_q\}$ と表す（付録参照）。

と書ける．凸集合の定義を確認するには，任意の $\gamma \in [0, 1]$ に対して

$$\gamma x + (1-\gamma)y = \sum_{i=1}^{q} \delta_i v_i, \quad \delta_i := \gamma \alpha_i + (1-\gamma)\beta_i$$

が $\mathcal{P}$ の要素であることを示せばよい．明らかに $\delta_i \geqq 0$ $(i=1,\cdots,q)$ で

$$\sum_{i=1}^{q} \delta_i = \sum_{i=1}^{q} \beta_i + \gamma \left(\sum_{i=1}^{q} \alpha_i - \sum_{i=1}^{q} \beta_i \right) = 1$$

なので，$\gamma x + (1-\gamma)y \in \mathcal{P}$ となり，$\mathcal{P}$ は凸集合である． $\diamondsuit$

注：$q \leqq n$ でベクトル v_i $(i=1,\cdots,q)$ が線形独立であるとき，ポリトープは特に**単体**（simplex）と呼ばれる．

【定義 2.2】　（錐）
$\mathbf{R}^n$ の部分集合 $\mathcal{K}$ が**錐**（cone）とは

$$\forall \alpha > 0, \forall x \in \mathcal{K}, \quad \alpha x \in \mathcal{K}$$

が成り立つことである．錐が凸集合でもあるとき，**凸錐**（convex cone）と呼ぶ．

上の定義では，錐は原点を含んでいるとは限らないことに注意しよう．

例 2.2　$\mathbf{R}^n$ 自身，$\{0\}$，線形部分空間，境界が原点を含む開半空間，閉半空間は，凸錐である．これらの（無限個も許す）共通集合も凸錐となる．

一方，閉半空間から原点のみを除いた集合は，錐であるが凸集合ではない．また，原点を含まないアファイン部分空間は，凸集合であるが錐ではない．

よく用いられる凸錐を説明しよう．ベクトル x の成分がすべて正（非負）であることを $x > 0$ $(x \geqq 0)$ と表すと，**非負象限**（nonnegative orthant）$\mathbf{R}_+^n := \{x \in \mathbf{R}^n | x \geqq 0\}$，**正象限**（positive orthant）$\mathbf{R}_{++}^n := \{x \in \mathbf{R}^n | x > 0\}$，非負象限から原点のみを除いた集合 $\mathbf{R}_+^n \setminus \{0\}$，正象限に原点を加えた集合 $\mathbf{R}_{++}^n \cup \{0\}$ は，すべて凸錐である．

さらに，非負象限の一般化として，q 本のベクトルの集合 $\{v_1, \cdots, v_q\}$ の非負結合全体，すなわち $\{v_1, \cdots, v_q\}$ の**非負包**（付録参照）

$$\mathrm{nonneg}\{v_1, \cdots, v_q\} := \left\{ x \in \mathbf{R}^n \middle| x = \sum_{i=1}^{q} \alpha_i v_i,\ \alpha_i \geqq 0,\ i = 1, \cdots, q \right\}$$

として表される集合は，**有限錐**と呼ばれる凸錐である．一方，境界が原点を含む有限個の閉半空間の共通集合

$$\{ x \in \mathbf{R}^n \,|\, \langle h_i, x \rangle \leqq 0, i = 1, \cdots, r \}$$

は，**凸多面錐**と呼ばれる凸錐である．有限錐と凸多面錐は同じ凸錐の別表現であり，線形計画（LP）と呼ばれる数理計画問題で重要な凸錐となる．

境界が曲面であるほうがより一般的である．後に詳述する半正定値対称行列の集合や，つぎのように定義される **2 次錐**（**ローレンツ錐**）と呼ばれる凸錐

$$\left\{ x = [\, x_1 \quad x_2 \quad \cdots \quad x_n \,]^T \in \mathbf{R}^n \middle| x_1 \geqq \sqrt{x_2^2 + \cdots + x_n^2} \right\}$$

がその例となる．非負象限，2 次錐，半正定値行列錐は，基本的な数理計画（LP，SOCP，SDP。3 章を参照）問題を考える上で重要な凸錐である．

$\mathbf{R}^n$ の任意の部分集合 $\mathcal{A}$ の非負包 $\mathrm{nonneg}\mathcal{A}$ は凸錐である．また，集合 $\alpha \mathcal{A} := \{ x |\ x = \alpha y,\ y \in \mathcal{A}, \alpha \geqq 0 \}$ も錐で，特に $\mathcal{A}$ が凸なら凸錐であり，$\alpha \mathcal{A} = \mathrm{nonneg} \mathcal{A}$ である．

【定義 2.3】　（いくつかの集合演算）

$\mathbf{R}^n$ 内の二つの集合 $\mathcal{A}, \mathcal{B}$ に対して

$$\mathcal{A} \pm \mathcal{B} := \{ z | z = x \pm y,\ \exists x \in \mathcal{A},\ \exists y \in \mathcal{B} \}$$

と定義する[†]．また，$\mathcal{A} \subset \mathbf{R}^n$，$\mathcal{B} \subset \mathbf{R}^m$ に対して直積集合を

[†] ミンコフスキ（Minkowski）和と呼ばれることがある．

2. 線形行列不等式とその性質

$$\mathcal{A} \times \mathcal{B} := \{(x,y) \in \mathbf{R}^n \times \mathbf{R}^m | x \in \mathcal{A}, y \in \mathcal{B}\}$$

と定義する．最後に，写像 $F : \mathbf{R}^n \to \mathbf{R}^m$ による集合 $\mathcal{A}$ の像を

$$F(\mathcal{A}) := \{y \in \mathbf{R}^m | y = F(x), \exists x \in \mathcal{A}\}$$

と表す．

これらを含めた集合演算は，つぎのように凸性を保存し，基礎的な考察にしばしば有用である．

【補題 2.1】 凸集合 $\mathcal{A}, \mathcal{B}$ に対して以下が成り立つ．

1) $\mathcal{A} \cap \mathcal{B}$ も凸集合である．特に $\mathcal{A}, \mathcal{B}$ が凸錐なら $\mathcal{A} \cap \mathcal{B}$ も凸錐である．
2) $\mathcal{A} \pm \mathcal{B}$ も凸集合である．特に $\mathcal{A}, \mathcal{B}$ が凸錐なら $\mathcal{A} \pm \mathcal{B}$ も凸錐である．
3) $\mathcal{A} \times \mathcal{B}$ も凸集合である．特に $\mathcal{A}, \mathcal{B}$ が凸錐なら $\mathcal{A} \times \mathcal{B}$ も凸錐である．
4) 写像 $F : \mathbf{R}^n \to \mathbf{R}^m$ と開半空間 $\mathcal{H}_\pm \subset \mathbf{R}^n$ を

$$F(x) := \frac{Ax + b}{c^T x + d}, \quad A \in \mathbf{R}^{m \times n}, b \in \mathbf{R}^m, c \in \mathbf{R}^n, d \in \mathbf{R},$$

$$\mathcal{H}_+ := \{x | c^T x + d > 0\},\ \mathcal{H}_- := \{x | c^T x + d < 0\}$$

と定めたとき[†]，$\mathcal{A} \subset \mathcal{H}_+$ または $\mathcal{A} \subset \mathcal{H}_-$ ならば，$F(\mathcal{A})$ は凸集合である．

証明 いずれも凸性の定義が成立することを示せばよい．1)～3) は各集合演算の定義から容易に導ける．4) は，$l(x) := c^T x + d$ とおくと，$x_1, x_2 \in \mathcal{A}, \alpha \in [0, 1]$ に対して，$\alpha F(x_1) + (1 - \alpha)F(x_2) = F(\beta x_1 + (1 - \beta)x_2)$ を満たす $\beta \in [0, 1]$ が $\beta = \alpha l(x_2)/\{\alpha l(x_2) + (1 - \alpha)l(x_1)\}$ と求められる． △

[†] このような写像 F を**線形分数変換**（linear fractional transformation; LFT）という．特に $d \neq 0$ で $c = 0$ のとき，**アファイン変換**（affine transformation）といい，さらに $b = 0$ のときは線形変換である．

【定義 2.4】 （極錐・双対錐）

空でない錐 $\mathcal{K} \subseteq \mathbf{R}^n$ に対して，内積を通して

$$\mathcal{K}^\circ := \{s | \langle s, x \rangle \leqq 0, \, \forall x \in \mathcal{K}\}$$

と定義される集合を，$\mathcal{K}$ の**極錐**（polar cone）という。

一方，極錐と原点対称な錐，すなわち

$$-\mathcal{K}^\circ := \{s | \langle s, x \rangle \geqq 0, \, \forall x \in \mathcal{K}\}$$

を**双対錐**（dual cone）という。

注：$\mathcal{K}^\circ$ はつねに凸である。$\mathcal{K}$ が凸錐で $\mathcal{K} \neq \mathbf{R}^n$ ならば，$\mathcal{K}^\circ$ は非零ベクトルを含む。凸錐 $\mathcal{K}$ と cl$\mathcal{K}$ のそれぞれの極錐は一致する（下の例と**演習問題【2】**参照）。

極錐は直交補空間を拡張したものと考えられる。また，最適化の双対問題とも密接な関係があり，本書では KYP 補題を示すのに用いられる。

例 2.3 $(\mathbf{R}^n)^\circ = \{0\}$，$\{0\}^\circ = \mathbf{R}^n$ は，容易である。線形部分空間 $\mathcal{V}$ の極錐は $\mathcal{V}$ の直交補空間である。特に原点を通る超平面 $\mathcal{H} := \{x | \langle h, x \rangle = 0\}$ の極錐は，法線ベクトル h の張る 1 次元部分空間，すなわち $\mathcal{H}^\circ = \{x | x = \alpha h, \, \forall \alpha \in \mathbf{R}\}$ となる。

開半空間 $\mathcal{H}_- := \{x | \langle h, x \rangle < 0\}$ とその閉包である閉半空間 cl$\mathcal{H}_-$ の極錐は一致し，1 次元錐 $(\mathcal{H}_-)^\circ = (\text{cl}\mathcal{H}_-)^\circ = \{x | x = \alpha h, \, \forall \alpha \geqq 0\}$ である。

正象限 $\mathbf{R}^n_{++} := \{x \in \mathbf{R}^n | x > 0\}$ と非負象限 $\mathbf{R}^n_+ := \{x \in \mathbf{R}^n | x \geqq 0\}$ の極錐は，$-\mathbf{R}^n_+$（非正象限）となる[†]。

[†] すなわち，非負象限の双対錐は非負象限自身となる。2 次錐，半正定値行列錐も同様である。このような錐は**自己双対**と呼ばれ，その性質は最適化アルゴリズム（内点法）に役立つ。

$\mathbf{R}^2$ の凸とは限らない一般的な錐に対して，極錐と双対錐は例えば図 2.3 のようになる。

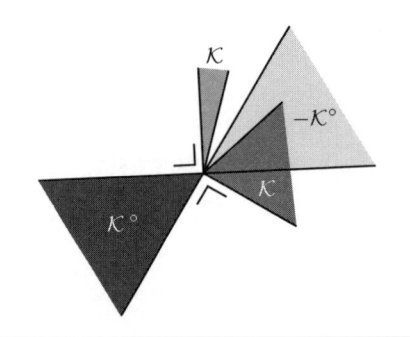

図 2.3 2次元平面での非凸な錐 $\mathcal{K}$ と その極錐 $\mathcal{K}^\circ$，双対錐 $-\mathcal{K}^\circ$

2.1.2 凸関数

【定義 2.5】 （凸関数）
集合 $\mathcal{X} \subseteq \mathbf{R}^n$ を定義域とする関数 $f : \mathcal{X} \to \mathbf{R}$ が **凸関数**（convex function）であるとは，定義域 $\mathcal{X}$ が凸で，任意の $\alpha \in [0, 1]$ と任意の $x_1, x_2 \in \mathcal{X}$ に対し，f がつぎの不等式を満たすことである。

$$f(\alpha x_1 + (1 - \alpha) x_2) \leqq \alpha f(x_1) + (1 - \alpha) f(x_2)$$

与えられた関数が凸関数であるかどうかを調べることが，しばしば必要となる。以下に，凸関数を特徴付ける条件のうち重要なものを示す。

【定理 2.1】
1) 定義域 $\mathcal{X}$ に含まれない要素 x に対して $f(x) := +\infty$ と定義したとき，f が凸関数である必要十分条件は，f の**エピグラフ** $\mathrm{epi} f := \{(x, y) \in \mathbf{R}^n \times \mathbf{R} \mid f(x) \leqq y\}$ が凸集合となることである（図 2.4 参照）。

2.1 凸集合と凸関数

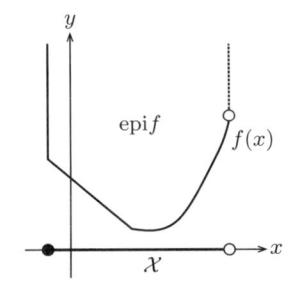

図 2.4 凸関数 f とその
エピグラフ epi$f$

2) f が 2 回連続微分可能なとき，f が凸関数である必要十分条件は f の定義域 $\mathcal{X}$ 上でヘッセ行列 $\nabla^2 f(x) := (\partial^2 f / \partial x_i \partial x_j)$ が半正定値（次節参照）となることである。

| 証明 | 演習問題【1】とする。 △

注：粗くいうと，凸関数は定義域で下にふくらんだような関数である。

例 2.4 ax^2 $(a \geqq 0)$, $|x|$, e^{ax} $(a \in \mathbf{R})$ は $\mathbf{R}$ 上で凸関数である。x^p $(p \geqq 1)$, $-x^q$ $(0 \leqq q \leqq 1)$ は $\mathbf{R}_+$ 上で，$-\log x$, x^p $(p \leqq 0)$ は $\mathbf{R}_{++}$ 上で，それぞれ凸関数である。$\mathbf{R}^n$ 上の凸関数の例として，$h^T x + b$（1 次関数），$\max\{x_1, \cdots, x_n\}$ がある。2 次関数 $x^T A x + b^T x + c$ は A が半正定値のとき凸である。任意のベクトルノルム $\|\cdot\|$ に対して $\|Ax+b\|$ も凸である。

【定義 2.6】 （準凸関数）

実数値関数 f の定義域 $\mathcal{X} \subseteq \mathbf{R}^n$ に対して，$x \notin \mathcal{X}$ なら $f(x) = +\infty$ とする。任意の c に対し f のサブレベル集合 $\mathcal{L}_f(c) := \{x \in \mathbf{R}^n | c \geqq f(x)\}$ が凸であるとき，f を**準凸**（quasi-convex）関数という。

注：f が凸関数なら，**定理 2.1** の 1) より $\mathbf{R}^n \times \mathbf{R}$ 内で epi$f$ は凸であり，**補題 2.1** の 1) より半空間 $\mathcal{H}_c := \{(x,y) \in \mathbf{R}^n \times \mathbf{R} \mid y \leq c\}$ との共通集合も凸となる．$\mathcal{L}_f(c)$ はこの共通集合の $\mathbf{R}^n$ へ射影なので，**補題 2.1** の 4) より $\mathcal{L}_f(c)$ も凸である．したがって，凸関数は準凸関数でもある．逆は成立しない（つぎの例参照）．

例 2.5 $\sqrt{|x|}$ や $\log|x|$ などは，$\mathbf{R}$ 上の準凸関数であるが凸関数でない．同様に，この例で絶対値をノルムに置き換えた $\mathbf{R}^n$ 上の関数も，準凸であるが凸でない．

$-f$ が凸関数のとき，f は**凹関数**と呼ばれる．また，$-f$ が準凸関数のとき，f は**準凹関数**と呼ばれる．

2.1.3 分 離 定 理 *

分離定理は，粗くいうと「二つの凸集合が重なっておらず，接しているか離れている場合，それらを分ける超平面が存在する」ことを主張している．この定理は，凸集合に関わる結果を導く上でしばしば鍵となる道具であり，先に述べた極錐とも密接に関わっている[†]．後に示すように，本書において行列不等式の興味深く有用な結果のいくつかを示す上で，分離定理は本質的である．

【定義 2.7】 （分離）

$\mathcal{A}, \mathcal{B}$ を $\mathbf{R}^n$ 内の二つの部分集合とする．超平面 $\mathcal{H}$ の作る二つの閉半空間の片方に $\mathcal{A}$ が含まれ，もう一方の閉半空間に $\mathcal{B}$ が含まれ，$\mathcal{A}, \mathcal{B}$ が同時には $\mathcal{H}$ に含まれない（「$\mathcal{H} \supset \mathcal{A}$ かつ $\mathcal{H} \supset \mathcal{B}$」でない）とき，$\mathcal{H}$ は $\mathcal{A}$ と $\mathcal{B}$ を**プロパに分離する**[††]といい，$\mathcal{H}$ を**分離超平面**という（**図 2.5** 参照）．

[†] ある集合と錐を分離する超平面の法線ベクトルは，その錐の極錐か双対錐に含まれる．
[††] $\mathcal{H}$ 上の点を $\mathcal{A}$ と $\mathcal{B}$ が共有してもよい．

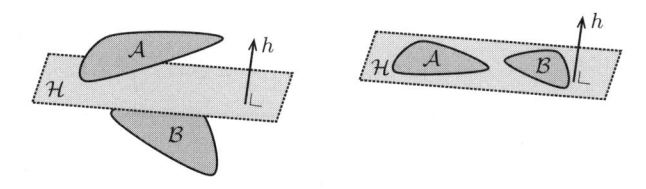

図 2.5 分離超平面 $\mathcal{H}$ とその法線ベクトル h（左図）。$\mathcal{H} \supset \mathcal{A}$ かつ $\mathcal{H} \supset \mathcal{B}$ なのでプロパに分離していない凸集合（右図）。

つぎの補題は，片方の集合が1点であるときの分離定理と見なすことができる。

【補題 2.2】 $\mathcal{C} \subset \mathbf{R}^n$ を空ではない凸集合とし，その相対的内部（付録参照）を $\operatorname{ri}\mathcal{C}$ と表す。ベクトル $\hat{x}$ が $\operatorname{ri}\mathcal{C}$ の要素でないならば

$$\langle h, x - \hat{x} \rangle \leqq 0, \quad \forall x \in \mathcal{C}$$

を満たす非零ベクトル h が存在する。

証明 $\mathcal{C}' := \mathcal{C} - \{\hat{x}\}$ とおくと，**定義 2.3** より，$\mathcal{C}'$ は $\hat{x}$ が原点となるように $\mathcal{C}$ を平行移動した集合である。$\mathcal{C}$ が凸集合なので $\mathcal{C}'$ も凸であり，その非負包（付録参照）$\mathcal{K} := \operatorname{nonneg}\mathcal{C}'$ は定義より凸錐で $\mathcal{K} \supset \mathcal{C}'$ である。また，$0 \notin \operatorname{ri}\mathcal{C}'$ より $\mathcal{K} \neq \mathbf{R}^n$ である。

演習問題【2】より，$\mathcal{K} \neq \mathbf{R}^n$ なる凸錐 $\mathcal{K}$ の極錐 $\mathcal{K}^\circ$ はある非零ベクトル h を含むので，$\mathcal{K} \supset \mathcal{C}'$ と極錐の定義から

$$\langle h, x' \rangle \leqq 0, \quad \forall x' \in \mathcal{C}'$$

が成り立つ。任意の $x \in \mathcal{C}$ に対して $x - \hat{x} \in \mathcal{C}'$ であるので，題意が従う。 △

やや限定的だが使いやすい形の分離定理の一つを示す。

【定理 2.2】 $\mathcal{A}, \mathcal{B}$ は $\mathbf{R}^n$ 内の空でない凸集合であり，$\mathcal{A}$ は内点を持つとする。このとき，$\operatorname{int}\mathcal{A} \cap \mathcal{B} = \emptyset$ ならば

$$\exists h \in \mathbf{R}^n \setminus \{0\}, \exists c \in \mathbf{R}, \quad \inf_{x \in \mathcal{A}} \langle h, x \rangle \geqq c \geqq \sup_{x \in \mathcal{B}} \langle h, x \rangle \quad (2.1)$$

が成り立ち，超平面 $\mathcal{H} := \{x|\langle h,x\rangle = c\}$ は $\mathcal{A}$ と $\mathcal{B}$ をプロパに分離する。特に $\mathcal{A}$ が開集合（すなわち $\mathrm{int}\mathcal{A} = \mathcal{A}$）のときは，逆も成り立つ。

証明 補題 2.1 の 2) より $\mathcal{C} := \mathcal{B} - \mathcal{A}$ は凸集合であり，仮定より内点を持ち $\mathrm{int}\mathcal{C} = \mathrm{ri}\mathcal{C} \not\ni 0$ である。したがって，補題 2.2 で $\hat{x} = 0$ とおくと

$$\langle h, x\rangle \leqq 0, \quad \forall x \in \mathcal{C}$$

を満たすベクトル $h \neq 0$ が存在する。任意の $x_1 \in \mathcal{A}$, $x_2 \in \mathcal{B}$ に対して $x = x_2 - x_1 \in \mathcal{C}$ なので

$$\langle h, x_1\rangle \geqq \langle h, x_2\rangle, \quad \forall(x_1, x_2) \in \mathcal{A} \times \mathcal{B}$$

が成立し，したがって式 (2.1) を満たすある c が存在する。また，$\mathcal{A}$ は内点を持つのでいかなる超平面にも含まれ得ない。よって，$\mathcal{H}$ は $\mathcal{A}$ と $\mathcal{B}$ をプロパに分離する。

$\mathcal{A}$ を開集合として逆を示す。もし $\langle h, x_0\rangle = c$ なる $x_0 \in \mathcal{A}$ が存在すれば，$\mathcal{A}$ が開なので x_0 の近傍に $\langle h, x\rangle < c$ となる $x \in \mathcal{A}$ が存在し，式 (2.1) に矛盾する。したがって，$\mathcal{H}$ は $\mathcal{A}$ の点を含まない。よって，$\mathcal{A} \cap \mathcal{B} = \emptyset$ となる。 △

つぎの系は**定理 2.2** のさらに特別な場合であるが，本書では重要である。

【系 2.1】 定理 2.2 において，特に $\mathcal{A}$ は凸錐とする。このとき，$c = 0$ と選ぶことができる。さらに $\mathcal{A}$ が開集合でもある（すなわち開凸錐）とき，$\mathcal{A} \cap \mathcal{B} = \emptyset$ の必要十分条件はつぎのとおりである。

$$\forall x \in \mathcal{A}, \langle h, x\rangle > 0 \quad \text{かつ} \quad 0 \geqq \sup_{x \in \mathcal{B}}\langle h, x\rangle$$
$$\text{を満たす } h \in \mathbf{R}^n \setminus \{0\} \text{ が存在する} \tag{2.2}$$

証明 $\inf_{x \in \mathcal{A}}\langle h, x\rangle = 0$ であることを示す。まず $\inf_{x \in \mathcal{A}}\langle h, x\rangle < 0$ とはならない。なぜなら，もしある $x_0 \in \mathcal{A}$ で $\langle h, x_0\rangle < 0$ とすると，$\mathcal{A}$ が錐であるので

$$\inf_{x \in \mathcal{A}}\langle h, x\rangle \leqq \inf_{\alpha > 0}\langle h, \alpha x_0\rangle = -\infty$$

となり，**定理 2.2** の $\inf_{x \in \mathcal{A}}\langle h, x\rangle \geqq c$ に反する。実際に $\inf_{x \in \mathcal{A}}\langle h, x\rangle = 0$ となること

は，$x \in \mathcal{A}$ を原点に近づければ明らかである．よって，$c = 0$ ととれる．

$\mathcal{A}$ が開凸錐である場合の主張は，**定理 2.2** の証明で $c = 0$ とすればよい．　△

例 2.6　（定理 2.2 と系 2.1 の例）

平面 $\mathbf{R}^2$ 上の三つの凸集合 $\mathcal{A}_1, \mathcal{A}_2, \mathcal{B}$（非負象限，正象限，$\mathcal{A}_1$ と $\mathcal{A}_2$ に接した円およびその内部）を考える．

$$\mathcal{A}_1 := \{x | x_1 \geqq 0, x_2 \geqq 0\}$$
$$\mathcal{A}_2 := \mathrm{int}\mathcal{A}_1 = \{x | x_1 > 0, x_2 > 0\}$$
$$\mathcal{B} := \{x | x_1^2 + (x_2 + 1)^2 \leqq 1\}$$

$\mathcal{A}_1, \mathcal{A}_2$ は凸錐で，特に $\mathcal{A}_2$ は開凸錐である．$\mathrm{int}\mathcal{A}_i \cap \mathcal{B} = \emptyset$ $(i = 1, 2)$ なので，系 2.1 の結果のように，分離超平面はともに $\mathcal{H} := \{x | \langle h, x \rangle = x_2 = 0\}$，$h = \begin{bmatrix} 0 & 1 \end{bmatrix}^T$ と定まり，原点を通るが

$$\inf_{x \in \mathcal{A}_1} \langle h, x \rangle = \min_{x \in \mathcal{A}_1} \langle h, x \rangle \geqq 0 \geqq \sup_{x \in \mathcal{B}} \langle h, x \rangle$$

であるのに対し

$$\forall x \in \mathcal{A}_2, \langle h, x \rangle > 0 \quad \text{かつ} \quad 0 \geqq \sup_{x \in \mathcal{B}} \langle h, x \rangle$$

となり，$\mathcal{A}_2$ のベクトルに対して厳密な不等式が成り立つ．

2.2　正定値行列と線形行列不等式

2.2.1　正　定　値　性

【定義 2.8】　（正定値，半正定値行列）

エルミート行列 $A = A^* \in \mathbf{C}^{n \times n}$ に対して，$x^* A x$ を $x \in \mathbf{C}^n$ のエルミート形式という[†]．さらに実対称 $A = A^T \in \mathbf{R}^{n \times n}$ でもあるとき，$x^T A x$ を

[†] エルミート形式は実数値をとる．"$*$" は共役転置を表す．

$x \in \mathbf{R}^n$ の **2次形式**という。

エルミート行列 A が**正定値**（positive definite）であるとは

$$\forall x \in \mathbf{C}^n \setminus \{0\}, \quad x^* A x > 0$$

が成り立つことである．特に実対称行列 A が**正定値**であるとは，A はエルミートでもあるので同じ定義でもよいが，2次形式を用いてつぎのように定められる．

$$\forall x \in \mathbf{R}^n \setminus \{0\}, \quad x^T A x > 0$$

同様に，エルミート行列，または実対称行列が**半正定値**（positive semidefinite）であるとは，上の正定値性の定義で不等号 $>$ を $\geq$ に置き換えた不等式が成り立つことである．以後，エルミート（または実対称）行列 A が正定値であるとき $A \succ 0$ と表し，半正定値であるとき $A \succeq 0$ と表す．

注：正定値性・半正定値性はエルミート（または実対称）行列に関する性質である[†]．したがって，単に $A \succ 0$ または $A \succeq 0$ と書かれているとき，行列 A は自動的にエルミート（または実対称）行列であるものとする．

上ですべての不等号を逆にして定義される行列を（半）**負定値行列**という．半正定値でも半負定値でもない行列は，**不定値**（indefinite）と呼ばれる．

また，$A - B \succ 0$ のとき，単に $A \succ B$（$A - B \succeq 0$ のときは $A \succeq B$）と書く．

例 2.7 定義どおりに（半）正定値性が簡単に調べられるのは，対角行列である．この場合，対角要素がすべて正であることが正定値性，すべて非負であることが半正定値性の必要十分条件であることは，容易に確認できる．エルミート行列の対角要素はつねに実数であることに注意しよう．

非対角行列では，例えば対称行列

[†] なぜなら，$A_h := (A + A^*)/2$, $A_s := (A - A^*)/2$ とすれば，任意の行列 A は $A = A_h + A_s$ とエルミート行列 $A_h = A_h^*$ と歪エルミート行列 $-A_s = A_s^*$ の和に分解できるが，$x^* A x = x^* A_h x$ となり，エルミート形式に A_s は無関係なためである．

$$A_1 = \begin{bmatrix} 1 & -1 \\ -1 & 2 \end{bmatrix}, \quad A_2 = \begin{bmatrix} 1 & -1 \\ -1 & 1 \end{bmatrix}$$

は，$x = \begin{bmatrix} x_1 & x_2 \end{bmatrix}^T$ の 2 次形式が

$$x^T A_1 x = (x_1 - x_2)^2 + x_2^2, \quad x^T A_2 x = (x_1 - x_2)^2$$

となるので，それぞれ正定値，半正定値であることがわかる．

正定値（半正定値）行列の対角要素は必ず正（非負）であり，一般に対角要素が大きいほど半正定値になりやすい．逆に，半正定値行列の i 番目の対角要素が 0 なら，i 行と i 列はすべて 0 である[†]．

以下の補題は，行列の（半）正定値性を判別するのに有用である[††]．エルミート行列のすべての固有値は実数である（付録参照）ことに注意しよう．

【補題 2.3】 A を n 次エルミート行列とする．正定値性に関するつぎの三つの条件は同値である．

1) $A \succ 0$
2) A の固有値はすべて正，すなわち $\lambda_{\min}(A) > 0$
3) ある行列 $L \in \mathbf{C}^{m \times n}$（$m \geq \mathrm{rank} L = n$）（すなわち列フルランク）が存在して $A = L^* L$ と表せる．

同様に，半正定値性に関するつぎの三つの条件は同値である．

1′) $A \succeq 0$
2′) A の固有値はすべて非負，すなわち $\lambda_{\min}(A) \geqq 0$
3′) ある自然数 m と行列 $L \in \mathbf{C}^{m \times n}$ が存在して $A = L^* L$ と表せる．

注：これらの条件以外にシルベスタ（Sylvester）の判別法[†††]もよく知られているが，本書では用いない．

[†] 定義のエルミート形式で x の i 番目の要素 x_i のみを実数で $x_i \to \pm\infty$ としてみよう．
[††] 特に A が実対称の場合は，$*$ を T に置き換え，T, L を実行列とした結果が成り立つ．
[†††] すべての主座小行列式が正（すべての主小行列式が非負）$\Leftrightarrow$ 正定値（半正定値）．

|証明| 演習問題【3】とする。　　　　　　　　　　　　　　　　　　　△

例 2.8　（補題 2.3 の 3) と 3') の例）

例 2.7 で
$$L_1 = \begin{bmatrix} 1 & -1 \\ 0 & 1 \end{bmatrix}, \quad L_2 = \begin{bmatrix} 1 \\ -1 \end{bmatrix}$$
とすれば，$A_1 = L_1^T L_1$, $A_2 = L_2^T L_2$ であり，また A_1 の固有値は $(3\pm\sqrt{5})/2$，A_2 の固有値は $2, 0$ である。

A がエルミート行列のとき，TAT^* もエルミートとなる。つぎの補題は，しばしば用いられるこの行列変換が半正定値性を保存することを主張する。

【補題 2.4】　A, B を n 次エルミート行列とすると，つぎの性質が成り立つ。

1) $T \in \mathbf{C}^{m \times n}$ かつ $\mathrm{rank}\, T = m$ であるとき，$A \succ 0$ なら $TAT^* \succ 0$ である。

2) 任意の自然数 m と行列 $T \in \mathbf{C}^{m \times n}$ に対して，$A \succeq 0$ なら $TAT^* \succeq 0$ である。$\mathrm{rank}\, T = n$ のときは，逆も成り立つ。

3) ある正則行列 $T \in \mathbf{C}^{n \times n}$ が存在し $B = TAT^*$ と表せる $\Leftrightarrow$ n 次エルミート行列 A と B の正，零，負の固有値の数[†]は，それぞれ同じである。

注：3) より，T が正則なら，例えば $A \succ 0 \Leftrightarrow TAT^* \succ 0$ や $\{A \succeq 0$ かつ $A \not\succ 0\} \Leftrightarrow \{TAT^* \succeq 0$ かつ $TAT^* \not\succ 0\}$[††]などが導かれる。

|証明| 演習問題【4】とする。　　　　　　　　　　　　　　　　　　　△

[†]　これらの数の組をエルミート行列の慣性（inertia）と呼ぶ。
[††]　半正定値だが正定値でない，つまり最小固有値が 0 である。

エルミート行列は, $X = X^T$, $Y = -Y^T$ を満たす実行列 X, Y により, $X + jY$ （ただし, $j = \sqrt{-1}$）と表せる。これを用いて, エルミート行列の正定値性は, つぎのように実対称行列の正定値性で判別できる。

【補題 2.5】 つぎの 2 条件は同値である。
1) 実部が X, 虚部が Y であるエルミート行列が（半）正定値である。
2) つぎのブロック実対称行列が（半）正定値である。

$$\begin{bmatrix} X & Y^T \\ Y & X \end{bmatrix} = \begin{bmatrix} X & -Y \\ Y & X \end{bmatrix}$$

| 証明 | 演習問題【5】とする。 △

2.2.2 線形行列不等式（LMI）

線形行列不等式（linear matrix inequality; LMI）とは, つぎのように表される行列の半正定値性または正定値性に関する不等式である。

$$F(x) = F_0 + x_1 F_1 + \cdots + x_m F_m \succeq 0 \text{（または} \succ 0\text{）} \tag{2.3}$$

ここで, $F_i = F_i^T$ $(i = 0, \cdots, m)$ は与えられた実対称行列であり, $x = \begin{bmatrix} x_1 & \cdots & x_m \end{bmatrix} \in \mathbf{R}^m$ は未知変数ベクトルである。重要なことは, $F(x)$ は実対称行列であり, 各要素は x の 1 次関数[†]である点である。

係数行列 F_i がエルミート行列であるような線形行列不等式もさまざまな応用があり, 本書でも時折扱うが, 補題 2.5 を用いて実対称行列の式 (2.3) に帰着できるので, 以後これについて説明していく。また, 線形行列不等式は次節で説明する**半正定値計画**と呼ばれる最適化問題と関係が深く, 複雑な不等式は半正定値計画の実行可能解として数値解法で求解される。

まず簡単な例を見てみよう。

[†] このとき, $F(x)$ は x に関して**アファイン**あるいは**線形**と呼ぶことにする。

例 2.9 前章でも少し触れたが，リアプノフ不等式は線形行列不等式である。簡単のため，$n=2$ として状態方程式

$$\dot{x}(t) = Ax(t), \quad x(0) = x_0, A \in \mathbf{R}^{2\times 2}$$

を考えよう。このシステムが漸近安定であるための必要十分条件の一つは，

リアプノフ（Lyapunov）不等式

$$A^T X + XA \prec 0, \quad X \succ 0 \tag{2.4}$$

に実対称行列の解 X が存在することであった。式 (2.4) 左辺の各要素は，行列変数 X に対して線形な行列不等式である。実際

$$E_1 := \begin{bmatrix} 1 & 0 \\ 0 & 0 \end{bmatrix}, E_2 := \begin{bmatrix} 0 & 1 \\ 1 & 0 \end{bmatrix}, E_3 := \begin{bmatrix} 0 & 0 \\ 0 & 1 \end{bmatrix}$$

とおくと

$$X = \sum_{i=1}^{3} x_i E_i = \begin{bmatrix} x_1 & x_2 \\ x_2 & x_3 \end{bmatrix} \tag{2.5}$$

と表せる。また

$$A^T X + XA = \sum_{i=1}^{3} x_i (A^T E_i + E_i A)$$

と表せる。以下で説明する式 (2.7) の関係から，式 (2.4) の連立不等式と block-diag$\{-A^T X - XA, P\} \succ 0$ は同値なので

$$F_i := \begin{bmatrix} -A^T E_i - E_i A & 0 \\ 0 & E_i \end{bmatrix}, \ i=1,2,3$$

とおけば，リアプノフ不等式 (2.4) は

$$F(x) = \sum_{i=1}^{3} x_i F_i \succ 0$$

となって，式 (2.3) の形で表される。また，この解 $x \in \mathbf{R}^3$ を用いて，式 (2.4) の解行列 X は式 (2.5) として得られることもわかる。

システム制御に関係して現れる線形行列不等式は，この例のリアプノフ不等式のように変数が行列であることが多い．行列変数 X に関して2次である

$$BXAX^TB^T + CXD + D^TX^TC^T + E \prec 0 \tag{2.6}$$

の形の行列不等式も基本的であり，これらはシステム制御では特に**リッカチ**（Riccati）**不等式**と呼ばれる．例**2.10**で見るように，リッカチ不等式はある条件のもとで線形行列不等式に変形できる．

つぎに示す正定値性に関する関係式は，行列不等式を扱う上で非常に役立つ．

i) ブロック対角行列の固有値は，各対角ブロックの行列固有値の和集合となる．したがって，可解性について，つぎの同値な関係が成り立つ．

$$F_i(x) \succ 0 \,(\text{または} \succeq 0), \quad i=1,\cdots,p$$
$$\Leftrightarrow \begin{bmatrix} F_1(x) & & 0 \\ & \ddots & \\ 0 & & F_p(x) \end{bmatrix} \succ 0 \,(\text{または} \succeq 0) \tag{2.7}$$

この関係は，例**2.9**で見たように，連立線形行列不等式系を1本の線形行列不等式にするときにしばしば用いられる．

ii) A^{-1} または C^{-1} が存在するとき，ブロック対角化に関する等式†

$$\begin{bmatrix} I & -BC^{-1} \\ 0 & I \end{bmatrix} \begin{bmatrix} A & B \\ B^T & C \end{bmatrix} \begin{bmatrix} I & -BC^{-1} \\ 0 & I \end{bmatrix}^T = \begin{bmatrix} A-BC^{-1}B^T & 0 \\ 0 & C \end{bmatrix}$$

または

$$\begin{bmatrix} I & -A^{-1}B \\ 0 & I \end{bmatrix}^T \begin{bmatrix} A & B \\ B^T & C \end{bmatrix} \begin{bmatrix} I & -A^{-1}B \\ 0 & I \end{bmatrix} = \begin{bmatrix} A & 0 \\ 0 & C-B^TA^{-1}B \end{bmatrix}$$

から，可解性についてつぎの同値な関係が成立する．

$$F_{11}(x) - F_{12}(x)F_{22}^{-1}(x)F_{12}^T(x) \succ 0, \quad F_{22}(x) \succ 0 \tag{2.8}$$
$$\Leftrightarrow F_{22}(x) - F_{12}^T(x)F_{11}^{-1}(x)F_{12}(x) \succ 0, \quad F_{11}(x) \succ 0 \tag{2.9}$$

---

† この式に現れる小行列 $A-BC^{-1}B^T$ や $C-B^TA^{-1}B$ は，$\begin{bmatrix} A & B \\ B^T & C \end{bmatrix}$ の**シューア補元**（Schur complement）と呼ばれる．

$$\Leftrightarrow \begin{bmatrix} F_{11}(x) & \pm F_{12}(x) \\ \pm F_{12}^T(x) & F_{22}(x) \end{bmatrix} \succ 0 \text{（複号同順）} \tag{2.10}$$

式 (2.8) や式 (2.9) は，逆行列や積があるため x に関する非線形行列不等式であるが，この関係により，式 (2.10) のような線形行列不等式に変換できる．

ii′) さらに，ii) で用いたブロック対角化に関する等式から，$F_{22}(x) \succ 0$ の仮定のもとで，つぎの同値な関係も導かれる（**補題 2.4** の 3) を参照）．

$$F_{11}(x) - F_{12}(x)F_{22}^{-1}(x)F_{12}^T(x) \succeq 0 \tag{2.11}$$

$$\Leftrightarrow \begin{bmatrix} F_{11}(x) & \pm F_{12}(x) \\ \pm F_{12}^T(x) & F_{22}(x) \end{bmatrix} \succeq 0 \text{（複号同順）} \tag{2.12}$$

$F_{11}(x) \succ 0$ の仮定のもとでも同様な関係が成立する．

例 2.10 （シュール補元を用いた不等式の変形）
リッカチ不等式

$$BXAX^TB^T + CXD + D^TX^TC^T + E \preceq 0$$

は，$A \succeq 0$ のとき，線形行列不等式に変形できる．実際，**補題 2.3** より，ある L を用いて $A = L^TL$ と表せるので，式 (2.11) と式 (2.12) の関係から

$$\begin{bmatrix} CXD + D^TX^TC^T + E & BXL^T \\ LX^TB^T & -I \end{bmatrix} \preceq 0$$

となり，X の線形行列不等式となる．

また，正定値行列のつぎのような性質を示すことにも利用できる．

例題 2.2 $A \succ 0$，$B \succ 0$ のとき，つぎの不等式の同値性を示せ．

$$A \succ B \Leftrightarrow A^{-1} \prec B^{-1}$$

【解答】 つぎのブロック行列の正定値性を介せば，明らかであろう．

$$A \succ B \Leftrightarrow \begin{bmatrix} A & I \\ I & B^{-1} \end{bmatrix} \succ 0 \Leftrightarrow A^{-1} \prec B^{-1}$$

◇

___コーヒーブレイク___

シュール補元は，つぎのような線形方程式の解を求める際に現れる．

$$\begin{bmatrix} A & B \\ C & D \end{bmatrix} \begin{bmatrix} x_1 \\ x_2 \end{bmatrix} = \begin{bmatrix} b_1 \\ b_2 \end{bmatrix}, \quad \det D \neq 0$$

実際，2 行目の方程式から

$$x_2 = -D^{-1}Cx_1 + D^{-1}b_2$$

となるので，これを 1 行目に代入しつぎの x_1 に関する線形方程式が得られる．

$$Ax_1 + Bx_2 = (A - BD^{-1}C)x_1 + BD^{-1}b_2 = b_1$$

したがって，$A - BD^{-1}C$ が正則であれば，x_1, x_2 の順にブロックごとに解を得ることができる．この手続きを 1 行ずつ，すなわちスカラの $D \neq 0$ に対して再帰的に実行し線形方程式を解く方法は，ガウス消去法と呼ばれる．

2.2.3 線形行列不等式の性質

〔1〕 幾何的描像と凸性

線形行列不等式（LMI）の理解を深めるために，凸性などの幾何的な側面を検討しよう．この節では特に，n 次実対称行列集合を $\mathrm{Sym}(n)$，その部分集合である n 次正定値行列集合を $\mathrm{PD}(n)$ という記号で表す．

まず，つぎのことが成り立つ．

- $\mathrm{Sym}(n)$ は通常の行列の和と実数によるスカラ積で，$n(n+1)/2$ 次元ベクトル空間となる．また，$\mathrm{PD}(n)$ はこのベクトル空間の開凸錐で，n 次半正定値行列の集合はその閉包，すなわち $\mathrm{cl}\,\mathrm{PD}(n)$ である．

また，ベクトル空間に内積があると直交性や双対性の議論ができ，便利である．二つの実対称行列 X, Y の内積を，XY のトレース

$$\langle X, Y \rangle := \mathrm{tr}(XY)$$

で定義し[†]，以後用いることにする．

上記のことを，$n=2$ の場合の簡単な例で確認してみよう．

例 2.11 2次実対称行列集合 $\mathrm{Sym}(2)$ はスカラ積 αX ($\alpha \in \mathbf{R}$) や和 $X+Y$ で閉じており，ベクトル空間の定義を満たすことも確認できる．

例 2.9 で用いた行列 E_i ($i=1,2,3$) の線形結合により，任意の $X \in \mathrm{Sym}(2)$ は式 (2.5) のように一意に表せた．すなわち，$\{E_i\}_{i=1}^{3}$ は $\mathrm{Sym}(2)$ の一つの基底で，$\mathrm{Sym}(2)$ の次元は3となっている．$\mathrm{Sym}(n)$ の場合でも，対角部分と上（または下）三角部分の要素のみが自由であることから，次元が $n(n+1)/2$ であることがわかる．

$X \in \mathrm{Sym}(2)$ と3次元ベクトル $\begin{bmatrix} x_1 & x_2 & x_3 \end{bmatrix}^T \in \mathbf{R}^3$ を式 (2.5) の関係

$$\begin{bmatrix} x_1 & x_2 & x_3 \end{bmatrix}^T \leftrightarrow \begin{bmatrix} x_1 & x_2 \\ x_2 & x_3 \end{bmatrix}$$

で対応させれば，この対応関係はスカラ積や和でも保存され，$\mathrm{Sym}(2)$ と $\mathbf{R}^3$ はベクトル空間としての構造は同じであることがわかる．したがって，$\mathrm{Sym}(2)$ の直線も $\mathbf{R}^3$ の直線に対応する．ただし，内積は

$$\langle X, Y \rangle = x_1 y_1 + 2 x_2 y_2 + x_3 y_3, \quad Y = \sum_{i=1}^{3} y_i E_i$$

となり，$\mathbf{R}^3$ で標準的に用いる内積と係数が少し異なるが，$\langle X, Y \rangle$ も内積の定義を満たしていることが確認できる．

$X \in \mathrm{PD}(2)$ となる条件を正定値性の定義

$$u^T X u = x_1 u_1^2 + 2 x_2 u_1 u_2 + x_3 u_2^2 > 0, \quad \forall u := \begin{bmatrix} u_1 \\ u_2 \end{bmatrix} \neq 0$$

から求めると，判別式などを用いて次式を得る．

$$x_1 > 0 \quad \text{かつ} \quad x_1 x_3 > x_2^2$$

[†] 実対称性とトレースの中で行列が可換であることから，一般の矩形行列の標準的内積（付録参照）$\langle X, Y \rangle = \mathrm{tr}(Y^T X)$ と一致する．$\langle X, Y \rangle = \langle Y, X \rangle$ である．

これは，図 2.6 のように，表面の等位線が $x_1 x_3 = $ 一定 という双曲線になるような $x_1 x_3$-平面の正象限上の 3 次元錐の内部となる。

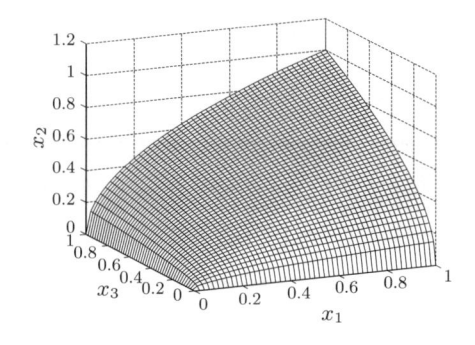

図 **2.6** 2 次対称行列集合における半正定値行列錐（原点付近，x_2（縦軸）が非負の部分のみ）

同様に X が半正定値になる条件は

$$x_1 \geqq 0, \ x_3 \geqq 0, \ x_1 x_3 \geqq x_2^2$$

の 3 条件となり，PD(2) の閉包となることがわかる。

一般の n に対しても
- PD(n) は Sym(n) の凸錐である

ことがいえる。このことは

$$x^T X x > 0 \ \Rightarrow \ x^T (\alpha X) x > 0, \ \forall \alpha > 0$$
$$x^T X x > 0, \ x^T Y x > 0 \ \Rightarrow \ x^T (\beta X + (1-\beta) Y) x > 0, \ \forall \beta \in [0, \ 1]$$

から，2 次形式による正定値性の定義を用いれば，容易に示すことができる。つぎの 2 点も成り立つが，その証明は**演習問題【6】**としよう。
- PD(n) は開集合である
- cl PD(n) が半正定値行列集合である

つぎに，線形行列不等式 (2.3) の左辺で表される Sym(n) の部分集合を

$$\mathcal{F} := \left\{ Y \ \middle| \ Y = F(x) := F_0 + \sum_{i=1}^{m} x_i F_i, \ \exists x \in \mathbf{R}^m \right\}$$

$$= F_0 + \mathrm{span}\{F_i\}_{i=1}^m \tag{2.13}$$

と表す．$\mathcal{F}$ は，m 個の行列 F_i で張られる $\mathrm{Sym}(n)$ 内の線形部分空間 $\mathrm{span}\{F_i\}_{i=1}^m$ を F_0 だけ平行移動して得られるアファイン部分空間で，これも凸集合である．以上より，つぎのことがわかる．

【補題 2.6】 式 (2.3) の線形行列不等式 $F(x) \succeq 0$ ($F(x) \succ 0$) が可解である必要十分条件は，$\mathcal{F} \cap \mathrm{cl\,PD}(n) \neq \emptyset$ ($\mathcal{F} \cap \mathrm{PD}(n) \neq \emptyset$) である．

$\mathcal{F}$，$\mathrm{PD}(n)$，$\mathrm{cl\,PD}(n)$ がそれぞれ凸集合であるので，線形行列不等式が可解であるかどうかを判定するのに分離定理を用いることができる（例えば**補題 2.10**，**補題 5.2** の証明参照）．

$n=2$ の場合の 3 次元ベクトル空間 $\mathrm{Sym}(2)$ で，ある 2 次元アファイン部分空間 $\mathcal{F}$ に対して LMI が可解であるときは，例えば**図 2.7** のようになる．一般に，線形行列不等式が可解であるとき，その解集合 $\{x|F(x) \succeq 0$（または $F(x) \succ 0)\}$ について，つぎの重要な性質が成り立つ．

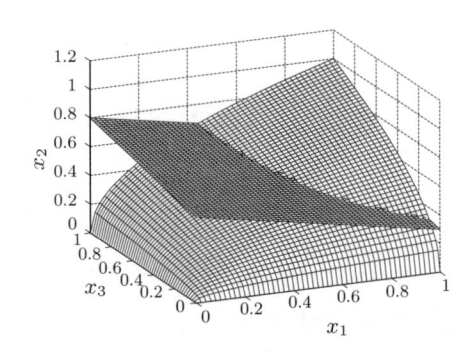

図 2.7 LMI が可解，すなわち $\mathcal{F} \cap \mathrm{cl\,PD}(n) \neq \emptyset$

【補題 2.7】 線形行列不等式 (2.3) の解集合は凸である．

|証明| 2 点 x_1，x_2 が LMI (2.3) の解であったとすると，任意の $\alpha \in [0,\ 1]$ について

$$F(\alpha x_1 + (1-\alpha)x_2) = \alpha F(x_1) + (1-\alpha)F(x_2) \succeq 0 \ (\text{または} \succ 0)$$

となることから示される。 △

例 2.12 （**LMI の解集合の凸性**）

係数行列が 2 次行列

$$F_0 = \begin{bmatrix} 0 & 0 \\ 0 & -1 \end{bmatrix}, \ F_1 = \begin{bmatrix} 1 & 1 \\ 1 & 1 \end{bmatrix}, \ F_2 = \begin{bmatrix} 0 & -1 \\ -1 & 0 \end{bmatrix}$$

で与えられた $F(x) \succeq 0$ という 2 変数の LMI を考えよう。

例 2.11 で考察した 2 次行列の半正定値性の条件から，$F(x) \succeq 0$ であるためには

$$x_1 \geqq 0, \quad x_1 \geqq 1, \quad x_1(x_1 - 1) - (x_1 - x_2)^2 \geqq 0$$

であることが必要十分である。この場合の LMI の解集合は，図 **2.8** において実線を境界としたその右側の凸集合となる。

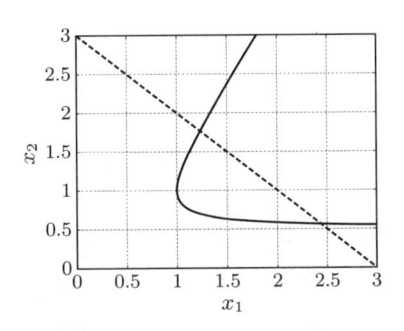

図 **2.8** この例の LMI の解集合

この解集合に，新たな制約条件

$$x_1 + x_2 \leqq 3$$

を加えてみよう（図 **2.8** の破線の下側）。このためには，上の LMI とこの条件をブロック対角に並べた新しい LMI

$$\begin{bmatrix} x_1 & x_1 - x_2 & 0 \\ x_1 - x_2 & x_1 - 1 & 0 \\ 0 & 0 & 3 - x_1 - x_2 \end{bmatrix} \succeq 0$$

を考えればよいことは明らかであろう。この新しい解集合も凸集合であるが，この場合のように，一般に LMI が定める解集合は滑らかな境界を持つとは限らず，さまざまな凸集合を表現できることに注意しよう。

---

〔2〕 双対的な表現

3 次元ユークリッド空間の平面は，法線ベクトルと内積を用いても表現できることを思い出そう。同様に考えれば，$N := n(n+1)/2$ として，N 次元ベクトル空間である $\mathrm{Sym}(n)$ 内で式 (2.13) のように表されるアファイン部分空間 $\mathcal{F}$ は，$\mathrm{span}\{F_i\}_{i=1}^m$ に直交する実対称行列 H_j を用いて表せる。議論を簡単にするため，$\{F_i\}_{i=1}^m$ は線形独立とすれば，m 次元アファイン部分空間 $\mathcal{F}$ に直交する

$$\langle H_j, F_i \rangle = 0, \quad i = 1, \cdots, m$$

を満たす実対称行列 H_j が $N - m$ 個あることになる。これらを用いれば，任意の $X \in \mathcal{F}$ は次式を満たす。

$$\langle H_j, X \rangle = \langle H_j, F_0 \rangle, \quad j = 1, \cdots, N - m$$

したがって，$b_j := \langle H_j, F_0 \rangle$ と新たに置き直すと，$X \in \mathcal{F} \cap \mathrm{cl}\,\mathrm{PD}(n)$ または $X \in \mathcal{F} \cap \mathrm{PD}(n)$ を満たす行列 $X = F(x)$ は

$$\langle H_j, X \rangle = b_j, \quad j = 1, \cdots, m, \quad X \succeq 0 \text{ (または } \succ 0 \text{)} \tag{2.14}$$

と特徴付けられる。

式 (2.14) も**線形行列不等式**と呼ばれる。式 (2.3) は x についての不等式制約，式 (2.14) は $X = F(x)$ についての等式・不等式制約であるが，$\{F_i\}_{i=1}^m$ が線形独立なときは，両者は等価な制約条件である[†]。これらの二つの表現は，後に説

[†] 式 (2.3) は $X = F(x)$ の x による陽な表現，一方，式 (2.14) は $X = F(x)$ の陰関数的な表現と見なすことができる。

明する半正定値計画問題の主問題，双対問題の表現に用いられる．また，両者を混合した表現も可能であることに留意しよう．

例 2.13 （**LMI の双対な表現**）

例 2.12 の LMI は $n=2$ なので $N=3$ であり

$$H_1 := \begin{bmatrix} 1 & 0 \\ 0 & -1 \end{bmatrix}, \quad b_1 := 1$$

とすると，$\langle H_1, F_i \rangle = 0$ $(i=1,2)$ を満たす．したがって，**例 2.12** の LMI は

$$\langle H_1, X \rangle = b_1, \quad X \succeq 0$$

とも表せる（実際に確認されたい）．

つぎの補題はもはや明らかであろう．

【補題 2.8】 線形行列不等式 (2.14) の解行列 X の集合は凸である．

証明 $F(x)$ はアファインなので，**補題 2.7** と**補題 2.1** の 4) から従う．あるいは，式 (2.14) の解集合は，$X \in \mathcal{F} \cap \mathrm{cl}\,\mathrm{PD}(n)$ または $X \in \mathcal{F} \cap \mathrm{PD}(n)$ と表せるが，$\mathcal{F}$, $\mathrm{cl}\,\mathrm{PD}(n)$, $\mathrm{PD}(n)$ はいずれも凸であるので，**補題 2.1** の 1) から明らかである． △

つぎに，半正定値行列錐 $\mathrm{cl}\,\mathrm{PD}(n)$ の双対錐や直交性についても述べておこう．

【補題 2.9】

1) $\mathrm{cl}\,\mathrm{PD}(n)$ の極錐は $-\mathrm{cl}\,\mathrm{PD}(n)$ である．
2) $\mathrm{cl}\,\mathrm{PD}(n)$ は自己双対錐（11 ページ脚注参照）である．
3) X, Y がともに半正定値のとき，$\langle X, Y \rangle = 0$ と $XY = 0$ は同値である．

証明 1) 極錐の定義を当てはめると

$$(\operatorname{cl}\operatorname{PD}(n))^\circ = \{Y \in \operatorname{Sym}(n) | \langle Y, X \rangle \leqq 0, \forall X \in \operatorname{cl}\operatorname{PD}(n)\}$$

となる。まず，$Y \in -\operatorname{cl}\operatorname{PD}(n)$，すなわち $Y \preceq 0$ なら，任意の半正定値行列 X に対して $\langle Y, X \rangle \leqq 0$ となることを示す。$Y = -L^T L$ を満たす L が存在するので，トレース内での可換性より $\langle Y, X \rangle = -\operatorname{tr}(LXL^T)$ となり，$LXL^T \succeq 0$ と合わせれば成立する。

逆は，特に半正定値行列 $X = xx^T$ を考えると

$$0 \geqq \langle Y, X \rangle = x^T Y x, \quad \forall x$$

となることから，$Y \preceq 0$ が導かれる。

2) 1) の証明で，正負符号や不等号の向きを変えればよい。

3) $Y \succeq 0$ より $Y = L^T L$ を満たす $L \in \mathbf{R}^{m \times n}$ が存在し，L の k 行目の行ベクトルを y_k^T とすると，$Y = \sum_{k=1}^{m} y_k y_k^T$ と書ける。$\langle Y, X \rangle = 0$ のとき

$$0 = \langle Y, X \rangle = \sum_{k=1}^{m} y_k^T X y_k$$

となる。$X \succeq 0$ なので，各 k につき $y_k^T X y_k = 0$ となるが，これは $X y_k = 0$ も意味する[†]ので

$$XY = \sum_{k=1}^{m} X y_k y_k^T = 0$$

が導かれる。逆は自明である。　　△

双対性の一つの応用として，式 (2.3) で特に <u>正定値</u>（厳密な不等号）の LMI

$$F(x) = F_0 + x_1 F_1 + \cdots + x_m F_m \succ 0 \tag{2.15}$$

が可解でないための条件を，分離定理を用いて考察してみよう。

【補題 2.10】 式 (2.15) の LMI が可解でないための必要十分条件は，非零の半正定値行列 $H \in \operatorname{cl}\operatorname{PD}(n) \backslash \{0\}$ が存在して次式が成り立つことで

[†] $X = M^T M$ を満たす M が存在するので，$y^T X y = 0$ ならば $y^T M^T M y = \|My\|^2 = 0$ となり，よって $Xy = M^T M y = 0$ となる。

ある。

$$\langle H, F_0 \rangle \leqq 0 \tag{2.16}$$

$$\langle H, F_i \rangle = 0, \qquad i = 1, \cdots, m \tag{2.17}$$

証明 $\mathcal{F}$ を式 (2.13) で定義すると，**補題 2.6** から，式 (2.15) が可解でないことは $\mathcal{F} \cap \mathrm{PD}(n) = \emptyset$ と表せる。このための必要十分条件は，$\mathrm{PD}(n)$ がベクトル空間 $\mathrm{Sym}(n)$ 内の開凸錐なので，分離定理の**系 2.1** より，次式を満たすような $H \in \mathrm{Sym}(n) \backslash \{0\}$ が存在することである。

$$\langle H, Y \rangle > 0, \quad \forall Y \in \mathrm{PD}(n) \tag{2.18}$$

$$\langle H, Y \rangle \leqq 0, \quad \forall Y \in \mathcal{F} \tag{2.19}$$

ここで，式 (2.18) から

$$\langle H, Y \rangle \geqq 0, \quad \forall Y \in \mathrm{cl}\,\mathrm{PD}(n)$$

が示されるが，**補題 2.9** の 2) より，上式は H が少なくとも $\mathrm{cl}\,\mathrm{PD}(n)$ の双対錐の元，すなわち $H \succeq 0$ が必要であることを意味する。逆に，$H \succeq 0$ なら同じ理由で $Y \succ 0$ に対して $\langle H, Y \rangle \geqq 0$ であるが，$H \neq 0$ より $HY \neq 0$ なので，**補題 2.9** の 3) から式 (2.18) が成り立つ。

一方，$Y = F(x) \in \mathcal{F}$ に対して $\langle H, F(x) \rangle$ は x の 1 次関数であるが，式 (2.19) が任意の x について成り立つには，その定数項 $\langle H, F_0 \rangle$ が非正で 1 次項の係数 $\langle H, F_i \rangle$ が 0，すなわち式 (2.16) と式 (2.17) が満たされる必要がある。逆に，式 (2.16) と式 (2.17) から式 (2.19) が導かれることは自明である。　　△

この結果は，正定値性の LMI (2.15) が非可解であることが**補題 2.10** の条件を満たす H の存在と同値であることが示している。このような H の有無は，式 (2.14) の形で書かれた LMI を制約条件とする最適化問題[†]を解くことで確認される。一方，半正定値性の LMI の可解条件の一つは，つぎのようになる。

例題 2.3 式 (2.3) で 半正定値（非厳密な不等号）の LMI

[†] この問題はつぎに紹介する半正定値計画問題 (2.21) となり，双対性と関係することを次章（**例 3.2**）で示す。

$$F(x) = F_0 + x_1 F_1 + \cdots + x_m F_m \succeq 0$$

が可解であるための必要十分条件は

$$\min_{t,x}\{t | F(x) + tI \succeq 0\} \leqq 0 \tag{2.20}$$

であることを示せ．

【解答】　つぎの同値関係から明らかであろう．

$$F(x) \succeq 0 \Leftrightarrow \exists t \leqq 0,\ F(x) \succeq -tI \succeq 0$$

式 (2.20) の確認も，次節に紹介する半正定値計画問題 (2.21) に帰着される．◇

2.3　半正定値計画

2.3.1　半正定値計画 (SDP) 問題

定数ベクトル $c \in \mathbf{R}^m$ と式 (2.3) で与えられた $F(x)$ を考える．LMI で制約された条件のもとで線形関数 $c^T x$ を最小化する以下の最適化問題

$$\underset{x}{\text{minimize}}\ c^T x \quad \text{subject to}\ F(x) \succeq 0 \tag{2.21}$$

を，**半正定値計画** (semidefinite programming; SDP) 問題と呼ぶ．LMI 制約 $F(x) \succeq 0$ を満たす x を SDP 問題の**実行可能解**（**許容解**）という．また，$\min\{c^T x | F(x) \succeq 0\}$ が存在するとき，その値を SDP 問題の**最適値**（**最小値**）と呼び，最適値を達成する x を**最適解**と呼ぶ．最適解は実行可能解の一つである．以後，式 (2.21) の subject to は s.t. と略記する．

SDP では，最適化される関数（**目的関数**と呼ばれる）は線形関数なので凸であり，LMI の制約で表される実行可能解の領域は**補題 2.7** より凸集合であった．したがって，SDP 問題は凸集合上で凸関数を最小化する問題である．このような最適化問題を**凸計画** (convex programming) 問題という．

また，**補題 2.3** より，式 (2.21) の LMI 制約条件は，$\lambda_{\min}(F(x)) \geqq 0$ と一つの関数不等式で表すこともできる．この関数は一般には x の滑らかではない非

線形関数なので，SDP は次章で述べる線形計画（linear programming; LP）より難しい面がある．LP 問題の実行可能領域は凸多面体で，これは 1 次関数の連立不等式制約で記述されるが，じつは LMI 制約でも記述可能である．したがって，SDP は特別な場合として LP を完全に含む広いクラスの凸最適化となっている[†]．これらの点は次章で少し詳しく説明するので，まずは簡単な例や例題を通して SDP に取り組んでみよう．

例 2.14 $c := \begin{bmatrix} 1 & 1 \end{bmatrix}^T$ とし，例 2.12 の LMI を制約条件とする SDP 問題，すなわち

$$\underset{x_1, x_2}{\text{minimize}} \begin{bmatrix} 1 & 1 \end{bmatrix} \begin{bmatrix} x_1 \\ x_2 \end{bmatrix} \quad \text{s.t.} \quad \begin{bmatrix} x_1 & x_1 - x_2 \\ x_1 - x_2 & x_1 - 1 \end{bmatrix} \succeq 0$$

を考える．実行可能領域は例 2.12 の非線形不等式で制約された凸集合であり，最小化する関数は線形関数なので，その等位線は c を法線ベクトルとする直線である．したがって，この SDP 問題の最適解は，図 2.9 に示す接点 x_{opt} になる．

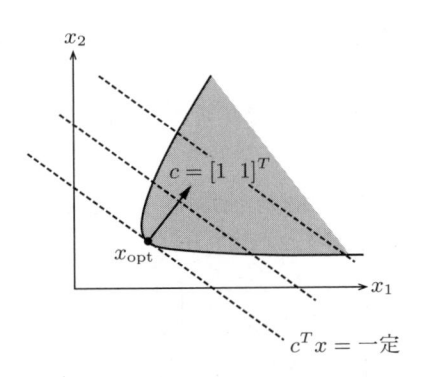

図 2.9 この例における SDP 問題とその最適解 x_{opt}

[†] とはいえ，LP 問題をわざわざ SDP で解くことは数値計算的に推奨されない．逆に，1 次関数の不等式条件は半空間を表すので，これを十分多く連立させれば，すべての凸集合は任意の精度で凸多面体に近似できる．したがって，凸集合上の線形関数最小化は，大きなサイズの LP で近似的に解けるという見方もできる．

一般に SDP 問題の最適解は唯一とは限らず，同じ最適値を達成する解は多数ありうるが，存在すればそれらはこの例のように実行可能領域の境界上に存在する．

SDP は非線形関数の最適化にも用いることができる．つぎの例題では，そのような場合に典型的に用いられる補助変数とシュール補元を使ってみる．

例題 2.4 容積が与えられた値 V となる円柱形タンクの表面積を最小化する問題を，SDP 問題として表せ．

【解答】 半径 r，高さ h とすると，容積は $\pi r^2 h$，表面積は $2\pi rh + 2\pi r^2$ であるから，つぎのような最適化問題となる（c は定数）．

$$\underset{r,h}{\text{minimize}} \quad rh + r^2 \quad \text{s.t.} \quad c := V/\pi = r^2 h,\ h > 0,\ r > 0$$

等式制約を用いて h を消去すると，目的関数（最適化される関数）は $c/r + r^2$ となるので

$$\underset{r}{\text{minimize}} \quad c/r + r^2 \quad \text{s.t.} \quad r > 0$$

と，1 変数の非線形最適化問題で表せる．

目的関数を線形関数に書き換え，非線形性を制約条件として扱うために補助変数 t を導入すると，この問題は，つぎのような等価な最適化問題に変形できる．

$$\underset{t,r}{\text{minimize}} \quad t \quad \text{s.t.} \quad c/r + r^2 \leqq t,\ r > 0 \tag{2.22}$$

一つ目の制約条件は，二つ目の制約条件 $r > 0$ のもとでシュール補元による式 (2.11) と式 (2.12) の同値関係を 2 回用いれば

$$c/r + r^2 \leqq t \Leftrightarrow \begin{bmatrix} t - r^2 & \sqrt{c} \\ \sqrt{c} & r \end{bmatrix} = \begin{bmatrix} t & \sqrt{c} \\ \sqrt{c} & r \end{bmatrix} - \begin{bmatrix} r \\ 0 \end{bmatrix} \begin{bmatrix} r \\ 0 \end{bmatrix}^T \succeq 0$$

$$\Leftrightarrow \begin{bmatrix} t & \sqrt{c} & r \\ \sqrt{c} & r & 0 \\ r & 0 & 1 \end{bmatrix} \succeq 0$$

のように変形できるので，式 (2.22) は

$$\underset{t,r}{\text{minimize}} \quad t \quad \text{s.t.} \quad \begin{bmatrix} t & \sqrt{c} & r \\ \sqrt{c} & r & 0 \\ r & 0 & 1 \end{bmatrix} \succeq 0,\ r > 0 \tag{2.23}$$

という変数 t, r に関する SDP 問題に帰着できる。なお，この場合 $r > 0$ は不要である[†]。　　　　　　　　　　　　　　　　　　　　　　　　　　　　◇

2.3.2 非線形計画問題の SDP への変換について

目的関数が $f(x)$ で実行可能領域が $\mathcal{X}$ である非線形計画問題

$$\underset{x}{\text{minimize}}\ f(x) \quad \text{s.t.} \quad x \in \mathcal{X} \tag{2.24}$$

を，実行可能領域の変数変換などを行わず，直接 SDP 問題に等価的に帰着させて解くためにしばしば用いる方法を，以降の参考のためにも一般的に述べておこう。(i) と (ii) の二つに分けて述べる。

(i) 一つ目は上の**例題 2.4** のやり方の一般化である。最適化問題 (2.24) は，例題のように補助変数 t を一つ導入するだけでただちに目的関数を線形関数にできるので

$$\underset{x,t}{\text{minimize}}\ t \quad \text{s.t.} \quad (x,t) \in \mathcal{Y} := \{(x,t) | f(x) \leqq t,\ x \in \mathcal{X}\} \tag{2.25}$$

のような問題を最初から想定してもよい（$\mathcal{Y}$ は f のエピグラフの一部）。

この $\mathcal{Y}$ の条件式を同値な不等式条件を用いて変形し

$$(x,t) \in \mathcal{Y} \iff \exists v,\ F(x,t,v) \succeq 0 \tag{2.26}$$

ただし，$F(x,t,v) := F_0 + \sum_{i=1}^{m} x_i F_i + \sum_{i=m+1}^{m+p} v_i F_i + tG$

を満たす適当な対称行列 $F_i\ (i = 0, \cdots, m+p)$ および G と，（必要があれば）補助変数ベクトル $v := [v_1\ \cdots\ v_p]$ を見つけられれば，式 (2.25) は

$$\underset{x,v,t}{\text{minimize}}\ t \quad \text{s.t.} \quad F(x,t,v) \succeq 0 \tag{2.27}$$

[†] 式 (2.23) では制約条件内の第 1 不等式から自動的に $r > 0$ が導かれるので，第 2 不等式は不要となる。一般には，正定値性と半正定値性の不等式が制約条件に混在するとき，厳密な最適解と最適値は存在しない可能性がある。実際には，$F(x) \succ 0$ の代わりに十分小さい正数 ϵ で $F(x) - \epsilon I \succeq 0$ とした半正定値不等式を用いることで，実用的な近似解が得られることが多い。

と SDP 問題に等価変換されることがわかる．上の例題ではシュール補元を用いて F_i, G を求めたことになるが（ただし $p=0$），この作業は最適化問題を SDP でモデリングする際に工夫が必要とされる部分である．

式 (2.26) は，$\mathcal{Y}$ が LMI の解集合 $\{(x,t,v) \in \mathbf{R}^n \times \mathbf{R} \times \mathbf{R}^p | F(x,t,v) \succeq 0\}$ の $\mathbf{R}^n \times \mathbf{R}$ への射影であることを示している．したがって，この方法では，式 (2.25) で定まる $\mathcal{Y}$ は補題 2.1 の 4) より凸集合であることが必要条件となるが，これは式 (2.24) が凸計画問題である場合は自動的に成り立つ．

例 2.15 （上述した方法 (i) の例）
つぎの凸最適化問題を考えてみよう．

$$\underset{x}{\text{minimize}} \ 1/x^3 \quad \text{s.t.} \quad \mathcal{X} := \{x | 0 < x \leqq 2\}$$

$\mathcal{Y} = \{(x,t) \in \mathbf{R} \times \mathbf{R} | 1/x^3 \leqq t, \ 0 < x \leqq 2\}$ は凸集合となっている．別の補助変数 v_1 を導入してシュール補元を例題 2.4 と同様に用いると，$(x,t) \in \mathcal{Y}$ は，ある v_1 が存在して LMI

$$\begin{bmatrix} v_1 & 1 \\ 1 & x \end{bmatrix} \succeq 0, \quad \begin{bmatrix} t & v_1 \\ v_1 & x \end{bmatrix} \succeq 0, \quad x \leqq 2$$

が可解となることと同値であることがわかる．$\mathcal{Y}$ は 3 次元空間内のこの LMI の解 (x,t,v_1) の集合を xt 平面への射影したものである．

(ii) 式 (2.25) の $\mathcal{Y}$ が凸集合でない場合，(i) の方法では SDP 問題に帰着できない．しかし，任意の $t < \hat{t}$ （ただし，$\hat{t} := \sup\{f(x) | x \in \mathcal{X}\}$）に対して

$$\mathcal{Z}_t := \{x | f(x) \leqq t, \ x \in \mathcal{X}\} = \mathcal{L}_f(t) \cap \mathcal{X} \tag{2.28}$$

（$\mathcal{L}_f(t)$ は f のサブレベル集合）が凸であるときは，SDP を反復して用いることで比較的効率良く解ける場合がある．実際，$t < \hat{t}$ に対して

$$x \in \mathcal{Z}_t \Leftrightarrow \exists v, \ F_t(x,v) \succeq 0 \tag{2.29}$$

ただし，$F_t(x,v) := F_0(t) + \sum_{i=1}^{m} x_i F_i(t) + \sum_{i=m+1}^{m+p} v_i F_i(t)$

となるパラメータ t に依存した[†]対称行列 $F_i(t)$ ($i = 0, \cdots, m+p$) と（必要があれば）補助変数ベクトル $v := [v_1 \ \cdots \ v_p]$ を見つけることができたと仮定しよう．すると，各固定値 t に対して $F_t(x,v) \succeq 0$ は LMI なので，その実行可能解を SDP で求めることができる．二分探索などで t の固定値を更新しながらこの手続きを反復し，実行可能解が存在する最小の t を求めれば，最適値と最適解を得ることができる．これは $t_1 \geqq t_2 \Rightarrow \mathcal{L}(t_1) \supset \mathcal{L}(t_2) \Rightarrow \mathcal{Z}_{t_1} \supset \mathcal{Z}_{t_2}$ なので，t を最適値に漸近させることで，$\mathcal{Z}_t$ を縮小させていく考え方である．

この方法では，式 (2.28) で定まる $\mathcal{Z}_t$ が凸集合であることが必要条件となるが，これは，式 (2.24) で f が準凸関数であり $\mathcal{X}$ が凸である場合は，自動的に成り立つ．

例 2.16 （上述した方法 (ii) の例）
$n \geqq 2$ とし，n 次元非負象限 $\mathcal{X} := \{x \in \mathbf{R}^n | x_i \geqq 0, \ i = 1, \cdots, n\}$ 上で，n 変数単項式 $f(x) := -\prod_{i=1}^{n} x_i$ の最小化を考える．$f(x)$ はヘッセ行列を調べれば凸関数でないことがわかるが，例えば $n = 2$ のときの等位線を考えれば，$\mathcal{X}$ の内部でサブレベル集合は凸になりそうである．実際，定数 $t < 0$ に対して，式 (2.28) の

$$\mathcal{Z}_t = \mathcal{L}_f(t) \cap \mathcal{X} = \left\{ x \ \middle| \ \prod_{i=1}^{n} x_i \geqq -t, \ x_i \geqq 0, \ i = 1, \cdots, n \right\}$$

が LMI で表現可能であることを示そう．

まず，$n = 2^k$ ($k = 1, 2, \cdots$) のとき可能であることを帰納法で示す．変形を見やすくするため $t = -\tau^n$ ($\tau > 0$) とすると，$k = 1$ ($n = 2$) のときは

[†] 線形に依存している必要はない．例 **2.16** を参照．

$$x_1 x_2 \geqq \tau^2,\ x \in \mathcal{X} \Leftrightarrow \begin{bmatrix} x_1 & \tau \\ \tau & x_2 \end{bmatrix} \succeq 0,\ x \in \mathcal{X}$$

とすることができる。$n = 2^{(k-1)}$ のとき LMI で表現可能と仮定すると，$n = 2^k$ で

$$\prod_{i=1}^{2^k} x_i \geqq \tau^{2^k},\ x \in \mathcal{X}$$

$$\Longleftrightarrow \begin{cases} \exists u > 0, \exists s > 0,\ \begin{bmatrix} u & \tau \\ \tau & s \end{bmatrix} \succeq 0, \\ \displaystyle\prod_{i=1}^{2^{(k-1)}} x_i \geqq u^{2^{(k-1)}},\ \prod_{i=2^{(k-1)}+1}^{2^k} x_i \geqq s^{2^{(k-1)}},\ x \in \mathcal{X} \end{cases}$$

なので，仮定より $n = 2^k$ でも LMI で表現可能となる。

$n = 2^k$ 以外の n に対しては，$n < m = 2^k$ となる m について，上記の帰納法で構成した LMI において $x_{n+1} = \cdots = x_m = 1$ とすればよい。

このように，$f(x) := -\displaystyle\prod_{i=1}^{n} x_i\ (n \geqq 2)$ は，非負象限 $\mathcal{X}$ 内部でサブレベル集合が LMI で表現可能な準凸関数であることが示された。ここで，帰納法の各段階で導入される補助変数 u, s すべてが式 (2.29) の v_i に相当する。ただし，τ と t の関係 $t = -\tau^n$ から，$F_i(t)$ は t について線形ではない。

したがって，最適値が非有界とならないように他の適当な LMI 制約条件と組み合わせて，上で説明した SDP 反復により最小化することができる[†]。

注：最終的に得られた LMI では，$\tau > 0$ より x_i や補助変数が正であることが自動的に保証されている。

以上で説明したように，非線形目的関数の最適化問題を SDP 問題に帰着させる場合，その非線形性は制約条件である LMI，すなわち $F(x) \succeq 0$ が担うことに

[†] じつは，LMI 変数 x, v と τ の積も現れないので，t ではなく τ を変数と考えれば SDP 問題そのものであり，わざわざ反復させる必要はない（つまり，$(x_1 \cdots x_{2^k})^{1/2^k}$ などの最大化は直接 SDP 問題に変換可能）。これに対し，後に述べるスペクトル半径や一般化固有値の最適化は反復が必要である。

なる。LMI の解集合 $\lambda_{\min}(F(x)) \geqq 0$ は，前節で見たように，対称行列に値をとる 1 次関数の制約として表せるアファイン部分空間 $\mathcal{F}$ と半正定値対称行列の凸錐 $\mathrm{cl}\,\mathrm{PD}(n)$ の共通集合であったから，非線形性の表現能力は，いわばこの凸錐の境界形状の豊かさのみにかかっている。実際，その境界は $\det(F(x)) = 0$ を満たす曲面の一部として表される。行列式は行列の各要素の積和として表せることから，この曲面は変数ベクトル x の各要素の積和，つまり多変数多項式と関わりが深い。さらに，**例題 2.4** のようなシュール補元による変形を用いれば，それらの商も関係させることができる。

しかし，SDP 問題として表現できる非線形計画問題を特徴付けることは難しい問題で[11]，現在のところは個々に対応するしかないようである[12]）。

2.3.3 行列関数と半正定値計画

ここでは，特異値，固有値などのよく知られた行列上で定義された関数と，SDP との関連について述べる。与えられた行列（以下では A）が定数行列の場合は，固有値，特異値分解などを求める数値計算アルゴリズムでこれらの量の計算が可能である。しかし，問題となる行列がなんらかの可変パラメータを持つ変数行列の場合，ここで述べるいくつかの変分的な（すなわち最適化問題の解としての）特徴付けは特に有効である。このような行列関数最適化の重要な応用は，システム制御だけでなく，信号処理，統計・情報科学など広い分野で見られる。

ここではさまざまな応用を考慮して複素行列で記すが，その扱い（**補題 2.5** 参照）や実行列の場合も問題ないだろう。

〔1〕 最大・最小固有値，スペクトル半径

γ を実数とし，A をエルミート行列とする。A は，ユニタリ行列 V と実対角行列 Λ により $A = V\Lambda V^*$ と固有値分解される（付録参照）。これに**補題 2.4** を適用すると

$$\gamma I - A \succeq 0 \quad \Leftrightarrow \quad V^*(\gamma I - A)V = \gamma I - \Lambda \succeq 0$$

$$A - \gamma I \succeq 0 \iff V^*(A - \gamma I)V = \Lambda - \gamma I \succeq 0$$

が成り立つ．したがって，A の最大および最小固有値は，それぞれ 1 変数 γ の SDP 問題として

$$\lambda_{\max}(A) = \min_{\gamma}\{\gamma \in \mathbf{R} | \gamma I - A \succeq 0\}$$
$$\lambda_{\min}(A) = \max_{\gamma}\{\gamma \in \mathbf{R} | A - \gamma I \succeq 0\}$$

と特徴付けられる．より一般的に

$$A(x) := A_0 + \sum_{i=1}^{m} x_i A_i, \quad A_i = A_i^*, \ i = 0, \cdots, m$$

のような $x \in \mathbf{R}^m$ の行列値 1 次関数を考えても，各 x に対して上と同様に

$$\lambda_{\max}(A(x)) \leqq \gamma \iff \gamma I - A(x) \succeq 0$$

となる．この LMI を満たす (x, λ) の集合は**補題 2.7** より凸であるが，$\lambda_{\max}(A(x))$ のエピグラフとも一致する．したがって，$\lambda_{\max}(A(x))$ は一般に x の陽な関数として表せないものの，x の凸関数であることがわかる．その最適値と最適解は，つぎの SDP 問題を解くことで得られる．

$$\underset{\gamma, x}{\text{minimize}} \ \gamma \quad \text{s.t.} \ \gamma I - A(x) \succeq 0$$

$\lambda_{\min}(A(x))$ についても同様である．

エルミートとは限らない正方行列 $A \in \mathbf{C}^{n \times n}$ の各固有値（一般に複素数）の絶対値の最大値を**スペクトル半径**と呼び，$\rho(A)$ と表す．すなわち

$$\rho(A) := \max_{i=1,\cdots,n} |\lambda_i(A)|$$

である．システム制御でよく知られている離散時間線形システムの安定性とリアプノフ不等式の関係（あるいは，より一般的に**定理 4.1**）から

$$\rho(A) < 1 \iff \exists X, \ A^*XA - X \prec 0, \ X = X^* \succ 0$$

が成り立つ．実数 γ に対して一般に $\lambda_i(\gamma A) = \gamma \lambda_i(A)$ なので

$$\rho(A) < \gamma \iff \exists X, \ \frac{1}{\gamma^2} A^* X A - X \prec 0, \ X = X^* \succ 0$$

が得られる．この場合は厳密な（等号のない）不等号なので，$\rho(A)$ は

$$\rho(A) = \inf_{\gamma, X} \left\{ \gamma \ \middle| \ \frac{1}{\gamma^2} A^* X A - X \prec 0, \ X = X^* \succ 0 \right\}$$

や，これをシュール補元を用いて A に関して線形化した

$$\rho(A) = \inf_{\gamma, X} \left\{ \gamma \ \middle| \ \begin{bmatrix} \gamma^2 X & A^* X \\ X A & X \end{bmatrix} \succ 0, \ X = X^* \succ 0 \right\}$$

のように下限として特徴付けられる[†]。

この最適化問題は γ と X の積があり SDP 問題ではないが，γ を固定すると X の実行可能領域が LMI で記述されるので，(ii) の方法（**例 2.16** 参照）で解ける．求解に SDP 反復が必要となる準凸計画問題である．

A が x の 1 次関数の場合は一般には準凸でもないが，特殊な形，例えば変数行列 Y により $A = A_0 + YC$（ただし A_0, C は定数行列）のように表せる場合は，変数変換により準凸問題に変形できる[††]．

行列固有値は，システム制御では収束の速さや波形などを決める極の概念と重要な関係がある．固有値のさまざまな存在領域に関するその他の結果については，4 章で詳しく述べる．

〔2〕 **最大・最小特異値，スペクトルノルム**

行列 $A \in \mathbf{C}^{m \times n}$ の特異値分解（付録参照）$A = U\Sigma V^*$ を用いると，n 次エルミート行列 $A^* A$ の固有値分解

[†] **定理 4.1** の注 3 より，$\rho(A) = |\lambda_i(A)|$ となる固有値が単根ならば，次式のように特徴付けられる．

$$\rho(A) = \min_{\gamma, X} \{\gamma | A^* X A / \gamma^2 - X \preceq 0, \ X = X^* \succ 0\}$$

[††] $XA = XA_0 + ZC$, $Z := XY$ より，X, Z, γ を変数として SDP 反復で解を求め，$Y = X^{-1}Z$ とする．

$$A^*A = U\Lambda U^*, \quad \Lambda := \Sigma^T\Sigma$$

が得られる．したがって，$(\sigma_1(A))^2 = \lambda_{\max}(A^*A)$ となるので，式 (2.30) から A の最大特異値（あるいはスペクトルノルム）$\sigma_1(A) = \|A\|$ は

$$(\sigma_1(A))^2 = \|A\|^2 = \min_{\gamma}\{\gamma \in \mathbf{R} | \gamma I_n - A^*A \succeq 0\}$$

と特徴付けられる．また，A が x の 1 次関数の場合は，シュール補元を用いて A に関して線形化した SDP 問題

$$\underset{\gamma,x}{\text{minimize}} \ \gamma \quad \text{s.t.} \quad \begin{bmatrix} \gamma I_n & A(x)^* \\ A(x) & I_m \end{bmatrix} \succeq 0$$

の解から得られる．

同様に考えれば，A が縦長 ($m \geq n$) な行列の場合，最小（すなわち n 番目の）特異値 $\sigma_n(A)$ は，A^*A を用いて

$$(\sigma_n(A))^2 = \max_{\gamma}\{\gamma \in \mathbf{R} | A^*A - \gamma I_n \succeq 0\}$$

と表せる．また，横長 ($m \leq n$) の場合，最小（すなわち m 番目の）特異値 $\sigma_m(A)$ は，AA^* を用いて

$$(\sigma_m(A))^2 = \max_{\gamma}\{\gamma \in \mathbf{R} | AA^* - \gamma I_m \succeq 0\}$$

と表せる．したがって，これらの値も SDP を用いることで得ることができる．また，特に A がエルミート行列のとき

$$\sigma_1(A) = \|A\| \leq \gamma \quad \Leftrightarrow \quad -\gamma I \preceq A \preceq \gamma I$$

となることは，エルミート行列の固有値と特異値の関係（付録参照）から明らかであろう．

特異値の大きい順の部分和最小化，小さい順の部分和最大化も，SDP 問題に帰着されることが知られている[12]．

〔3〕 正 則 性

行列の関数ではないが，固有値に関係ある性質として正則性について述べておこう．正方行列の正則性は，システム制御ではロバスト性解析で重要な働きをする．定数行列についてのみ述べる†．

【補題 2.11】 つぎの 3 条件は同値である．

1) 正方行列 $A \in \mathbf{C}^{n \times n}$ が正則である．
2) $AA^* \succ 0$ ($\Leftrightarrow A^*A \succ 0$)
3) ある正方行列 $X \in \mathbf{C}^{n \times n}$ が存在してつぎの不等式が成立する．

$$XA + A^*X^* \succ 0$$

証明 1) $\Leftrightarrow$ 2) は，正則性と $\sigma_n(A) > 0$ が同値であることから明らかである．
1) $\Rightarrow$ 3) は $X = A^{-1}$ とすればよい．逆に，不等式が成立するのに A が非正則であると仮定する．A の固有値 0 に対応する固有ベクトルを x と表すと $x^*(XA + A^*X^*)x = 0$ となり，不等式に矛盾する． △

〔4〕 一般化固有値

n 次正方行列 A, B に対して多項式 $\det(sA - B) = 0$ の有界な根を A, B の**一般化固有値**と呼ぶ．これは，A が単位行列のとき B の固有値と一致する．

A が正定値で B がエルミートであるとき，$A = L^*L$ を満たす正則行列 L が存在する（**補題 2.3**）ので

$$\begin{aligned}\det(sA - B) &= \det\{L^*(sI - L^{-*}BL^{-1})L\} \\ &= (\det L)^2 \det(sI - L^{-*}BL^{-1})\end{aligned}$$

となり，A, B の一般化固有値は $L^{-*}BL^{-1}$ の固有値に等しい．$L^{-*}BL^{-1}$ はエルミートなので，すべての固有値は実数である．したがって，A, B の一般化固有値に最大値と最小値が存在し（A が負定値の場合も同様である），これらをそ

---

† 1 次関数の行列 $A(x)$ の正則化可能性は，前項で述べた最小特異値を最大化する SDP で最適値が正か 0 かでも判定できる．

れぞれ $\lambda_{\max}(A,B)$, $\lambda_{\min}(A,B)$ と書くことにする。エルミート行列の最大固有値の特徴付けを用いると，$\lambda_{\max}(A,B)$ は

$$\lambda_{\max}(A,B) = \lambda_{\max}(I, L^{-*}BL^{-1}) = \min_{\gamma}\{\gamma | \gamma I - L^{-*}BL^{-1} \succeq 0\}$$
$$= \min_{\gamma}\{\gamma | \gamma A - B \succeq 0\}$$

と SDP 問題で表せる。同様に

$$\lambda_{\min}(A,B) = \max_{\gamma}\{\gamma | B - \gamma A \succeq 0\}$$

である。

これらを用いると，エルミート行列 $A(x), B(x)$ が x に関してアファインな（1 次関数の）場合

$$\inf_{x} \lambda_{\max}(A(x), B(x)) = \inf_{\gamma, x}\{\gamma | \gamma A(x) - B(x) \succeq 0,\ A(x) \succ 0\}$$
$$\sup_{x} \lambda_{\min}(A(x), B(x)) = \sup_{\gamma, x}\{\gamma | B(x) - \gamma A(x) \succeq 0,\ A(x) \succ 0\}$$

となる。ただし，制約条件の行列不等式には γ と $A(x)$ の積が存在し，変数 γ, x の LMI ではないので，この場合の最適化も (ii) の方法（例 **2.16** 参照）で解ける，求解に SDP 反復が必要となる準凸計画問題である。

例 2.17 正方行列 A の固有値は正則行列 T による相似変換 TAT^{-1} によって不変だが，A の特異値は一般に不変ではない。したがって，適当な正則行列の相似変換により特異値を最適化する問題が意味を持つことがある。特に，先に述べたように最大特異値はスペクトルノルムと一致するので（$\sigma_1(A) = \|A\|$），つぎのような問題を考えてみよう。

$$\underset{T}{\text{minimize}}\ \|TAT^{-1}\| \quad \text{s.t.} \quad \det T \neq 0 \tag{2.30}$$

この最適化問題は，ロバスト安定な制御系の設計や解析に非常に有用であることが知られている。前述した最大特異値に関する関係を用いて

$$\|TAT^{-1}\|^2 = (\sigma_1(TAT^{-1}))^2$$

$$= \inf_{\gamma}\{\gamma \in \mathbf{R} | \gamma I - T^{-*}A^*T^*TAT^{-1} \succeq 0\}$$

であるので，$S := T^*T$ とおけば，式 (2.30) の問題は

$$\underset{\gamma,S}{\text{minimize}} \ \gamma \quad \text{s.t.} \ \gamma S - A^*SA \succeq 0, \ S \succ 0$$

という反復 SDP で解ける準凸計画問題に変換できる．最適解を $S = T^*T$ と分解する任意の T について，最適値 $\|TAT^{-1}\|$ は一致する．

同様に，A が n 次で正則な場合，最適化問題

$$\underset{T}{\text{maximize}} \ \sigma_n(TAT^{-1}) \quad \text{s.t.} \ \det T \neq 0$$

も，反復 SDP で解ける準凸計画問題に変換できる．

A が n 次で正則な場合は $\|A^{-1}\| = 1/\sigma_n(A)$ も成り立つので，$\sigma_1(TAT^{-1})$ の最小化や $\sigma_n(TAT^{-1})$ の最大化は，数値解析でよく用いられるスケーリング行列 T による条件数 $\text{cond}(A) := \|A\|\|A^{-1}\| = \sigma_1(A)/\sigma_n(A)$ の改善と深い関係がある．

---

〔5〕トレース

トレースは行列の線形関数であるので扱いやすい．ここでは特に，$A(x)$, $B(x)$ を x の行列値 1 次関数として，非線形な目的関数 $\text{tr}(B(x)A(x)^{-1}B^*)$ を $A(x) \succ 0$ の条件のもとで最小化することを考える．このような問題は，システム制御では H_2 ノルムと呼ばれる制御性能を向上させたいときに現れる．この最適化問題

$$\underset{\gamma,x}{\text{minimize}} \ \gamma \quad \text{s.t.} \ \text{tr}(B(x)A(x)^{-1}B(x)^*) \leqq \gamma, \ A(x) \succ 0$$

は，$X \succeq B(x)A(x)^{-1}B(x)^*$ を満たす補助行列変数 X を導入してシュール補元を用いることで，つぎの SDP に変形できる．

$$\underset{\gamma,x,X}{\text{minimize}} \ \gamma \quad \text{s.t.} \ \text{tr}(X) \leqq \gamma, \ \begin{bmatrix} X & B(x) \\ B(x)^* & A(x) \end{bmatrix} \succeq 0, \ A(x) \succ 0$$

トレース最適化により，最適制御や消散性の研究にも用いられる最小解，最大解を求めることができる．

【定義 2.9】 $\mathcal{X}$ をエルミート行列集合の閉部分集合とする．

$$X_- \preceq X \preceq X_+, \quad \forall X \in \mathcal{X}$$

を満たす $X_+ \in \mathcal{X}$ と $X_- \in \mathcal{X}$ が存在するとき，X_+ と X_- をそれぞれ $\mathcal{X}$ の**最大解**，**最小解**という．

半正定値行列の対角成分は非負であるので一般に $X \succeq Y \Rightarrow \mathrm{tr} X \geq \mathrm{tr} Y$ であるが，逆は必ずしも成立しない．しかし，上記の最大解，最小解の存在を仮定すると，逆も成り立つ．

【補題 2.12】 エルミート行列集合の閉部分集合 $\mathcal{X}$ に最大解 X_+ が存在すると仮定する．このとき，X_+ はつぎの最適化問題の唯一の最適解である．

$$\underset{X}{\mathrm{maximize}} \ \mathrm{tr} X \quad \mathrm{s.t.} \quad X \in \mathcal{X} \tag{2.31}$$

同様に，$\mathcal{X}$ に最小解 X_- が存在するとき，X_- はつぎの最適化問題の唯一の最適解である．

$$\underset{X}{\mathrm{minimize}} \ \mathrm{tr} X \quad \mathrm{s.t.} \quad X \in \mathcal{X} \tag{2.32}$$

注：したがって，$\mathcal{X}$ が LMI の解集合として表されるとき，式 (2.31) と式 (2.32) は SDP となる．

> **証明** X_- が $\mathcal{X}$ の最小解なら，トレースが最小になることは明らかである．逆は，X_- がトレースは最小ながら最小解でないとする．このとき，$\mathcal{X}$ の最小解 $\tilde{X} (\neq X_-)$ に対して $\mathrm{tr} X_- \leq \mathrm{tr} \tilde{X}$ が成立することになる．$\mathrm{tr} X_- < \mathrm{tr} \tilde{X}$ は $X_- - \tilde{X}$ の対角成分の少なくとも一つが負になるので矛盾する．等号のときは，X_- と $\tilde{X}$ の対角成分がすべて一致する以外に可能性がないが，このときは必然的

に $X_- - \tilde{X} \succeq 0$ のすべての非対角成分が 0 となり，けっきょく $X_- = \tilde{X}$ なので，これも矛盾する．唯一性は等号のときの議論から従う．

最大解についても同様なので，省略する． △

後に述べる消散性に関わる LMI (4.10) の解集合には，最小解，最大解の存在が保証され，それらの 2 次形式 $V_a(x) := x^T X_- x$ と $V_r(x) := x^T X_+ x$ はそれぞれ available storage, required supply と呼ばれる[13])．

〔6〕行 列 式

n 次半正定値行列 A は，対角成分が非負実数である下三角行列 $X \in \mathbf{C}^{n \times n}$ により $A = XX^*$ と表せる．X は A のコレスキー（Choleski）因子と呼ばれ，$\det A = (\det X)^2$ である．一方，n 次正定値行列 A, B に対して

$$A \succeq B \Rightarrow \det A \geqq \det B$$

が成立し，行列式が等しくなるのは $A = B$ のときに限ることがいえる†．したがって，$A \succ 0$ のコレスキー因子 $X = (x_{ij})$ は，対角成分が正の下三角行列集合 $\mathcal{L}$ により

$$\underset{X}{\text{maximize}} \quad \det X \quad \text{s.t.} \quad A \succeq XX^*, \ X \in \mathcal{L}$$

ただし，$\mathcal{L} := \{X | x_{ij} = 0 \ (i < j), \ x_{ii} > 0 \ (i = 1, \cdots, n)\}$

の最適解として特徴付けられ，$\det X = \prod_{i=1}^{n} x_{ii}$ である．よって，**例 2.16** の結果とその注を用いると，正定値行列 A の行列式はつぎのように与えられる．

$$\det A = \sup_X \left\{ \left(\prod_{i=1}^{n} x_{ii} \right)^2 \middle| A \succeq XX^*, \ X \in \mathcal{L} \right\}$$

$$= \sup_{\tau > 0, v, X} \left\{ \tau^{2n} \middle| \begin{bmatrix} A & X \\ X^* & I \end{bmatrix} \succeq 0, \ \prod_{i=1}^{n} x_{ii} \geqq \tau^n \mathcal{O} \text{ LMI}, \ X \in \mathcal{L} \right\}$$

---

† A の固有値分解を $A = V\Lambda V^*$ とし，$B' := \Lambda^{-1/2} V^* B V \Lambda^{-1/2}$ の固有値分解を $B' = U\Sigma U^*$ とする．$T := V\Lambda^{-1/2} U$ とおくと，$T^* AT = I \succeq T^* BT = \Sigma$ となり，$\det A = (\det T)^{-2} \geqq \det B = (\det T)^{-2} \det \Sigma$ が得られる．

ここで，条件部にある「$\prod_{i=1}^{n} x_{ii} \geqq \tau^n$ の LMI」は，例 **2.16** で示したものであり，v はそこで必要となる補助変数ベクトルである。

例 2.18 実対称正定値行列 A によって定義される $c \in \mathbf{R}^n$ を中心とする n 次元楕円体 $\{x \in \mathbf{R}^n | (x-c)^T A(x-c) \leqq 1\}$ の体積 V は

$$V = (\det A)^{-1/2} c_n$$

と表される。c_n は次元 n のみに依存する定数である。

A のコレスキー因子（下三角実行列）を $X \in \mathbf{R}^{n \times n}$ とし，$z := X^T c \in \mathbf{R}^n$ とすると，この楕円体が与えられた m 個の点 $x_i \in \mathbf{R}^n$ （ $i = 1, \cdots, m$）を含む条件は

$$(X^T x_i - z)^T (X^T x_i - z) \leqq 1, \quad i = 1, \cdots, m$$

と与えられる。したがって，このような楕円体で体積最小のものは，SDP

$$\underset{\tau, v, X, z}{\text{maximize}} \ \tau \quad \text{s.t.} \quad X \in \mathcal{L}, \ \prod_{i=1}^{n} x_{ii} \geqq \tau^n \text{の LMI},$$

$$\begin{bmatrix} 1 & x_i^T X - z^T \\ X^T x_i - z & I \end{bmatrix} \succeq 0, \ i = 1, \cdots, m$$

の最適解 z, X を用いて，$c = X^{-T} z, \ A = XX^T$ と得られる。

┃コーヒーブレイク┃

ここで示した行列式の特徴付けは，行列 A そのものではなく，そのコレスキー因子 X が変数となっていることに注意しよう。

一方，$-\log \det A$ （$A \succ 0$）という関数は，ガウス分布の最尤推定やエントロピー最大化に密接に関係しているため，信号処理，統計・情報理論のみならず，確率や凸錐に関わる数学のいくつかの分野で横断的に現れる[14]。例えば信号処理や統計科学では，テプリッツ型などの線形制約の構造を持つ正定値共分散行列 A を時系列データから推定することはきわめて重要だが，上の特徴付けでは扱いにくい。

幸い，$-\log\det A$ は線形制約を持つ $A \succ 0$（すなわち LMI 制約）に関して凸関数であり，その最小化問題は SDP ではないが，内点法[15]と呼ばれるアルゴリズムで効率良く最小化できることが知られている．その最適解は「解析的中心」，関数 $-\log\det A$ は「自己整合障壁関数」と呼ばれ，内点法アルゴリズム自体でも重要な働きをしている．

＊＊＊＊＊＊＊＊＊＊ 演 習 問 題 ＊＊＊＊＊＊＊＊＊＊

【1】 定理 2.1 を証明せよ．また，$\mathcal{X} \subset \mathbf{R}^n$ を定義域とする関数 f が準凸関数であるための必要十分条件は，$\forall \alpha \in [0, 1]$, $\forall x_1, x_2 \in \mathcal{X}$ に対して

$$f(\alpha x_1 + (1-\alpha)x_2) \leqq \max\{f(x_1), f(x_2)\}$$

が成立することであることを示せ．

【2】 空でない錐 $\mathcal{K}$ に対し，1) その極錐 $\mathcal{K}^\circ$ はつねに凸錐であること，2) 錐 $\mathcal{K}$ と cl$\mathcal{K}$ の極錐は一致すること，3) 特に $\mathcal{K}$ が凸錐で $\mathcal{K} \neq \mathbf{R}^n$ なら $\mathcal{K}^\circ$ は非零ベクトルを含むことを示せ．

【3】 補題 2.3 を証明せよ．

【4】 補題 2.4 を証明せよ．ただし 3) は，クーラン・フィッシャー（Courant-Fischer）のミニマックス定理と呼ばれるつぎの事実を用いてよい．
n 次エルミート行列 A の固有値を $\lambda_1 \geqq \lambda_2 \geqq \cdots \geqq \lambda_n$ とすると

$$\lambda_k = \min_{\mathcal{W}_{n-k+1}} \max_{x \in \mathcal{W}_{n-k+1}, \|x\|=1} x^* A x \tag{2.33}$$

$$\lambda_k = \max_{\mathcal{W}_k} \min_{x \in \mathcal{W}_k, \|x\|=1} x^* A x \tag{2.34}$$

となる．ただし，$\mathcal{W}_k$ は $\mathbf{C}^n$ の任意の k 次元部分空間である．

【5】 補題 2.5 を証明せよ．

【6】 対称行列のなすベクトル空間内で正定値な行列の集合は開であること，および，その閉包が半正定値行列の集合となることを示せ．

【7】 $\theta^{(k)} \in \mathbf{R}^r$ $(k=1,\cdots,q)$ と $M_i \in \mathbf{R}^{n \times m}$ $(i=0,\cdots,r)$ が与えられているとする．$\theta^{(k)}$ を q 個の端点ベクトルとするポリトープ集合

$$\mathcal{U} := \left\{ \theta \,\middle|\, \theta = \sum_{k=1}^{q} \alpha_k \theta^{(k)},\ \alpha_k \geqq 0,\ \sum_{k=1}^{q} \alpha_k = 1 \right\}$$

と θ の各成分 θ_i を用いて

$$M(\theta) = M_0 + \sum_{i=1}^{r} \theta_i M_i$$

とアファイン結合で表されるパラメータ依存行列 $M(\theta)$ を考える。$M(\theta)\,(\theta \in \mathcal{U})$ 全体がなすポリトープ行列集合の端点行列を求めよ。

3 数理計画との関連

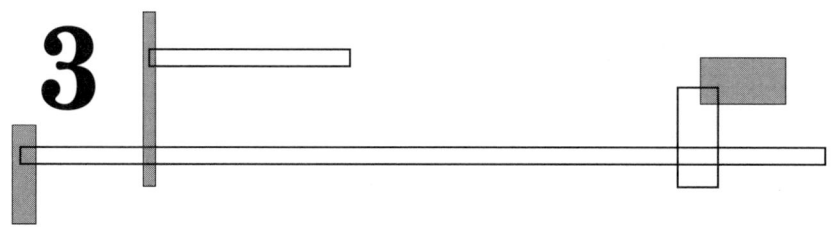

前章で触れた SDP（半正定値計画）問題は，現在では情報科学・物理などのきわめて幅広い分野で自然な応用を持つ最適化問題のクラスであり[12],[14]，大規模・高速化に伴って今後もさらに適用範囲は広がっていくと考えられる。この問題は，内点法と呼ばれる最適化アルゴリズムの発展とともに，実用的に解けるようになった。SDP（あるいは LMI）は線形システム理論と深く関わりがあり（特に消散性），内点法研究の発展とロバスト制御理論の深化が同時期に重なったこともあって，その理論と応用が大きく進展した[16]経緯を持つ。他の基本的な数理計画もシステム制御に有用であるので，この章ではこれらとの関連を紹介しつつ，SDP に関する理解を深める。

3.1 最適化問題

有限次元ベクトルの集合 $\mathcal{X} \subset \mathbf{R}^n$ と関数 $f(x)$ に対して，最適化問題

$$\underset{x}{\text{minimize}}\ f(x) \quad \text{s.t.}\quad x \in \mathcal{X} \tag{3.1}$$

を考えよう†。$f(x)$ を**目的関数**と呼び，また，$\mathcal{X}$ を**実行可能領域（許容領域）**，制約条件 $x \in \mathcal{X}$ を満たす x を**実行可能解（許容解）**，実行可能解のうち $f(x)$ を最小にする x^* が存在すればそれを（**大域的**）**最適解**，そのときの $f(x^*)$ を最

---

† 数理計画問題と呼ばれることもある。

適値と呼ぶ．一方，x^* のごく近くでは $f(x^*)$ が最小であるとき，x^* は**局所的最適解**と呼ばれる．正確には，ある $\epsilon > 0$ が存在して，x^* の ϵ 開球（近傍）を $B(x^*; \epsilon)$ と書くと

$$x \in B(x^*; \epsilon) \cap \mathcal{X} \Rightarrow f(x) \geqq f(x^*)$$

が成り立つような x^* である．局所的最適解は一般に複数あるが，これらの一つを求めることは大域的最適解を求めることより一般に比較的易しい．それは，局所的最適解はその周辺の状況（例えば勾配など）がわかれば決定できるのに対し，大域的最適解は実行可能領域全体をくまなく探索する必要があるからである．

$\mathcal{X}$ が凸集合で $f(x)$ が凸関数であるとき，式 (3.1) は**凸計画問題**と呼ばれる．2.3.1 項で述べたように，SDP や後述する LP（線形計画）問題はこのような凸最適化問題の一例である．一般の最適化問題 (3.1) に比べて，凸計画問題にはいくつかの好ましい性質がある．最も有用なものは「**局所的最適解であれば大域的最適解の一つでもある**」という点である．これにより，局所的最適解を求めるさまざまなアルゴリズムを適用することで，原理的には大域的最適解の求解が可能となる．

さらに，凸計画問題のあるクラスは，1980 年代から 1990 年代にかけて研究開発された**内点法**[15] と呼ばれるアルゴリズムにより効率的な計算量で求解できるようになり，これが実用上大きな利点となった．SDP や LP 問題はこのクラスに属し，信頼性のあるさまざまなソルバーが公開されている．

実行可能領域 $\mathcal{X}$ は，しばしば与えられた関数 $g_i(x)$ $(i = 1, \cdots, m)$ を用いて

$$\mathcal{X} = \{x \mid g_i(x) \leqq 0,\ i = 1, \cdots, m\}$$

と書かれる（$\mathcal{X}$ を定めるのに等式条件 $g_i(x) = 0$ も必要になるときは，形式的に二つの不等式 $g_i(x) \leqq 0,\ -g_i(x) \leqq 0$ と考えよう）．このとき，最適化問題 (3.1) は

$$\underset{x}{\text{minimize}}\ f(x) \quad \text{s.t.} \quad g_i(x) \leqq 0,\ i = 1, \cdots, m \tag{3.2}$$

と表される．式 (3.2) は補助変数 $t \in \mathbf{R}$ を導入して

$$\underset{t,x}{\text{minimize}}\ t \quad \text{s.t.} \quad f(x) \leqq t,\ g_i(x) \leqq 0,\ i = 1, \cdots, m \tag{3.3}$$

と等価な問題に変形できる†．各 $g_i(x)$ が連続関数であれば $\mathcal{X}$ は閉集合である．

また，$f(x)$ が凸関数で各 $g_i(x)$ がすべて準凸関数であるとき，不等式 $g_i(x) \leqq 0$ を満たす x の集合は，g_i のサブレベル集合の一つ $\mathcal{L}_{g_i}(0)$ なので凸となる．よって，**補題 2.1** の 1) から $\mathcal{X} = \bigcap_{i=1}^{m} \mathcal{L}_{g_i}(0)$ も凸で，式 (3.2) は凸計画問題となる．

同じ仮定のもと，式 (3.3) の制約条件の最初の不等式を満たす (x,t) の集合は，f のエピグラフなので，**定理 2.1** の 1) より凸である．残りの不等式制約を満たす (x,t) の集合は $\mathcal{X} \times \mathbf{R}$ であり，**補題 2.1** の 3) から凸である．よって，実行可能領域 $\text{epi} f \cap (\mathcal{X} \times \mathbf{R})$ は凸で，目的関数 t も線形関数なので，式 (3.3) も凸計画問題である．

3.2 半正定値計画問題の主・双対問題とその表現

ここでは SDP の主問題と双対問題を紹介し，これらは LMI の表現 (2.3)，(2.14) に関係することを示す．

主・双対問題は，最適化において，理論解析ばかりでなくアルゴリズムの設計にも重要な役割を果たす[15]．その解説は本書では扱わないが，公開されている多くのソルバーがこの両形式を標準的な問題データ入力の表現としているので，解くべき問題をどちらかの形式で表すことは，ユーザとしては重要である††．

与えられた n 次実対称行列 A_i $(i = 1, \cdots, m)$，C，および $b = (b_i) \in \mathbf{R}^m$ のデータに対して SDP の**主問題** (primal problem)，**双対問題** (dual problem) の両表現を本書ではつぎのように定義する．

---

† このように目的関数を線形関数に置き換える等価変形は，**例題 2.4** で具体例を示した．
†† 制御工学においては，制御問題の表現をどちらかの形式に自動変換するソフトウェアツールが近年充実してきた[17]．

3. 数理計画との関連

主問題： n 次実対称行列 X を変数として

$$\operatorname*{minimize}_{X} \langle C, X \rangle \quad \text{s.t.} \quad \langle A_i, X \rangle = b_i, \ i = 1, \cdots, m, \ X \succeq 0 \quad (3.4)$$

双対問題： $y \in \mathbf{R}^m$ を変数として

$$\operatorname*{maximize}_{y} b^T y \quad \text{s.t.} \quad \sum_{i=1}^{m} y_i A_i \preceq C \quad (3.5)$$

2.2.3 項〔2〕で考察したように，両問題とも制約条件は対称行列のなすベクトル空間内のアファイン部分空間と半正定値錐の共通集合（主問題では X，双対問題では $C - \sum_{i=1}^{m} y_i A_i$ がその元）であり，その集合上での線形関数の最適化問題を表している．特に，式 (3.5) で $b \to -c$, $C \to F_0$, $A_i \to -F_i$ と置き直せば，式 (2.21) で与えた SDP 問題は，最適化の分野では双対問題の形式であることがわかる．

補題 2.8 から主問題 (3.4) の実行可能領域は行列 X を要素とする凸集合，目的関数も X に関する線形関数なので凸関数である．同様に，**補題 2.7** より，双対問題 (3.5) の実行可能領域，目的関数のいずれも y に関して凸となる．したがって，表現にかかわらず「**SDP は凸計画**」である．

主問題と双対問題は同じデータ A_i, b, C を用いて定義されているものの，最適化問題としては一般に相異なる．しかし，**例 2.12** と**例 2.13** において行列の内積に関する直交性を用いることで LMI の表現を変換できたことを利用すると，SDP の主問題の形で表せる最適化問題は，別なデータを用いて双対問題の形でも表現できる（逆も同様）．

実際，n 次対称行列集合 $\mathrm{Sym}(n)$ の次元が $N = n(n+1)/2$ なので，$\{A_i\}_{i=1}^{m}$ が線形独立と仮定したときは，$\langle A_i, \tilde{A}_j \rangle = 0$ $(\forall i, j)$ を満たす $\tilde{A}_j \in \mathrm{Sym}(n)$ を $N - m$ 個選べる．これらの $\{\tilde{A}_j\}_{j=1}^{N-m}$ を用いて

$$\tilde{b}_j = \langle C, \tilde{A}_j \rangle \ (j = 1, \cdots, N-m), \quad \langle \tilde{C}, A_i \rangle = b_i \ (i = 1, \cdots, m) \quad (3.6)$$

を満たすように $\tilde{b} = (\tilde{b}_j) \in \mathbf{R}^{N-m}$ と $\tilde{C} \in \mathrm{Sym}(n)$ を定めれば，データ $\tilde{A}_j, \tilde{b}$, $\tilde{C}$ から作られる主（双対）問題がもとの双対（主）問題にそれぞれ等価である

ことが簡単に確認できる.

例 3.1 (同一 SDP 問題の両形式による表現)
$$A_1 = \begin{bmatrix} 1 & 0 \\ 0 & 0 \end{bmatrix}, \quad A_2 = \begin{bmatrix} 0 & 1 \\ 1 & 0 \end{bmatrix}, \quad b = \begin{bmatrix} 1 \\ 1 \end{bmatrix}, \quad C = \begin{bmatrix} 1 & 0 \\ 0 & 2 \end{bmatrix}$$

のように A_i, b, C を与え,主問題の解 X を

$$X = \begin{bmatrix} x_1 & x_2 \\ x_2 & x_3 \end{bmatrix}$$

のように表す. $N = 3, \ m = 2$ である.

$$\langle A_1, X \rangle = x_1 = b_1 = 1, \quad \langle A_2, X \rangle = 2x_2 = b_2 = 1,$$
$$\langle C, X \rangle = x_1 + 2x_3 = 1 + 2x_3$$

なので,けっきょく主問題は

$$\text{minimize } x_3 \quad \text{s.t.} \quad \begin{bmatrix} 1 & 1/2 \\ 1/2 & x_3 \end{bmatrix} \succeq 0 \tag{3.7}$$

となる.一方,双対問題は同様な計算により

$$\text{maximize } y_1 + y_2 \quad \text{s.t.} \quad C - \sum_{i=1}^{2} A_i y_i = \begin{bmatrix} 1 - y_1 & -y_2 \\ -y_2 & 2 \end{bmatrix} \succeq 0 \tag{3.8}$$

である.ところが,式 (3.6) を満たすように,$\tilde{A} \ (= \tilde{A}_1), \ \tilde{b} \ (= \tilde{b}_1), \ \tilde{C}$ を例えば

$$\tilde{A} = \begin{bmatrix} 0 & 0 \\ 0 & -1 \end{bmatrix}, \quad \tilde{b} = -2, \quad \tilde{C} = \begin{bmatrix} 1 & 1/2 \\ 1/2 & 0 \end{bmatrix}$$

とおくと,式 (3.7) の主問題は

$$\text{maximize } \tilde{b}\tilde{y} \quad \text{s.t.} \quad \tilde{C} - \tilde{A}\tilde{y} \succeq 0, \ \tilde{y} \in \mathbf{R}$$

と双対問題の形でも表せ,式 (3.8) の双対問題は等価的に

$$\text{minimize } \langle \tilde{C}, \tilde{X}\rangle \quad \text{s.t.} \quad \langle \tilde{A}, \tilde{X}\rangle = \tilde{b},\ \tilde{X} := \begin{bmatrix} \tilde{x}_1 & \tilde{x}_2 \\ \tilde{x}_2 & \tilde{x}_3 \end{bmatrix} \succeq 0$$

と主問題の形でも表せることがわかる。

このように，ある SDP を主・双対問題の間でたがいに変換することは，原理的には易しい。また，解くべき問題の別の見方も提供するが，実際の問題では $\{A_i\}_{i=1}^m$ の線形独立性が成り立たない場合があり，変換が面倒になることもある。

SDP の主・双対問題について，双対定理と呼ばれる重要な結果を記しておこう。

【定理 3.1】

1) （弱双対定理）：SDP 主問題 (3.4) と双対問題 (3.5) の任意の実行可能解 X と y に対し，対応する目的関数値は次式を満たす。

$$\langle C, X\rangle \geqq b^T y$$

2) （双対定理）：主問題 (3.4) に正定値な実行可能解 $X \succ 0$ が存在し，$\inf_X \{\langle C, X\rangle |\ 式 (3.4) の制約条件\}$ が下に有界と仮定し，この値を p^* とする。このとき双対問題 (3.5) に最適解 y_{opt} が存在し次式を満たす。

$$p^* = b^T y_{\text{opt}}$$

注：2) は主問題と双対問題を入れ替えても成り立つ。すなわち，$2'$) として，「$C \succ \sum_{i=1}^m y_i A_i$ を満たす y が存在し，$\sup_y\{b^T y|\ 式 (3.5) の制約条件\}$ が上に有界なら，この値を d^* とする。このとき主問題に最適解 X_{opt} が存在して $d^* = \langle C, X_{\text{opt}}\rangle$ を満たす」。1), 2), $2'$) を併せると，「両問題の制約条件を厳密な不等号 $\succ$ で成立させる実行可能解 X, y が存在すれば，両問題に最適解 X_{opt},

y_{opt} が存在し $\langle C, X_{\text{opt}} \rangle = b^T y_{\text{opt}}$ を満たす」という系も導ける．関連事項や例は，本章末のコーヒーブレークを参照．

ここでは簡単な 1) のみ示す．より詳しい結果や証明は，文献9), 12) を参照されたい．

証明 $Z := C - \sum_{i=1}^{m} y_i A_i \succeq 0$ とおくと

$$\langle C, X \rangle - b^T y = \left\langle \sum_{i=1}^{m} y_i A_i + Z, X \right\rangle - b^T y$$
$$= \sum_{i=1}^{m} \langle A_i, X \rangle y_i + \langle Z, X \rangle - b^T y = \langle Z, X \rangle \geqq 0$$

となる．最後の不等号は，補題 **2.9** の 2) から得られる． △

補題 **2.10** のあとに記したことを，弱双対定理の応用例として述べよう．

例 **3.2** （厳密不等式の LMI の非可解性）

補題 **2.10** で考察した厳密不等式の LMI (2.15) が非可解となる必要十分条件 (2.16), (2.17) を確認するには，式 (3.4) で特に $b_i = 0$, $C = F_0$, $A_i = -F_i$ とした SDP 主問題

$$\underset{H}{\text{minimize}} \ \langle F_0, H \rangle \quad \text{s.t.} \quad \langle F_i, H \rangle = 0, \ i = 1, \cdots, m, \ H \succeq 0 \tag{3.9}$$

を解けばよい[†]．ここで，式 (3.9) の双対問題は

$$\underset{x}{\text{maximize}} \ 0^T x \quad \text{s.t.} \quad C - \sum_{i=1}^{m} x_i A_i = F(x) \succeq 0 \tag{3.10}$$

で，実行可能な x に対して目的関数の値はつねに 0 であることに注意しよう．

問題 (3.9) の実行可能領域は原点 $H = 0$ を含む錐なので，最適値は 0 か $-\infty$（下に非有界）である[††]．最適値が $-\infty$ の場合，自動的に $0 \preceq H \neq 0$

[†] さらに $H \neq 0$ も確認するには，式 (3.9) の実行可能領域である錐を有界にする $\langle I, H \rangle = 1$ のような人工的な制約条件を加えた SDP 問題を解けばよい．

[††] なぜなら，$\langle F_0, H \rangle < 0$ となる実行可能解 H が存在すれば，正数 α に対して αH も実行可能解なので，$\alpha \to +\infty$ で $\langle F_0, \alpha H \rangle \to -\infty$ となる．

なる実行可能解の存在を意味するので，**定理 3.1** の 1) の弱双対定理から式 (3.10) は実行不可能，すなわち LMI (2.15) の解の非存在を説明することができる．

一方，最適値が 0 となる実行可能解 $H \neq 0$ が存在する場合も，式 (3.9) の制約条件から $\langle F(x), H \rangle = 0$ ($\forall x$) が成り立つので，**補題 2.9** の 3) より，やはり $F(x) \succ 0$ とはなり得ないことがわかる．

3.3 他の典型的な凸計画問題や SDP との関係

3.3.1 線形計画問題

線形計画 (linear programming; LP) 問題は，目的関数と等式・不等式制約が 1 次関数によって記述される基本的で重要な最適化問題である．また，単体法や内点法という優れた解法により，非常に大規模な問題でも安定して実用的な時間で解けることが知られており，整数計画などの離散的な最適化にもしばしば利用される．LP にもいくつかの標準的な問題の表現があり，**主・双対問題**と呼ばれる形式は，データ $A \in \mathbf{R}^{m \times n}$, $b \in \mathbf{R}^m$, $c \in \mathbf{R}^n$ に対して

主問題： $x \in \mathbf{R}^n$ を変数として

$$\underset{x}{\text{minimize}} \ c^T x \quad \text{s.t.} \quad Ax = b, \ x \geqq 0 \tag{3.11}$$

双対問題： $y \in \mathbf{R}^m$ を変数として

$$\underset{y}{\text{maximize}} \ b^T y \quad \text{s.t.} \quad A^T y \leqq c \tag{3.12}$$

と定義される．ただし，ベクトル x に対する不等号 $\geqq$ は，すべての成分ごとの比較で大小関係が成立すること，すなわち

$$0 \leqq x = (x_i) \in \mathbf{R}^n \ \Leftrightarrow \ 0 \leqq x_i, \ i = 1, \cdots, n$$

であることを意味し，$x \geqq y$ は $x - y \geqq 0$ を意味する．したがって，$c = (c_i) \in \mathbf{R}^n$

とし，A の i 番目の列ベクトルを a_i とすると，式 (3.12) の制約条件は，$a_i^T y \leqq c_i$ ($i = 1, \cdots, n$) という 1 次関数の連立不等式条件である．

LP の制約条件は有限個の連立線形等式・不等式であるので，その実行可能領域は（有界とは限らない）凸多面体を表す．また，目的関数も線形なので，最適解が存在する場合，それらは実行可能領域である多面体の境界にあり，さらに最適解が唯一ならその多面体の頂点に位置する．

SDP 問題の場合と同様，任意の LP 問題は適当な A, b, c を選ぶことで，式 (3.11) と式 (3.12) のいずれの形にも表現できる（**演習問題 【1】** 参照）．

例 3.3 （**1-ノルムと ∞-ノルム**）
ベクトル $x = (x_i) \in \mathbf{R}^n$ に対して

$$\|x\|_1 := \sum_{i=1}^n |x_i|, \quad \|x\|_\infty := \max_i |x_i|$$

は，それぞれ **1-ノルム**，**∞-ノルム**と呼ばれる[†]．$\|x\|_1 \leqq \gamma$ は，次式

$$\pm x_1 \pm \cdots \pm x_n \leqq \gamma$$

における左辺各項の正負符号のすべての組合せを考えた計 2^n 本の連立線形不等式が成り立つことを意味する．しかし，この連立不等式系は要素がすべて 1 の定数ベクトル $\mathbf{1}$ と新しい中間変数ベクトル y を導入することで

$$\mathbf{1}^T y \leqq \gamma, \quad -y \leqq x \leqq y$$

と大幅に簡略化された同値な不等式に書き直すことができる（このとき，二つ目の不等式から自動的に $y \geqq 0$ となることに注意しよう）．

一方

$$\|x\|_\infty \leqq \gamma \Leftrightarrow -\gamma \leqq x_i \leqq \gamma, \quad i = 1, \cdots, n$$
$$\Leftrightarrow -\gamma \mathbf{1} \leqq x \leqq \gamma \mathbf{1}$$

[†] ℓ_1, ℓ_∞ ノルムと呼ばれることもある．

である.

したがって,適当なサイズの行列 A, C とベクトル b, d をデータとして,x に適当な線形制約 $Ax \geqq b$ を課した最適化問題

$$\text{minimize } \|Cx - d\|_p \quad \text{s.t.} \quad Ax \geqq b, \quad p = 1, \infty$$

は,それぞれ LP 問題に帰着でき,$p = 1$ の場合は

$$\underset{\gamma, x, y}{\text{minimize}} \; \gamma \quad \text{s.t.} \quad \mathbf{1}^T y \leqq \gamma, \; -y \leqq Cx - d \leqq y, \; Ax \geqq b$$

$p = \infty$ の場合は

$$\underset{\gamma, x, y}{\text{minimize}} \; \gamma \quad \text{s.t.} \quad -\gamma \mathbf{1} \leqq Cx - d \leqq \gamma \mathbf{1}, \; Ax \geqq b$$

となる.

$p = \infty$ の上記のような最適化問題は**一様近似**あるいは**チェビシェフ近似**と呼ばれ,さまざまな分野で多くの応用がある.例えば,∞-ノルムの中のベクトルが離散時間の時系列を表している場合は,その振幅に制約を与えていると解釈できる(例 **3.4** 参照).

$p = 1$ の場合は,比較的近年になって発展してきた圧縮サンプリング(compressive sampling)と呼ばれる分野で興味深い応用がある.そこでは,情報圧縮された信号ベクトルをできるだけスパースに表現する,いわゆる復元過程が必要となる.そのアイデアを簡単に述べる.

$n \geqq m$ として,$b \in \mathbf{R}^m$ と $A \in \mathbf{R}^{m \times n}$ は与えられているとする.復元過程で要求されることは,b をできるだけ 0 要素の多い(=スパースな)ベクトル $x \in \mathbf{R}^n$ で $Ax = b$ と表現することである.つまり,あらかじめスパースであることがわかっている信号 x をある線形変換 A により情報圧縮(削減)して得られた b から,x を復元する問題である.典型的な例は,x を離散時間時系列,A を離散フーリエ変換とローパスフィルタリング,b を得られた低周波フーリエ係数ベクトルとするような場合である.また,A の列ベクトル $\{a_i\}_{i=1}^n$ を $\mathbf{R}^m$ の冗長な基底ベクトル系と考えて,b をなるべく少ない本数の a_i の線形結合で表現しようという問題とも捉えられる.

この問題は x のどの要素を 0 にすべきかという組合せ的な困難を含んだ問題であるが,良い近似解を得るために,つぎの 1-ノルム最適化問題がしばしば用いられる.

$$\text{minimize } \|x\|_1 \quad \text{s.t.} \quad Ax = b$$

この最適解 x がスパースになりやすいことは,x が 2 次元の場合の状況を簡単に描いた図 **3.1** から明らかであろう.この凸最適化により x を正確に復元できる確率と,A, b およびスパーシティなどとの間の関係が知られている.詳細は文献[18]などを参照されたい.

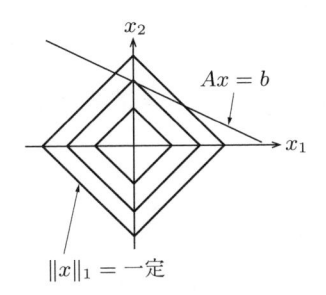

図 3.1 線形制約による 1-ノルム最小解がスパースになりやすいことの説明(各四角形は 1-ノルムの等高線)

3.3.2 凸 2 次計画問題と 2 次錐計画問題

目的関数と不等式制約がともに凸 2 次関数によって記述される最適化問題は,**凸 2 次制約凸 2 次計画**(quadratically constrained quadratic programming; QCQP)問題と呼ばれる.一般の滑らかな凸関数や凸集合が局所的には凸 2 次関数で十分近似できることから,これも重要で基本的である.

与えられたデータ $0 \preceq Q_i \in \mathbf{R}^{n\times n}$, $p_i \in \mathbf{R}^n$, $r_i \in \mathbf{R}$ $(i=0,\cdots,m)$ に対して $q_i(x) := x^T Q_i x + p_i^T x + r_i$ とおくと[†],QCQP は

$$\underset{x}{\text{minimize}} \; q_0(x) \quad \text{s.t.} \quad q_i(x) \leqq 0,\, i=1,\cdots,m \tag{3.13}$$

と表される.

[†] $q_i(x)$ のヘッセ行列は $Q_i \succeq 0$ なので,$q_i(x)$ は凸関数となる.

すべての Q_i を零行列とすれば QCQP が LP を特別な場合として含むことは明らかであるが，制約条件のみがすべて 1 次関数である場合は**凸 2 次計画**（convex quadratic programming; CQP）問題と呼ばれ，その標準的な表現は LP 主問題と関係付けて，データ $0 \preceq Q \in \mathbf{R}^{n \times n}$, $A \in \mathbf{R}^{m \times n}$, $b \in \mathbf{R}^m$, $p \in \mathbf{R}^n$ に対して

$$\underset{x}{\text{minimize}} \ x^T Q x + p^T x \quad \text{s.t.} \ Ax = b, \ x \geqq 0$$

と表される。

例 3.4 （離散時間線形システムの最適制御）

与えられたそれぞれ N 個の行列の系列 $\{A(k)\}_{k=0}^{N-1}, \{B(k)\}_{k=0}^{N-1}$ に対して，$x(k), u(k)$ をそれぞれ状態変数および入力とする時変な離散時間線形システム

$$x(k+1) = A(k)x(k) + B(k)u(k), \quad x(0) = x_0$$

を考える。$Q \succeq 0$, $R \succ 0$ として，入力系列を変数とする目的関数

$$f(u(0), u(1), \cdots, u(N-1)) = \sum_{k=0}^{N} x(k)^T Q x(k) + u(k)^T R u(k)$$

の最適入力 $\{u(k)\}_{k=0}^{N-1}$ を求める問題が，凸 2 次計画問題となることを見てみよう。

状態方程式の解は

$$\begin{aligned} x(k) &= \left(\prod_{i=0}^{k-1} A(k-1-i)\right) x(0) + \left(\prod_{i=0}^{k-2} A(k-1-i)\right) B(0) u(0) + \\ &\quad \cdots + A(k-1) B(k-2) u(k-2) + B(k-1) u(k-1) \\ &= \left(\prod_{i=0}^{k-1} A(k-1-i)\right) x(0) + \sum_{i=0}^{k-1} H(k,i) u(i) \end{aligned}$$

ただし, $H(k,i) := \begin{cases} \left(\displaystyle\prod_{j=0}^{k-2-i} A(k-1-j)\right) B(i), & k > i+1 \\ B(k-1), & k = i+1 \\ 0, & (\text{その他}) \end{cases}$

となる．したがって

$$\tilde{u} := [\, u(0)^T \; \cdots \; u(N-1)^T \,]^T$$
$$\tilde{x} := [\, x(0)^T \; x(1)^T \; \cdots \; x(N)^T \,]^T$$

とし，行列 $H, \tilde{A}, \tilde{Q}, \tilde{R}$ を

$$H := \begin{bmatrix} 0 & 0 & 0 & \cdots & 0 \\ H(1,0) & 0 & 0 & \cdots & 0 \\ H(2,0) & H(2,1) & 0 & \cdots & 0 \\ \vdots & \vdots & \ddots & \ddots & \vdots \\ H(N,0) & H(N,1) & H(N,2) & \cdots & H(N,N-1) \end{bmatrix}$$

$$\tilde{A} := \begin{bmatrix} I & A(0)^T & \cdots & \left(\displaystyle\prod_{i=0}^{N-1} A(N-1-i)\right)^T \end{bmatrix}^T$$

$$\tilde{Q} := \text{block-diag}\{Q, \cdots, Q\}, \quad \tilde{R} := \text{block-diag}\{R, \cdots, R\}$$

のようにおくと, $\tilde{x} = \tilde{A}x_0 + H\tilde{u}$ なので, 時変状態方程式拘束のもとでのこの最適制御問題は

$$\underset{\tilde{u}}{\text{minimize}} \; f(\tilde{u}) = \tilde{x}^T \tilde{Q} \tilde{x} + \tilde{u}^T \tilde{R} \tilde{u} \quad \text{s.t.} \quad \tilde{x} = \tilde{A} x_0 + H\tilde{u}$$

という凸 2 次計画問題になる．また，さらに状態や入力に振幅の制限

$$\|\tilde{x}\|_\infty \leqq \gamma, \quad \|\tilde{u}\|_\infty \leqq \rho$$

が加わっても，これらの制約は最適化変数 $\tilde{u}$ に関する線形不等式（多面体制約）に帰着できる（例 **3.3** 参照）ので，凸 2 次計画問題である．

また，パターン認識・機械学習の分野でよく知られるサポートベクトルマシン[19]のアルゴリズムでも，凸2次計画が重要な役割を担う（**演習問題【2】**参照）。

一方，2次関数で記述される制約条件を持つ最適化問題として，つぎの**2次錐計画**（second-order cone programming; SOCP）問題[†]がある。

$$\underset{x}{\text{minimize}} \ c^T x \quad \text{s.t.} \quad A_i x + b_i \in \mathcal{K}_i, \ i = 1, \cdots, m \tag{3.14}$$

ただし，$A_i \in \mathbf{R}^{k_i \times n}$, $b_i \in \mathbf{R}^{k_i}$, $c \in \mathbf{R}^n$ は問題のデータである。また，$\mathcal{K}_i$ は**例2.2**で述べた k_i 次元の2次錐で，つぎのように定義される凸集合である。

$$\mathcal{K}_i := \left\{ x = (x_j) \in \mathbf{R}^{k_i} \ \middle| \ x_1 \geq \sqrt{x_2^2 + \cdots + x_{k_i}^2} \right\}$$

ここで，$x \in \mathcal{K}_i$ は自動的に $x_1 \geq 0$ が要求されていることに注意しよう。2次錐計画問題 (3.14) もまた凸計画問題である（**演習問題【3】**参照）。

例題 3.1 長軸，短軸がそれぞれ x_1 軸，x_2 軸に一致する2次元楕円とその内部を併せて $\mathcal{E}$ とする。その長径，短径はそれぞれ $2a, 2b$ とする。与えられた点 $p = (p_1, p_2) \notin \mathcal{E}$ から $\mathcal{E}$ への最短点 $r = (r_1, r_2) \in \mathcal{E}$ を求める最適化問題を2次錐計画で表せ。

【解答】 最適化問題としての定式化は $x = (x_1, x_2) \in \mathcal{E}$, すなわち

$$\begin{bmatrix} x_1 \\ x_2 \end{bmatrix}^T \begin{bmatrix} a^2 & 0 \\ 0 & b^2 \end{bmatrix}^{-1} \begin{bmatrix} x_1 \\ x_2 \end{bmatrix} \leq 1$$

の条件のもとで目的関数 $\|p - x\| = \sqrt{(x_1 - p_1)^2 + (x_2 - p_2)^2}$ を最小化することである。

目的関数の最小化は，補助変数 t を用いて

$$\underset{t, x_1, x_2}{\text{minimize}} \ t \quad \text{s.t.} \quad t \geq \sqrt{(x_1 - p_1)^2 + (x_2 - p_2)^2}$$

と表せるから

$$A_1 := I_{3 \times 3}, \quad b_1 := \begin{bmatrix} 0 \\ -p_1 \\ -p_2 \end{bmatrix}, \quad A_2 := \begin{bmatrix} 0 & 0 & 0 \\ 0 & 1/a & 0 \\ 0 & 0 & 1/b \end{bmatrix},$$

[†] 式 (3.14) は，2次錐計画の標準的な双対問題の符号などを変形した表現である。

$$b_2 := \begin{bmatrix} 1 \\ 0 \\ 0 \end{bmatrix}, \quad c := \begin{bmatrix} 1 \\ 0 \\ 0 \end{bmatrix}, \quad x := \begin{bmatrix} t \\ x_1 \\ x_2 \end{bmatrix}$$

とおけば，この最適化問題は $\mathcal{K}$ を 3 次元の 2 次錐として

$$\underset{x}{\text{minimize}} \ c^T x \quad \text{s.t.} \quad A_i x + b_i \in \mathcal{K}, \ i = 1, 2$$

という 2 次錐計画問題で表せる。 $\diamond$

凸 2 次制約凸 2 次計画問題 (3.13) は，2 次錐計画問題の特別な例と見なすことができる（上の例題もそのような例である）．実際，$Q_i \succeq 0$ より $Q_i = L_i^T L_i$ を満たす行列 L_i が存在するので，$q_i(x) \leqq 0$ なら $-(p_i^T x + r_i) \geqq \|L_i x\|^2 \geqq 0$ である。これを利用して，$q_i(x) \leqq 0$ は

$$1 - (p_i^T x + r_i) \geqq \left\| \begin{bmatrix} 1 + p_i^T x + r_i \\ 2 L_i x \end{bmatrix} \right\|$$

と変形できる。式 (3.13) の $q_0(x)$ の最小化は，補助変数 t を用いると

$$\begin{aligned}
\underset{t,x}{\text{minimize}} \ & t \\
\text{s.t.} \ & \begin{bmatrix} 1 + t - p_0^T x - r_0 \\ 1 - t + p_0^T x + r_0 \\ 2 L_0 x \end{bmatrix} \in \mathcal{K}_0, \quad \begin{bmatrix} 1 - p_i^T x - r_i \\ 1 + p_i^T x + r_i \\ 2 L_i x \end{bmatrix} \in \mathcal{K}_i, \ i = 1, \cdots, m
\end{aligned}$$

という 2 次錐計画問題に帰着できる。

2 次錐計画問題も内点法で効率良く解けることが知られている。

例 3.5 （凸でない 2 次関数で表される凸集合）

2 次錐計画問題では，凸 2 次制約と線形制約では扱えない凸集合の記述が可能である。簡単な例として，3 次元の 2 次錐 $\mathcal{K}$ によるつぎの不等式制約を考えよう。

$$Ax + b \in \mathcal{K}, \quad A = \begin{bmatrix} 1 & 1 \\ 1 & -1 \\ 0 & 0 \end{bmatrix}, \ b = \begin{bmatrix} 0 \\ 0 \\ 2 \end{bmatrix}, \ x = \begin{bmatrix} x_1 \\ x_2 \end{bmatrix}$$

この制約条件は，$Ax+b$ の第 1 要素が非負であるという線形不等式と非凸な 2 次不等式の連立条件として，具体的につぎのように表される．

$$x_1 + x_2 \geq 0, \quad \begin{bmatrix} x_1 \\ x_2 \end{bmatrix}^T \begin{bmatrix} 0 & -2 \\ -2 & 0 \end{bmatrix} \begin{bmatrix} x_1 \\ x_2 \end{bmatrix} + 4 \leq 0$$

2 次不等式のみなら双曲線 $x_1 x_2 = 1$ を境界とする非凸集合を表すが，$x_1 + x_2 \geq 0$ との連立により第 1 象限のほうの凸集合 $\{x|\ x_1 x_2 \geq 1,\ x_1 \geq 0,\ x_2 \geq 0\}$ を表すことになる．

---

2 次錐計画の重要な応用例であるロバスト線形計画を紹介しておこう．

例 3.6 (ロバスト線形計画)

つぎのような LP 問題を考える．

$$\underset{x}{\text{minimize}}\ c^T x \quad \text{s.t.}\quad Ax \geq b$$

上で $A \in \mathbf{R}^{m \times n}$ および $b \in \mathbf{R}^m$, $c \in \mathbf{R}^n$ はそれぞれ適当なサイズの定数行列およびベクトルであるのが通常の LP であるが，実用上のさまざまな問題に適用して考える場合は，(A, b, c) が不確かであったり，推定値くらいしかわからないこともある．そこで，不確かさを表すある集合 $\mathcal{U}$ を導入し，$(A, b, c) \in \mathcal{U}$ を満たす範囲で (A, b, c) が変動したときの最悪の目的関数値（最大値）を最小化しようと考えるのは自然である．補助変数 t を用いれば，これは

$$c^T x \leq t,\ Ax \geq b, \quad \forall (A, b, c) \in \mathcal{U} \tag{3.15}$$

の制約条件のもとで t を最小とする (t, x) を求める問題となる．この問題は，ロバスト線形計画問題と呼ばれている[12]．

ここでは，2 次錐計画に用いるために，A の第 i 行ベクトルを a_i^T，また $b = (b_i)$ として，$\mathcal{U}$ がつぎのように表されると仮定する．

$$\mathcal{U} := \{(A, b, c)|\ c \in \mathcal{E}_0,\ \begin{bmatrix} a_i^T & b_i \end{bmatrix}^T \in \mathcal{E}_i,\ i = 1, \cdots, m\}$$

3.3 他の典型的な凸計画問題や SDP との関係

ただし，$\mathcal{E}_i$ $(i = 0, \cdots, m)$ は，中心がそれぞれ $\hat{c}_0, [\hat{a}_i^T \quad \hat{b}_i]$ で適当なサイズの行列 L_i と不確かなパラメータベクトル δ_i を用いて表される楕円体

$$\mathcal{E}_0 := \{z|\ z = \hat{c}_0 + L_0\delta_0,\ \|\delta_0\| \leqq 1\}$$
$$\mathcal{E}_i := \{z|\ z = [\hat{a}_i^T \quad \hat{b}_i]^T + L_i\delta_i,\ \|\delta_i\| \leqq 1\},\quad i = 1, \cdots, m$$

を表す．すると，シュワルツの不等式 $|y_1^T y_2| \leqq \|y_1\| \cdot \|y_2\|$ と $\|\delta_i\| \leqq 1$ より

$$c^T x = (\hat{c} + L_0\delta_0)^T x = \hat{c}_0^T x + \delta_0^T L_0^T x \leqq \hat{c}x + \|L_0^T x\|$$
$$a_i^T x - b_i = [\hat{a}_i^T \quad \hat{b}_i][x^T \quad -1]^T + (L_i\delta_i)^T [x^T \quad -1]^T$$
$$\geqq [\hat{a}_i^T \quad \hat{b}_i][x^T \quad -1]^T - \|L_i^T [x^T \quad -1]^T\|$$

が $\mathcal{U}$ の任意の要素 (A, b, c) について成り立つので，式 (3.15) は

$$t - \hat{c}x \geqq \|L_0^T x\|$$
$$[\hat{a}_i^T \quad \hat{b}_i][x^T \quad -1]^T \geqq \|L_i^T [x^T \quad -1]^T\|,\quad i = 1, \cdots, m$$

のように，t, x の 2 次錐制約条件に等価変形できることがわかる．

この例のようにノルムの有界性で制約された不確かなパラメータベクトルを含む不等式は，**補題 5.5** で行列不等式へ拡張される．

3.3.3　SDP との関係

本章で，いくつかの典型的な凸計画問題とその包含関係を述べた．これは，残っている SDP ⊃ SOCP の関係を示すことで，以下のようにまとめられる．

$$\text{MP} \supset \text{CP} \supset \text{SDP} \supset \text{SOCP} \supset \text{QCQP} \supset \text{CQP} \supset \text{LP}$$

- MP：一般的な数理計画（mathematical programming）問題
- CP：一般的な凸計画（convex programming）問題
- SDP：半正定値計画（semidefinite programming）問題
- SOCP：2 次錐計画（second-order cone programming）問題

- QCQP：凸2次制約凸2次計画（quadratically constrained quadratic programming）問題
- CQP：凸2次計画（convex quadratic programming）問題
- LP：線形計画（linear programming）問題

SDP $\supset$ SOCP の関係を示すには，両問題とも線形目的関数なので，2次錐制約が LMI で表せればよい．線形不等式制約，凸2次不等式制約の場合も併せてこれを考えてみよう．

例題 3.2 線形不等式制約，凸2次不等式制約，2次錐制約を LMI 制約に変形せよ．

【解答】 （線形不等式制約） A の各行ベクトルを a_i^T，b の各要素を b_i（$i = 1, \cdots, m$）とすると

$$Ax \geqq b \Leftrightarrow \mathrm{diag}\{a_1^T x - b_1, \cdots, a_m^T x - b_m\} \succeq 0$$

となる．
（凸2次不等式制約） $Q = L^T L \succeq 0$ として

$$q(x) = x^T Q x + p^T x + r \leqq 0 \Leftrightarrow \begin{bmatrix} p^T x + r & x^T L^T \\ Lx & -I \end{bmatrix} \preceq 0$$

となる．
（2次錐制約） $a^T x + b_0 \in \mathbf{R}$, $Ax + b \in \mathbf{R}^{n-1}$ として

$$\begin{bmatrix} a^T \\ A \end{bmatrix} x + \begin{bmatrix} b_0 \\ b \end{bmatrix} \in \mathcal{K} \Leftrightarrow a^T x + b_0 \geqq \|Ax + b\|$$

$$\Leftrightarrow \begin{bmatrix} a^T x + b_0 & (Ax + b)^T \\ Ax + b & (a^T x + b_0)I \end{bmatrix} \succeq 0$$

となる．最後の二つの関係にはシュール補元による変形を用いている．　　◇

このように，SDP は凸計画（CP）のサブクラスであるが，SOCP 以下を特別なケースとして含む広いクラスの最適化問題である．特に LP, SOCP, SDP は，非負象限錐，2次錐，半正定値行列錐のそれぞれとアファイン部分空間の共通集合を実行可能領域とする線形目的関数の最適化問題で，これらの錐のあ

る性質により内点法で効率良く解けるという，共通した性質を持つ[12),15)]。これらの最適化問題は，まとめて**錐線形計画**（conic linear programming）と呼ばれている。

SDP で最適化問題を記述できれば効率的な計算のために内点法を利用できることは，以前にも述べた。しかし，上のような包含関係があるとはいえ，例えば大規模な LP 問題を SDP の内点法ソルバーにより求解することは，数値安定性，精度，記憶容量など数値計算的な面で問題がある。したがって，扱う最適化問題の制約条件中に線形制約，凸 2 次制約に加えて LMI 制約も含まれている場合以外は，LP，SOCP 問題には専用の（内点法あるいは単体法による）ソルバーを用いることが推奨されている†。

SDP のさまざまなソルバーや関連するインタフェースなどに関する近年の解説・情報は，例えば文献17), 20) やこれらを含む特集号を参照されたい。

3.3.4　関連する話題：**LMI の表現力と SDP 緩和**

ここでは，SDP に関連する興味深い話題をごく簡単に紹介する。

前章で少し述べたように，さまざまな行列関数や凸な制約を LMI で扱うことができる。また，この章では，SDP が LP や SOCP といったよく知られる凸計画問題を包含することを述べた。

すると，自然な問が少なくとも二つ生じる。一つは，SDP でどのような凸計画問題までが表現できるかという問である。SDP の目的関数は線形で，非線形凸関数は**例題 2.4** のように補助変数を導入し制約条件として扱うので，この問は LMI 制約がどのような凸集合までを表現できるかを問うのに等しい。

この問は，与えられた凸計画問題が SDP でモデリングできるかどうかを考察する上で非常に重要である。$F(x) \succeq 0 \Leftrightarrow \lambda_{\min}(F(x)) \geqq 0$ なので，一般に x の多項式たちがこのような凸集合の境界を構成するが，その特徴付けは，いまのところわずかなことしかわかっていないようである[11),12)]。

---

† CQP にも専用の内点法ソルバーが存在し，SOCP に帰着させるより得策とされる。

もう一つは，LMI 制約の優れた記述力を，非凸計画や整数計画のような求解が難しい問題の緩和に活かせないかという問である．最適化問題 (3.1) に対し，例えば $\widetilde{\mathcal{X}} \supset \mathcal{X}$ なる実行可能領域 $\widetilde{\mathcal{X}}$ と $\tilde{f}(x) \leqq f(x)$ $(\forall x \in \mathcal{X})$ なる目的関数 $\tilde{f}(x)$ を用いた問題

$$\underset{x}{\text{minimize}} \; \tilde{f}(x) \quad \text{s.t.} \quad x \in \widetilde{\mathcal{X}}$$

を**緩和問題**と呼ぶ．$\tilde{f}(x)$ と $\widetilde{\mathcal{X}}$ のとり方から，緩和問題の最適値は式 (3.1) の最適値の下界値となる．もしこの下界値が簡単に計算でき，式 (3.1) の最適値に十分近ければ，緩和問題を考える意味がある．

例えば LP による緩和は，$\text{epi}\tilde{f}(x)$ や $\widetilde{\mathcal{X}}$ は多面体に限られる．SDP による緩和は多面体でない凸集合も扱えるので，下界値が真の最適値により近づく．SDP 緩和は，組合せ最適化，非凸 2 次計画で良い結果をあげている[12),15)]．

このような SDP 緩和を用いる問題の一つに，多項式最適化がある．これはシステム制御とも関係が深いので，要点を簡単に紹介する．**多項式最適化問題**[21),22)]は，与えられた多変数多項式 $v(x), g_j(x)$ に対して

$$\underset{x}{\text{minimize}} \; v(x) \quad \text{s.t.} \quad x \in \mathcal{X} = \{x | g_j(x) \geqq 0, \; j = 1, \cdots, m\}$$

を求めるものである．多項式で表される目的関数や実行可能領域 $\mathcal{X}$ は一般に凸でない．しかし，次数さえ気にしなければさまざまな関数が多項式で十分近似できることも考えると，かなり広いクラスの問題を含む最適化問題であることもわかる．したがって，多項式最適化問題も一般には正確に解くことは難しく，半正定値計画による緩和を用いる解法が提案されている．

多項式最適化問題での最適値あるいはその下界が 0 より大きい（以上）なら，$v(x)$ は $\mathcal{X}$ 上で正定値（半正定値）関数であるといえることに注意しよう．制御工学では，ある条件を満たす正定値（半正定値）関数 $v(x)$ が存在するかどうかが重要であり，存在すればそれを構成することも重要である．例えば，原点が平衡点であるような非線形システム

$$\dot{x} = f(x), \quad f(0) = 0$$

と原点を含むある領域 $\mathcal{X}$ に対して，リアプノフ安定条件

$$v(x) > 0, \ \frac{\partial v(x)}{\partial x}f(x) < 0, \quad \forall x \in \mathcal{X}\backslash\{0\}$$

を満たすようなリアプノフ関数 $v(x)$ を求める場合が典型例である．また，最適制御に現れるハミルトン・ヤコビ不等式などの議論も同種である．

多項式最適化では，$f(x)$ や $v(x)$ を多項式に限定すればこのようなことが原理的には容易にできるので，その仕組みを紹介しておこう．簡単のため，$\mathcal{X} = \mathbf{R}^n$ とする．q 個の関数からなる与えられた関数系 $w(x) = [w_1(x) \ \cdots \ w_q(x)]^T$ を使って，$v_k(x) = w_i(x)w_j(x)$（$1 \leqq i \leqq j \leqq q$）と定義された関数 $v_k(x)$ のうち，たがいに異なるもの $v_1(x), \cdots, v_r(x)$ を残しておく．もし目的関数 $v(x)$ が $v_k(x)$ と別のパラメータベクトル $y = (y_k)$ を使って

$$v(x) = v(x; y) = \sum_{k=1}^{r} y_k v_k(x)$$

のような形に y でパラメトライズされていれば，$v_k(x)$ の作り方より，$v(x)$ は y（と，必要ならある自由パラメータ $\tilde{y}$）から定まる行列 $Z(y, \tilde{y})$ を用いて

$$v(x; y) = w(x)^T Z(y, \tilde{y}) w(x)$$

と表される．ここで，$Z(y, \tilde{y})$ は $(y, \tilde{y})$ に関して線形な対称行列であることに注意しよう．

例 3.7 （1 変数多項式）
$w(x) = [x^2 \ x \ 1]^T$ に対して，$v_k(x) = x^{k-1}$（$k = 1, \cdots, 5$）と構成できる．$v_k(x)$ の係数が y_k の 4 次多項式を $v(x; y)$ とすると

$$v(x; y) = \sum_{k=1}^{5} y_k v_k(x) = \begin{bmatrix} x^2 \\ x \\ 1 \end{bmatrix}^T \begin{bmatrix} y_5 & y_4/2 & \tilde{y}_6 \\ * & y_3 - 2\tilde{y}_6 & y_2/2 \\ * & * & y_1 \end{bmatrix} \begin{bmatrix} x^2 \\ x \\ 1 \end{bmatrix}$$

$$= w(x)^T Z(y, \tilde{y}) w(x)$$

と表せる。

多変数の場合も同様である．したがって，$\mathbf{R}^n$ 全体で半正定値な $v(x;y)$ を構成するには，十分条件として

$$Z(y, \tilde{y}) \succeq O \tag{3.16}$$

の LMI 条件を満たす y と $\tilde{y}$ を選べばよい．また，y が与えられている場合に関数 $v(x;y)$ が半正定値かどうかを判定するには，式 (3.16) が $\tilde{y}$ について可解であることが十分条件となる．同様に，多項式で制約される領域 $\mathcal{X}$ 上での半正定値性の十分条件も導かれている．

実際，式 (3.16) が成り立つとき，$Z(y, \tilde{y}) = L^T L$ と分解し，$[r_1(x) \ \cdots \ r_q(x)]^T := Lw(x)$ とおくと

$$v(x;y) = \sum_{i=1}^{q} r_i(x)^2$$

と **2 乗和**（sum of squares; SOS）の形で表せ，半正定値であることが確認できる．また，多項式最適化問題に対しては，$v(x) - \gamma$ が 2 乗和で表せるような範囲で γ を最大化することで，最適値の下界が得られる．

以上の説明では，関数系 $w(x)$ が多項式であることは用いていない．$w(x)$ が多項式の場合には，上記の十分条件がどのような場合に必要にもなるか，すなわち 2 乗和で表される多項式と半正定値多項式のクラスが一致するための必要十分条件などを含め，詳しく調べられている（参考文献21), 22) やその引用を参照）．

　　　　コーヒーブレイク

SDP は LP の素直な拡張とも見なせることを述べてきたが（**演習問題【4】** も参照），**定理 3.1** の 2) やその注の 2′) でわざわざ sup, inf を用いることの例示に関係付けて，SDP が LP に比べて複雑になる点の一つを述べる．

データと変数行列がつぎのように与えられた SDP の主問題 (3.4) を考える．

$$A_1 = \begin{bmatrix} 0 & 1 \\ 1 & 0 \end{bmatrix}, \quad b_1 = 2, \quad C = \begin{bmatrix} 1 & 0 \\ 0 & 0 \end{bmatrix}, \quad X = \begin{bmatrix} x_1 & x_2 \\ x_2 & x_3 \end{bmatrix}$$

この問題は $x_1 x_3 = 1$ なる双曲線の外側の一つが実行可能領域で

$$\minimize_{x_1, x_3} x_1 \quad \text{s.t.} \quad x_1 x_3 \geqq 1, \ x_1 \geqq 0, \ x_3 \geqq 0$$

と書き直せる．目的関数の値は 0 にいくらでも近づけられるが，制約条件から 0 にはなり得ない．したがって，この最適化問題に最適解は存在しないが，目的関数の下限は 0，すなわち，$\inf_{x_1, x_3} \{x_1 | x_1 x_3 \geqq 1, \ x_1 \geqq 0, \ x_3 \geqq 0\} = 0$ で下に有界である．

一方，LP の主問題では実行可能解が存在し，目的関数の下限が有限なら最適解も存在することが，LP の双対定理[9],[12]から導ける．ここに，非線形関数を境界とする SDP の取り扱いが 1 次関数を境界とする LP より面倒である一つの理由がある．

ちなみに，この主問題は正定値の実行可能解 X も持つので，定理 3.1 の 2) における要件を満たす（$p^* = 0$）．実際，双対問題 (3.5) は

$$\maximize 2y \quad \text{s.t.} \quad \begin{bmatrix} 1 & -y \\ -y & 0 \end{bmatrix} \succeq 0$$

で，注文どおり，最適解 $y = 0$ が存在し最適値 0 は p^* に一致する．

最後も定理 3.1 の注と関連するが，主・双対の両問題の制約条件を不等号 $\succeq$ で成立させる実行可能解 X, y しか存在しない場合は，もはやさまざまな状況が起こりうる．双対ギャップと呼ばれる $\langle C, X_{\text{opt}} \rangle - b^T y_{\text{opt}}$ が有限で正値となる SDP の例も構成できることが知られている（これも LP では起こり得ない）．

********** 演 習 問 題 **********

【1】 任意の LP 問題は，変数ベクトル x に対して線形な目的関数と線形な等式・不等式制約で構成されるので，適当な定数行列・ベクトル A_i, b_i, c を用いて，一般的につぎのように書ける（$\leqq$ はベクトルに対する不等号）．

$$\minimize_{x} c^T x \quad \text{s.t.} \quad A_1 x = b_1, \ A_2 x \leqq b_2$$

この LP 問題を形式的に式 (3.11) と式 (3.12) の形で表せ．

【2】 n 次元のデータ $x_k \in \mathbf{R}^n$ と各データ x_k に付随した教師信号 $y_k \in \{\pm 1\}$ のペア (x_k, y_k) $(k=1,\cdots,N)$ が与えられたとする．線形な判別関数

$$f(x) := w^T x + b, \quad w \in \mathbf{R}^n, b \in \mathbf{R}$$

で適当な w, b を定めることで，x_k, y_k を各データの教師信号の ± 1 に従い

$$y_k = 1 \Rightarrow f(x_k) \geqq 0, \quad y_k = -1 \Rightarrow f(x_k) \leqq 0$$

と2クラスに分類することを考える（図 **3.2** 参照）．このようなことが可能なデータ (x_k, y_k) $(k=1,\cdots,N)$ は線形判別可能と呼ばれ，サポートベクトルマシンが扱う最も基本的なケースである．さて，図 **3.2** のように，$\mathbf{R}^n$ において w を法線ベクトルとする判別超平面 $f(x) = 0$ に最も近いベクトル x_i や x_j をサポートベクトルといい，それらの判別超平面との距離 M をマージンと呼ぶ．マージン M を最大化する線形判別関数 $f(x)$，すなわち w, b を求める問題を凸2次計画問題として表せ．

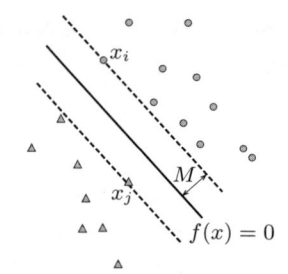

図 **3.2** サポートベクトル x_i, x_j とマージン M

【3】 2次錐計画問題が凸計画問題であることを示せ．

【4】 $\mathcal{V}$ と $\mathcal{W}$ を，それぞれ内積 $\langle \cdot, \cdot \rangle_\mathcal{V}$ と $\langle \cdot, \cdot \rangle_\mathcal{W}$ を持つ二つのベクトル空間とする．A を $\mathcal{V}$ から $\mathcal{W}$ への線形写像とし，A^* を

$$\forall x \in \mathcal{V}, \forall y \in \mathcal{W}, \quad \langle Ax, y \rangle_\mathcal{W} = \langle x, A^* y \rangle_\mathcal{V}$$

を満たす $\mathcal{W}$ から $\mathcal{V}$ への線形写像とする．$c \in \mathcal{V}, b \in \mathcal{W}$ と二つの凸錐 $\mathcal{K}_\mathcal{V} \subset \mathcal{V}$, $\mathcal{K}_\mathcal{W} \subset \mathcal{W}$ に対し，つぎのような一般的な錐線形計画の主・双対問題を考える．

$$\underset{x}{\text{minimize}} \ \langle c, x \rangle_\mathcal{V} \quad \text{s.t.} \quad Ax - b \in \mathcal{K}_\mathcal{W}, \ x \in \mathcal{K}_\mathcal{V}$$
$$\underset{y}{\text{maximize}} \ \langle b, y \rangle_\mathcal{W} \quad \text{s.t.} \quad A^* y - c \in \mathcal{K}_\mathcal{V}^\circ, \ y \in -\mathcal{K}_\mathcal{W}^\circ$$

i) **定理 3.1** にならって，それぞれの問題の任意の実行可能解 x, y に対し，$\langle c, x \rangle_\mathcal{V} \geqq \langle b, y \rangle_\mathcal{W}$（弱双対性不等式）を示せ．

ii) 上の問題で，特に $\mathcal{V} = \mathbf{R}^n$, $\mathcal{W} = \mathbf{R}^m$（それぞれ標準的な内積を考える），$\mathcal{K}_\mathcal{V} = \mathbf{R}^n_+$, $\mathcal{K}_\mathcal{W} = \{0\}$ なら，LP の主・双対問題となることを示せ．

iii) ii) と同様，$\mathcal{V} = \mathrm{Sym}(n)$（内積は $\langle X, Y \rangle = \mathrm{tr}(XY)$ とする），$\mathcal{W} = \mathbf{R}^m$, $\mathcal{K}_\mathcal{V} = \mathrm{cl}\,\mathrm{PD}(n)$, $\mathcal{K}_\mathcal{W} = \{0\}$ とすれば，SDP の主・双対問題となることを示せ．ただし，A は $A_i \in \mathrm{Sym}(n)$ $(i = 1, \cdots, m)$ で定義されたつぎのような線形写像と考える．

$$A : \mathrm{Sym}(n) \ni X \longmapsto A(X) = z = (z_i) \in \mathbf{R}^m, \quad z_i := \langle A_i, X \rangle$$

4

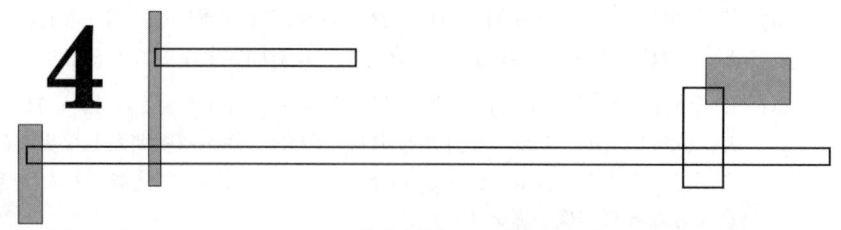

線形システムの性質と線形行列不等式

この章では，つぎの状態方程式，あるいはその伝達関数 $G(s)$ で表される線形時不変システムのいくつかの重要な性質が，LMI でどのように特徴付けられるかを調べる．

$$\dot{x} = Ax + Bu, \quad y = Cx + Du, \quad G(s) = C(sI - A)^{-1}B + D$$

4.3 節までの結果は，伝達関数が $G^T(s)$ である

$$\dot{\tilde{x}} = A^T \tilde{x} + C^T \tilde{u}, \quad \tilde{y} = B^T \tilde{x} + D^T \tilde{u}$$

という双対なシステムを考えても，同じ LMI で成り立つ．なぜなら，各節で調べる性質は $G(s)$ を $G(s)^T$ に入れ替えても不変だからである（$G(j\omega)^* = G(-j\omega)^T$ にも注意）．これはつぎの形式上の事実を意味する．

命題 4.3 節までのシステムの性質は，$(A, B, C, D) \to (A^T, C^T, B^T, D^T)$ を入れ替えた LMI でも特徴付けられる．

この事実は，制御系設計で取り扱うクラス $\mathcal{L}$ の性質とも関係する．

4.1 システムの安定性と行列固有値の存在領域

4.1.1 リアプノフ方程式・不等式の性質

まず,つぎのリアプノフ方程式の基本的な性質を述べる。

$$A^T X + XA + L^T L = 0 \tag{4.1}$$

以後,すべての固有値の実部が負である正方行列を**安定行列**と呼ぶことにする。

【補題 4.1】 与えられた行列 $M \in \mathbf{R}^{m \times m}$, $N \in \mathbf{R}^{n \times n}$, $K \in \mathbf{R}^{m \times n}$ に関する線形行列方程式

$$MX + XN + K = 0 \tag{4.2}$$

の解 X に関して,つぎの性質がある。

1) 解 X が任意の $K \in \mathbf{R}^{m \times n}$ に対して存在し,かつ一意に定まるための必要十分条件は,M, N の固有値が

$$\lambda_i(M) + \lambda_j(N) \neq 0, \quad i = 1, \cdots, m, \; j = 1, \cdots, n$$

を満たすことである。

2) M, N がともに安定行列であるならば,一意解 X は

$$X = \int_0^\infty \exp(Mt) K \exp(Nt) dt$$

で与えられる。

証明 1) は文献7) を参照されたい。本書で用いる 2) のみ示す。M, N は安定なので,ある正定数 r, σ が存在して,$t \geq 0$ で $\max\{\|\exp(Mt)\|, \|\exp(Nt)\|\} \leq re^{-\sigma t}$ を満たす。したがって

$$\|X\| \leq \int_0^\infty \|\exp(Mt) K \exp(Nt)\| dt \leq \|K\| r^2 \int_0^\infty e^{-2\sigma t} dt \leq \frac{\|K\| r^2}{2\sigma}$$

から X は収束し，よって存在する。X を式 (4.2) の左辺に代入すると

$$\int_0^\infty M\exp(Mt)K\exp(Nt) + \exp(Mt)K\exp(Nt)Ndt + K$$
$$= \int_0^\infty \frac{d}{dt}\{\exp(Mt)K\exp(Nt)\}dt + K = -K + K = 0$$

となり，X は解の一つである。もし Y が他の解だとすると

$$X = -\int_0^\infty \exp(Mt)(MY + YN)\exp(Nt)dt$$

となり，上と同様な積分計算から右辺 $= Y$ となるので，一意性も得られる。 △

注： 線形行列方程式 (4.2) はシルベスタ（Sylvester）方程式と呼ばれ，リアプノフ方程式 (4.1) もこの一種である。

【補題 4.2】 リアプノフ方程式 (4.1) を満たす $A \in \mathbf{R}^{n\times n}$，$X \in \mathbf{R}^{n\times n}$，$L \in \mathbf{R}^{l\times n}$ について，つぎの 3 条件のうちどれか一つを仮定したとき，残りの二つは同値である。

1) (L, A) は可観測
2) A は安定
3) X は正定値対称

同様に，(L, A) が可検出なら，A が安定 $\Leftrightarrow X \succeq 0$ である。最後に，A が安定なら，(L, A) は不可観測 $\Leftrightarrow X$ は半正定値で非正則 である。

証明 まず，2) の仮定のもとで 1) $\Leftrightarrow$ 3) を示す。A が安定なので**補題 4.1** より，X は次式のように表され，少なくとも半正定値である。

$$X = \int_0^\infty \exp(A^T t)L^T L\exp(At)dt$$

1) が成り立つとき，**補題 A.1** より，任意の $\xi \in \mathbf{R}^n\setminus\{0\}$ に対し

$$\exists t \geqq 0, \quad \xi^T \exp(A^T t)L^T \neq 0$$

となる。よって $\xi^T X\xi > 0$ となり，3) が示された。逆はその対偶を考える。(L, A) が不可観測なら，**補題 A.1** より，ある $\xi \in \mathbf{R}^n\setminus\{0\}$ が存在し

$$\forall t \geqq 0, \quad \xi^T \exp(A^T t) L^T = 0$$

となる。したがって, $\xi^T X \xi = 0$ となり, X は正定値でない。

最後に, 1) と 3) が成立すれば 2) も成り立つことを示す。v を A の固有値 λ の固有ベクトル, すなわち $Av = \lambda v$ とすると

$$-v^* L^T L v = v^*(A^T X + XA)v = (\bar{\lambda} + \lambda)v^* X v = 2\mathrm{Re}[\lambda] v^* X v$$

となる。左辺は非正で, 3) より $v^* X v > 0$ であることから, $\mathrm{Re}[\lambda] \leqq 0$ となる。しかし, $\mathrm{Re}[\lambda] = 0$ は $Lv = 0$ が必要となり, $v^*[\bar{\lambda}I - A^T \quad L^T] = 0$ を意味するので, 補題 A.1 より 1) に反する。したがって, $\mathrm{Re}[\lambda] < 0$ である。

命題の残りの主張に関する証明は, 以上と同様なので省略する。 △

つぎに, 正定値解 $X = P$ を持つリアプノフ不等式と $A \in \mathbf{R}^{n \times n}$ の固有値の関係をまとめておこう。

【補題 4.3】 $P \succ 0$ とする。A の固有値について以下が成り立つ。

1) $PA + A^T P = 0$ のとき, $\mathrm{Re}[\lambda_i(A)] = 0 \ (i = 1, \cdots, n)$[†]となる。

2) $PA + A^T P \preceq 0$ のとき, 左辺を $-H^T H$ とすると, (H, A) の不可観測な固有値[††]は実部が零, 可観測な固有値は実部が負である。

3) $PA + A^T P \prec 0 \Leftrightarrow \mathrm{Re}[\lambda_i(A)] < 0 \ (i = 1, \cdots, n)$

証明 1) v を A の固有値 λ に対する固有ベクトルとし, $Av = \lambda v$ とする。

$$v^*(PA + A^T P)v = (\bar{\lambda} + \lambda)v^* P v = 0$$

と $P > 0$ より, $\mathrm{Re}[\lambda] = 0$ となる。

2) 適当な正則変換により, ある可観測対 (H_1, A_1) が存在して

$$A = \begin{bmatrix} A_1 & 0 \\ A_3 & A_4 \end{bmatrix}, \ H = [H_1 \quad 0]$$

としておいてよい。このとき, A_1 の固有値の実部が負, A_4 の固有値の実部が零であることを示す。

[†] A が対角化可能なとき, 逆も成り立つ。
[††] $\mathrm{rank}[\bar{\lambda}I - A^T \quad H^T] < n$ となる A の固有値 λ。ランクが n のときは可観測という。

82   4. 線形システムの性質と線形行列不等式

$$P = \begin{bmatrix} P_1 & P_2 \\ P_2^T & P_3 \end{bmatrix} \succ 0$$

として

$$PA + A^T P + H^T H$$
$$= \begin{bmatrix} P_1 A_1 + P_2 A_3 + A_1^T P_1 + A_3^T P_2^T + H_1^T H_1 & * \\ P_2^T A_1 + P_3 A_3 + A_4^T P_2^T & P_3 A_4 + A_4^T P_3 \end{bmatrix} = 0$$

を得る。(2,2) ブロックの関係と 1) より，$\mathrm{Re}[\lambda_i(A_4)] = 0$ となる。
 $P \succ 0$ より $\tilde{P}_1 = P_1 - P_2 P_3^{-1} P_2 \succ 0$ に注意して，(2,1) ブロックの関係

$$A_3 = -P_3^{-1}(P_2^T A_1 + A_4^T P_2^T)$$

を (1,1) ブロック左辺に代入して整理すると，次式となる．

$$\tilde{P}_1 A_1 + A_1^T \tilde{P}_1 + P_2 P_3^{-1}(A_4^T P_3 + P_3 A_4) P_3^{-1} P_2^T + H_1^T H_1$$
$$= \tilde{P}_1 A_1 + A_1^T \tilde{P}_1 + H_1^T H_1 = 0$$

途中で (2,2) ブロックの関係を使った．この等式と**補題 4.2** より，$\mathrm{Re}[\lambda_i(A_1)] < 0$ となる．

3) 補題 4.2 より明らかである． △

補題 4.2，補題 4.3 と同様に，A の固有値がすべて単位円内にあることが，やはりリアプノフ不等式（方程式）と呼ばれる線形行列不等式（方程式）

$$A^T X A - X \prec 0 \quad (A^T X A - X + L^T L = 0, \text{ ただし } (L, A) \text{ は可観測})$$

を満たす正定値解 X が存在することと同値となる．これらは離散時間の線形時不変システムの安定性と関係する．

ここで述べた二つのリアプノフ不等式と行列の適当な平行移動・スケーリング $A \mapsto r(A - cI)$ を組み合わせるだけで，固有値をさまざまな複素領域内に制約する LMI を作ることができるが，より一般的な結果をつぎに述べる．

4.1.2 クロネッカ積を用いた LMI による固有値存在領域の制約

より一般的な固有値の存在領域を規定する線形行列不等式を導くための準備として，**クロネッカ積**（Kronecker product）について説明する．任意のサイ

ズの行列 A, B に対し，クロネッカ積は以下のように定義される．

$$A = (a_{ij}) \in \mathbf{C}^{m \times n}, \ B \in \mathbf{C}^{p \times q} \text{ に対して}$$

$$A \otimes B = \begin{bmatrix} a_{11}B & \cdots & a_{1n}B \\ \vdots & \ddots & \vdots \\ a_{m1}B & \cdots & a_{mn}B \end{bmatrix} \in \mathbf{C}^{mp \times nq}$$

ここでは，クロネッカ積のつぎの性質を用いる．

i) $(A \otimes B)^* = A^* \otimes B^*$

ii) 行列のサイズが適切なら，$(A \otimes B)(C \otimes D) = (AC) \otimes (BD)$ となる．

iii) $A \in \mathbf{C}^{p \times p}, B \in \mathbf{C}^{q \times q}$ のとき，$\lambda_j(A)\lambda_k(B)$ $(j = 1, \cdots, p, \ k = 1, \cdots, q)$ は $A \otimes B$ の固有値である．

固有値の存在領域 $\mathcal{D}$ を，行列に値を持つ関数で表現する．$C_{kl} = C_{lk}^* \in \mathbf{C}^{m \times m}$ を満たす m 次複素行列の集合 $\{C_{kl}, k = 0, \cdots, q, l = 0, \cdots, q\}$ を用いて，$z \in \mathbf{C}$ のエルミート行列値関数 $f_{\mathcal{D}}(z)$ と複素領域 $\mathcal{D} \subset \mathbf{C}$ を

$$f_{\mathcal{D}}(z) := \sum_{k,l=0}^{q} C_{kl} \bar{z}^k z^l, \quad \mathcal{D} := \{z | f_{\mathcal{D}}(z) \prec 0\}$$

と定義する．複素行列 A の固有値について既存の結果[23]をやや拡張できる．

【定理 4.1】 つぎの 3 条件は同値である．

1) $A \in \mathbf{C}^{n \times n}$ のすべての固有値が $\mathcal{D}$ に含まれる．

2) エルミート行列 X に関するつぎの LMI が成り立つ．

$$X \succ 0, \quad \sum_{k,l=0}^{q} (A^{*k} X A^l) \otimes C_{kl} \prec 0 \tag{4.3}$$

3) エルミート行列 X に関するつぎの LMI が成り立つ．

$$X \succ 0, \quad \sum_{k,l=0}^{q} C_{kl} \otimes (A^{*k} X A^l) \prec 0 \tag{4.4}$$

注 1：$C_{kl} = C_{lk}^*$ とクロネッカ積の性質 i) から，式 (4.3), (4.4) の行列がエルミートであることに注意しよう．

注 2： A と C_{kl} が実行列のときは，X も実対称に限ってよい．

注 3： A が単純であれば，$\mathcal{D}$ の閉包 $\mathrm{cl}\mathcal{D}$ についても同様な結果が成り立つ[†]．

<u>証明</u> 1) $\Leftarrow$ 2)： $v \neq 0$ を A の任意の固有値 λ に対する固有ベクトル，すなわち $Av = \lambda v$ とする．$v^* \otimes I_m \in \mathbf{C}^{m \times mn}$ が v によらず行フルランクであるので，**補題 2.4** の 2) とクロネッカ積の性質 ii) を使って

$$0 \succ (v^* \otimes I_m) \left(\sum_{k,l=0}^{q} (A^{*k} X A^l) \otimes C_{kl} \right) (v \otimes I_m)$$

$$= \sum_{k,l=0}^{q} (v^* A^{*k} X A^l v) \otimes C_{kl} = \left(\sum_{k,l=0}^{q} C_{kl} \bar{\lambda}^k \lambda^l \right) v^* X v$$

$$= f_{\mathcal{D}}(\lambda) v^* X v$$

となる．$v^* X v > 0$ より $\lambda \in \mathcal{D}$ が従う．

1) $\Rightarrow$ 2)： A のジョルダン標準形 J とそれへの相似変換行列を T とする．

$$J := TAT^{-1} = \begin{bmatrix} J_1 & & 0 \\ & \ddots & \\ 0 & & J_r \end{bmatrix}, \quad \text{ただし，}$$

$$J_i := \begin{bmatrix} J_{i1} & & 0 \\ & \ddots & \\ 0 & & J_{is_i} \end{bmatrix}, \quad J_{ij} := \begin{bmatrix} \lambda_i & 1 & & 0 \\ 0 & \ddots & \ddots & \\ \vdots & & \ddots & 1 \\ 0 & \cdots & 0 & \lambda_i \end{bmatrix}$$

さらに $T_\epsilon := \mathrm{diag}\{1, \epsilon^{-1}, \epsilon^{-2}, \cdots, \epsilon^{-n}\} \in \mathbf{R}^{n \times n}$ とし，$J_\epsilon := T_\epsilon J T_\epsilon^{-1}$ を計算すると

$$J_\epsilon := T_\epsilon J T_\epsilon^{-1} = \begin{bmatrix} J_{1\epsilon} & & 0 \\ & \ddots & \\ 0 & & J_{r\epsilon} \end{bmatrix}, \quad \text{ただし，}$$

$$J_{i\epsilon} = \begin{bmatrix} J_{i1\epsilon} & & 0 \\ & \ddots & \\ 0 & & J_{is_i \epsilon} \end{bmatrix}, \quad J_{ij\epsilon} = \begin{bmatrix} \lambda_i & \epsilon & & 0 \\ 0 & \ddots & \ddots & \\ \vdots & & \ddots & \epsilon \\ 0 & \cdots & 0 & \lambda_i \end{bmatrix}$$

[†] A が**単純**であるとき，すなわち対角行列に相似変換できるとき，ジョルダン標準形の議論が不要となり，式 (4.3), (4.4) それぞれの右側不等式の不等号を $\preceq$ に置き換えた条件が得られる．

が得られる。$\epsilon \to 0$ で $J_\epsilon^{*k} J_\epsilon^l$ は $\bar{\lambda}_i^k \lambda_i^l$ を要素とする対角行列に収束するので,十分 0 に近い ϵ に対して $\lambda_i \in \mathcal{D}$ $(i=1,\cdots,n)$ より

$$\sum_{k,l=0}^q (J_\epsilon^{*k} J_\epsilon^l) \otimes C_{kl} \prec 0 \tag{4.5}$$

が成り立つ。$S := T_\epsilon T$ とおけば S は正則である。クロネッカ積の性質 iii) より $S^* \otimes I_m$ は正則であることと $J_\epsilon^{*k} J_\epsilon^l = S^{-*} A^{*k} S^* S A^l S^{-1}$ に注意すると

$$(S^* \otimes I_m) \left(\sum_{k,l=0}^q (J_\epsilon^{*k} J_\epsilon^l) \otimes C_{kl} \right) (S \otimes I_m)$$
$$= \sum_{k,l=0}^q (A^{*k} S^* S A^l) \otimes C_{kl} \prec 0$$

となり,したがって,$X := S^* S$ とすれば必要条件であることが示された。

2) $\Leftrightarrow$ 3) : C_{kl} や $A^{*k} X A^l$ は正方なので,適当な置換行列 Q により

$$Q^T \left(\sum_{k,l=0}^q (A^{*k} X A^l) \otimes C_{kl} \right) Q = \sum_{k,l=0}^q C_{kl} \otimes (A^{*k} X A^l)$$

と変形できる[24]ことから明らかである。 △

上の**定理 4.1** で $C_{kl} = 0$, $k+l > 1$ と制限した $z, \bar{z}$ の 1 次関数 $f_\mathcal{D}(z)$ で定義される複素領域 $\mathcal{D}$ は,**LMI 領域**と呼ばれる[23]こともある。このとき条件の行列不等式は A に関しても線形となり,ロバスト制御器設計などに有用となる。また,$C_{kl} = 0$, $k > 1$, $l > 1$ のときでも,$C_{11} \succ 0$ ならばシュール補元を用いて A に関して線形にすることができる (**例 4.1** の iv) と**演習問題【1】**参照)。

領域 $\mathcal{D}_1$ と $\mathcal{D}_2$ にそれぞれ対応する行列不等式を (共通の X で) 連立させれば,**定理 4.1** により $\mathcal{D}_1 \cap \mathcal{D}_2$ に固有値が存在する必要十分条件が得られることになる (**例 4.1** の ii) を参照)。

式 (4.3) と式 (4.4) は,不等式や X のサイズは同じであるが,クロネッカ積の定義より式 (4.4) では行列変数 X がそのまま現れるため,式 (4.3) よりも扱いやすい。以下では,式 (4.4) を用いていくつかの例を挙げる。

例 4.1 具体的な複素領域 $\mathcal{D}$ を決定する関数 $f_\mathcal{D}(z)$ をいくつか与えて,対

応する線形行列不等式を考えてみよう．

i) 実部の制限（その1）： $\mathcal{D} = \{z|\text{Re}[z] = (z+\bar{z})/2 < a\}$

$$f_\mathcal{D}(z) = z + \bar{z} < 2a,\ c_{00} = -2a,\ c_{10} = \bar{c}_{01} = 1$$

このとき，対応する線形行列不等式は

$$XA + A^*X - 2aX \prec 0,\quad X \succ 0$$

である。$a = 0$ のときは，連続時間線形システムのリアプノフ不等式である．

ii) 実部の制限（その2）： $\mathcal{D} = \{z|b < \text{Re}[z] < a\}$

$$f_\mathcal{D}(z) = C_{01}z + C_{10}\bar{z} + C_{00} \prec 0$$

$$C_{10} = C_{01}^* = \begin{bmatrix} 1 & 0 \\ 0 & -1 \end{bmatrix},\ C_{00} = \begin{bmatrix} -2a & 0 \\ 0 & 2b \end{bmatrix}$$

このとき，対応する不等式は

$$C_{01} \otimes (XA) + C_{10} \otimes (A^*X) + C_{00} \otimes X$$
$$= \begin{bmatrix} XA + A^*X - 2aX & 0 \\ 0 & -XA - A^*X + 2bX \end{bmatrix} \prec 0,\ X \succ 0$$

である．

iii) 虚部の制限： $\mathcal{D} = \{z|\omega_1 < \text{Im}[z] = (z-\bar{z})/(2j) < \omega_2\}$

$$f_\mathcal{D}(z) = C_{01}z + C_{10}\bar{z} + C_{00} \prec 0$$

$$C_{10} = C_{01}^* = \begin{bmatrix} -j & 0 \\ 0 & j \end{bmatrix},\ C_{00} = \begin{bmatrix} 2\omega_1 & 0 \\ 0 & -2\omega_2 \end{bmatrix}$$

このとき，対応する不等式は

$$C_{01} \otimes (XA) + C_{10} \otimes (A^*X) + C_{00} \otimes X$$
$$= \begin{bmatrix} jXA - jA^*X + 2\omega_1 X & 0 \\ 0 & -jXA + jA^*X - 2\omega_2 X \end{bmatrix} \prec 0,$$
$$X \succ 0$$

である．

iv) 円： $\mathcal{D} = \{z|\ |z-c| < r,\ c \in \mathbf{C}, r \in \mathbf{R}\}$

$$f_\mathcal{D}(z) = \bar{z}z - c\bar{z} - \bar{c}z + |c|^2 - r^2 < 0$$
$$c_{11} = 1,\ c_{10} = \bar{c}_{01} = -1,\ c_{00} = |c|^2 - r^2$$

となり，$f_\mathcal{D}(z)$ は z の 2 次関数であるが，$c_{11} > 0$ なのでこのとき対応する不等式は

$$A^*XA - \bar{c}XA - cA^*X + (|c|^2 - r^2)X \prec 0,\quad X \succ 0$$
$$\Leftrightarrow \begin{bmatrix} r^2 X & (A-cI)^*X \\ X(A-cI) & X \end{bmatrix} \succ 0$$

のように A に関して線形化できる．特に $r=1$，$c=0$ としたときが離散時間線形システムのリアプノフ不等式となる．

v) 錐型領域： $\mathcal{D} = \{z|r_1 \mathrm{Re}[z] < \mathrm{Im}[z] < -r_2 \mathrm{Re}[z]\}$

これは複素平面上の原点を通る傾き r_1 の直線より上，傾き $-r_2$ の直線より下にある錐を表す．再び $\mathrm{Re}[z] = (z+\bar{z})/2$，$\mathrm{Im}[z] = (z-\bar{z})/(2j)$ を使って

$$f_\mathcal{D}(z) = C_{01}z + C_{10}\bar{z} \prec 0,\quad C_{10} = C_{01}^* = \begin{bmatrix} r_1 - j & 0 \\ 0 & r_2 + j \end{bmatrix}$$

となる．このとき，対応する不等式は

$$C_{01} \otimes (XA) + C_{10} \otimes (A^*X)$$
$$= \begin{bmatrix} (r_1+j)XA + (r_1-j)A^*X & 0 \\ 0 & (r_2-j)XA + (r_2+j)A^*X \end{bmatrix}$$
$$\prec 0,\quad X \succ 0$$

であり，特に $r = r_1 = r_2 > 0$ のときは，係数行列は実数化できて

$$\tilde{f}_\mathcal{D}(z) = U f_\mathcal{D}(z) U^* = \tilde{C}_{01}z + \tilde{C}_{10}\bar{z} \prec 0$$
$$U = \frac{1}{\sqrt{2}} \begin{bmatrix} 1 & 1 \\ j & -j \end{bmatrix},\quad \tilde{C}_{10} = \tilde{C}_{01}^* = \begin{bmatrix} r & -1 \\ 1 & r \end{bmatrix}$$

となる．したがって，対応する不等式はつぎのようになる．

$$\begin{bmatrix} r(XA+A^*X) & XA-A^*X \\ A^*X-XA & r(XA+A^*X) \end{bmatrix} \prec 0, \quad X \succ 0$$

これらの例に現れた不等式を適当に組み合わせれば，システム制御で実用上使われるほとんどの領域が得られる．例えば，i) と v) で適当な $a<0$ と $r=r_1=r_2>0$ により指定された領域の共通集合は複素開左半平面にあり，システム制御でしばしば推奨される制御系の極（閉ループ極）が存在すべき領域となる．

4.2 消 散 性

消散性とは，粗く述べると，エネルギーバランスを表すある形の積分不等式で規定されたシステムの入出力特性のことである．$u(t) \in \mathbf{R}^m$，$y(t) \in \mathbf{R}^p$，$x(t) \in \mathbf{R}^n$，A, B, C, D を実行列として，つぎの線形時不変システム Σ を考える．

$$\Sigma: \quad \dot{x}=Ax+Bu, \quad y=Cx+Du \tag{4.6}$$

初期値 $x(T_1)=x_0$ に対して，状態方程式 (4.6) の解 $x(t)$ と考察する時間積分が存在するような入力信号 $u(t)$ とその出力 $y(t)$ のペア $(u(t),y(t))$ $(T_1 \leqq t \leqq T_2)$ の集合を $\mathcal{B}[T_1,T_2;x_0]$ と表す．初期値や時間区間が前後から明らかな場合は単に $\mathcal{B}[T_1,T_2]$，や $\mathcal{B}$ などで表す．

4.2.1 システムの消散性：時間・周波数領域での定義と条件

【定義 4.1】 （消散性）
初期値 $x(0)$ と入力 $u(t)$ $(0 \leqq t \leqq T)$ に対して，出力は $y(t)$ $(0 \leqq t \leqq T)$ で，状態が $x(T)$ に移動したとする．与えられた関数 $s(u,y) : \mathbf{R}^m \times \mathbf{R}^p \to \mathbf{R}$

に対して，ある関数 $V(x) : \mathbf{R}^n \to \mathbf{R}$ が存在して

$$V(x(0)) + \int_0^T s(u(t), y(t))dt \geqq V(x(T)),$$
$$\forall x(0) \in \mathbf{R}^n,\ \forall T \geqq 0,\ \forall (u,y) \in \mathcal{B}[0, T; x(0)] \tag{4.7}$$

を満たすとき，システム Σ は，$s(u,y)$ に関して**消散的** (dissipative) と呼ばれる。また，$s(u,y)$ は**供給率** (supply rate)，$V(x)$ は**蓄積関数** (storage function)，不等式 (4.7) は**消散不等式** (dissipative inequality; DI) と呼ばれる。

以後，ある $M = M^T$ に対して

$$s(u,y) = \begin{bmatrix} y \\ u \end{bmatrix}^T M \begin{bmatrix} y \\ u \end{bmatrix} = \begin{bmatrix} x \\ u \end{bmatrix}^T W \begin{bmatrix} x \\ u \end{bmatrix} \tag{4.8}$$

のように定義された 2 次形式の供給率のみを考える。ただし

$$W = \begin{bmatrix} C & D \\ 0 & I \end{bmatrix}^T M \begin{bmatrix} C & D \\ 0 & I \end{bmatrix} \tag{4.9}$$

である。さまざまな供給率を考えることで，それに対応したシステムの入出力特性が定められる。例えば

$$M = \begin{bmatrix} -I & 0 \\ 0 & I \end{bmatrix} \quad \text{や} \quad M = \begin{bmatrix} 0 & I \\ I & 0 \end{bmatrix}$$

とすれば，供給率はそれぞれ $s(u,y) = \|u\|^2 - \|y\|^2$ や $s(u,y) = 2u^T y$ となる。これらの例はシステム制御理論では特に重要であり，後に詳しく述べる。まずは準備的な部分から始めよう。

【定理 4.2】 システム Σ で (A, B) は可制御とし，供給率 $s(u,y)$ は式 (4.8) で表されているとする。つぎの 3 条件は同値である。

1) システム Σ は $s(u,y)$ に対して消散的である。
2) ある $P = P^T$ が存在してつぎの LMI が成立する。

$$\begin{bmatrix} A^T P + PA & PB \\ B^T P & 0 \end{bmatrix} - W \preceq 0 \tag{4.10}$$

3) つぎの**周波数領域不等式**（frequency domain inequality; FDI）が成立する．

$$\begin{bmatrix} (j\omega I - A)^{-1} B \\ I \end{bmatrix}^* W \begin{bmatrix} (j\omega I - A)^{-1} B \\ I \end{bmatrix} \succeq 0,$$
$$\forall \omega \in \{\omega \in \mathbf{R} | \det(j\omega I - A) \neq 0\} \cup \{\infty\} \tag{4.11}$$

注：2) と 3) の同値性は **KYP**（Kalman-Yakubovich-Popov）補題と呼ばれる．KYP 補題は次章で証明するのでここでは認めておく．

[証明] 2) $\Rightarrow$ 1)：式 (4.10) の解 P を用いて $V(x) = x^T P x$ とおく．すると

$$\int_0^T -\frac{dV(x)}{dt} + s(u,y) dt = \int_0^T -2x^T P(Ax + Bu) + s(u,y) dt$$
$$= \int_0^T \begin{bmatrix} x \\ u \end{bmatrix}^T \left(-\begin{bmatrix} A^T P + PA & PB \\ B^T P & 0 \end{bmatrix} + W \right) \begin{bmatrix} x \\ u \end{bmatrix} dt \geq 0$$

が満たされるので，式 (4.7) も成立する．

1) $\Rightarrow$ 2)：2 次形式の供給率に対して，式 (4.7) を満たす蓄積関数 $V(x)$ は，もし存在すれば 2 次形式としてよい（**補題 A.2** 参照）．この事実に基づき，背理法で示す．任意の $P = P^T$ に対して

$$\begin{bmatrix} x_0 \\ u_0 \end{bmatrix}^T \left(-\begin{bmatrix} A^T P + PA & PB \\ B^T P & 0 \end{bmatrix} + W \right) \begin{bmatrix} x_0 \\ u_0 \end{bmatrix} < 0, \quad \exists \begin{bmatrix} x_0 \\ u_0 \end{bmatrix} \in \mathbf{R}^{n+m}$$

とする．すると，2 次形式の連続性より $\mathbf{R}^{n+m}$ 内に (x_0, u_0) の適当な近傍が存在して，その近傍内でこの不等式が成立する．$x(0) = x_0$ とし，定値入力 $u(t) = u_0$ $(t \geq 0)$ をこのシステムに加えたとき，$(x(t), u(t))$ がこの近傍の外に出てしまうまでのある時間を $T > 0$ とすると，いかなる $V(x) = x^T P x$ に対しても式 (4.7) は成立しないので矛盾する． $\triangle$

つぎの定理は，さまざまな消散性の応用を考える上で基本的である．

【定理 4.3】 システム Σ で (A, B) は可制御とし，供給率 $s(u,y)$ は式

(4.8) で表されるとする。つぎの 4 条件は同値である。

1) $x(0) = 0$ に対して次式が成立する。

$$\int_0^T s(u(t), y(t))dt \geqq 0, \quad \forall T \geqq 0, \forall (u, y) \in \mathcal{B}[0, T; 0]$$

2) Σ は $s(u, y)$ に対して消散的で,非負定値な蓄積関数 $V(x) \geqq 0$ ($\forall x \in \mathbf{R}^n$) が存在する。

3) LMI (4.10) に解 $P \succeq 0$ が存在する。

4) つぎの不等式が成立する (ただし,$\lambda(A)$ は A の固有値集合を表す)。

$$\begin{bmatrix} (sI - A)^{-1}B \\ I \end{bmatrix}^* W \begin{bmatrix} (sI - A)^{-1}B \\ I \end{bmatrix} \succeq 0,$$
$$\forall s \in \mathbf{C}_{+e} \backslash \{s \,|\, s \in \lambda(A)\}, \quad \mathbf{C}_{+e} := \{s \in \mathbf{C} \mid \mathrm{Re}[s] \geqq 0\} \cup \{\infty\}$$

証明 2) $\Leftrightarrow$ 3) は**定理 4.2** より明らかである。また,2) $\Rightarrow$ 1) は $x(0) = 0$ と消散不等式 (4.7) より成り立つ。

1) $\Rightarrow$ 2): 可制御性より任意の $x \in \mathbf{R}^n$ ($T > 0$) に対して,$x(0) = 0$, $x(T) = x$ の境界条件を満たす入力 $u(t)$ ($t \in [0, T]$) が存在する。よって

$$V_r(x) := \inf_{u, T \geqq 0} \left\{ \int_0^T s(u, y)dt \,\bigg|\, x(0) = 0, x(T) = x, (u, y) \in \mathcal{B}[0, T] \right\}$$

と定義すれば,$V_r(x)$ は条件 1) より非負定値である。システムの時不変性から,任意の τ について $V_r(x)$ はつぎのように表すこともできる。

$$\inf_{u, T \geqq 0} \left\{ \int_\tau^{\tau+T} s(u, y)dt \,\bigg|\, x(\tau) = 0, x(\tau+T) = x, (u, y) \in \mathcal{B}[\tau, \tau+T] \right\}$$

任意の x_1, x_2, $T \geqq 0$ を選んで固定し,初期状態 $x(0) = x_1$ を $x(T) = x_2$ へ移す入力を u,その出力を y とすると,上の V_r の表現を用いて,つぎの不等式が成立する (y_1, y_2 は変数 u_1, u_2 に対する出力)。

$$V_r(x_1) + \int_0^T s(u, y)dt$$
$$= \inf_{u_1, T_1 \geqq 0} \left\{ \int_{-T_1}^0 s(u_1, y_1)dt \,\bigg|\, x(-T_1) = 0, x(0) = x_1, (u_1, y_1) \in \mathcal{B}[-T_1, 0] \right\}$$

$$+ \int_0^T s(u,y)dt$$
$$\geqq \inf_{u_2, T_1 \geqq 0} \left\{ \int_{-T_1}^T s(u_2, y_2) dt \, \middle| \, x(-T_1) = 0, x(T) = x_2, (u_2, y_2) \in \mathcal{B}[-T_1, T] \right\}$$
$$\geqq V_r(x_2) \quad (\text{最後の不等式は積分時間が } T \text{ より長いので})$$

したがって，V_r は消散不等式 (4.7) を満たす非負定値な蓄積関数の一つである．

3) $\Leftrightarrow$ 4)： 3) が成立するとき，任意の $\sigma \geqq 0$ に対して LMI (4.10) の左辺から半正定値行列 block-diag$\{2\sigma P, 0\}$ を引けば，つぎの不等式が成立する．

$$P \succeq 0, \quad \begin{bmatrix} A_\sigma^T P + PA_\sigma & PB \\ B^T P & 0 \end{bmatrix} - W \preceq 0,$$
$$A_\sigma := A - \sigma I, \quad 0 \leqq \forall \sigma \in \mathbf{R} \tag{4.12}$$

逆に，式 (4.12) で $\sigma = 0$ とおけば 3) が導かれるので，3) と式 (4.12) は同値である．したがって，**定理 4.2** の 2) と 3) の同値性より，(A, B) 可制御 $\Leftrightarrow$ (A_σ, B) 可制御に注意して，3) はつぎの条件とも同値になる．

$$\begin{bmatrix} (j\omega I - A_\sigma)^{-1} B \\ I \end{bmatrix}^* W \begin{bmatrix} (j\omega I - A_\sigma)^{-1} B \\ I \end{bmatrix} \succeq 0,$$
$$0 \leqq \forall \sigma \in \mathbf{R}, \quad \forall \omega \in \{\omega \in \mathbf{R} | \det(j\omega I - A_\sigma) \neq 0\} \cup \{\infty\}$$

ここで，$s = \sigma + j\omega$ とおけば 4) が得られる． $\triangle$

注 1： $V_r(x)$ は，原点から x に移動するために必要な外部から与えるべき最小のエネルギー（**required supply**）を表す[†]．

注 2： 供給率を $s(u,y)$ の代わりに $\alpha s(u,y)$ $(\alpha > 0)$ としても，定理の 2) と 4) の不等式条件は変更されない（ただし，解 P は α 倍され蓄積関数は $\alpha V(x)$ となる）．

[†] 一方，$V_a(x) := \sup_{u, T \geqq 0} \left\{ -\int_0^T s(u,y) dt \, \middle| \, x(0) = x, x(T) = 0, (u,y) \in \mathcal{B}[0,T] \right\}$ と定義すると，$V_a(x)$ は状態を x から原点に移動させるときに引き出せる最大のエネルギー（available storage）を表す．$V(0) = 0$ と規格化された任意の蓄積関数 V は，$\mathbf{R}^n$ 上の各点で $V_r \geqq V \geqq V_a$ を満たすことが知られている[13]．

4.2.2 伝達関数の正実性と有界実性

消散性の具体的で重要な二つの例を特に詳しく述べる。つぎに紹介する複素関数を伝達関数とするシステムは，物理的に自然で基本的であるがゆえに，制御，回路理論，信号処理，機械システムなどにしばしば現れる。

【定義 4.2】 （正実関数，有界実関数）

$G(s)$ を実有理関数行列とする。

i) 正方な $G(s)$ が $\mathrm{Re}[s] > 0$ に極を持たず，かつ

$$\forall s \in \{s| \, \mathrm{Re}[s] > 0\}, \quad G^*(s) + G(s) \succeq 0$$

を満たすとき，$G(s)$ は**正実**（positive real）関数という。

ii) $G(s)$ が $\mathbf{C}_{+e} := \{s \mid \mathrm{Re}[s] \geqq 0\} \cup \{\infty\}$ に極を持たず，かつ

$$\forall s \in \mathbf{C}_{+e}, \quad I - G^*(s)G(s) \succeq 0$$

を満たすとき，$G(s)$ は**有界実**（bounded real）関数という。

iii) 正方な $G(s)$ が $\mathbf{C}_{+e}$ に極を持たず，かつ

$$\exists \epsilon > 0, \, \forall s \in \mathbf{C}_{+e}, \quad G^*(s) + G(s) \succeq \epsilon I$$

を満たすとき，$G(s)$ は**強正実関数**[†]という。

iv) $G(s)$ が $\mathbf{C}_{+e}$ に極を持たず，かつ

$$\exists \epsilon > 0, \, \forall s \in \mathbf{C}_{+e}, \quad I - G^*(s)G(s) \succeq \epsilon I$$

を満たすとき，$G(s)$ は**強有界実**関数という。

注1：i) の正実関数は，虚軸上や $s = \infty$ に極を持ってもよい。例えば $1/s$ や s などは正実関数である。一方，定義 ii) 〜 iv) では $\mathbf{C}_{+e}$ に極がないので，対応す

[†] 強正実関数の実際の定義は，ある $\epsilon > 0$ に対して $G(s - \epsilon)$ が正実関数となることであり[5]，$G(\infty) = 0$ である関数も含まれる。iv) を満たすためには $G^*(\infty) + G(\infty) \succeq \epsilon I$ から $G(\infty) \neq 0$ が必要であり，本書では限定された定義を採用している。

る $G(s)$ は安定で**プロパ** (proper) ($G(\infty)$ が有限値をとること) である.有界実関数 $G_\mathrm{B}(s)$ と虚軸上や $s = \infty$ に極を持たない正実関数 $G_\mathrm{P}(s)$ は,定義より

$$I - G_\mathrm{B}^*(j\omega)G_\mathrm{B}(j\omega) \succeq 0, \quad G_\mathrm{P}^*(j\omega) + G_\mathrm{P}(j\omega) \succeq 0, \quad \forall \omega \in \mathbf{R} \cup \{\infty\}$$

を満たすが,複素関数論における最大値の原理から,この逆も正しいことが知られている。iii) と iv) でも同様である.

注2: 一般の正実関数 $G_\mathrm{P}(s)$ と正方な有界実関数 $G_\mathrm{B}(s)$ は,たがいにつぎの1次変換(ケーリー変換と呼ばれる)の関係にある。

$$G_\mathrm{P}(s) = (I + G_\mathrm{B}(s))(I - G_\mathrm{B}(s))^{-1}, \ G_\mathrm{B}(s) = (I - G_\mathrm{P}(s))(I + G_\mathrm{P}(s))^{-1}$$

例 4.2 有界実関数 $G_\mathrm{B}(s)$ と虚軸上や $s = \infty$ に極を持たない正実関数 $G_\mathrm{P}(s)$ がスカラ関数の場合には,$|G_\mathrm{B}(j\omega)| \leqq 1$,$\mathrm{Re}[G_\mathrm{P}(j\omega)] \geqq 0$ となり,それぞれ周波数応答のゲインが1以下,位相が $\pm 90°$ 以内であることを意味する。したがって,$G_\mathrm{P}(s)$ の分母分子の次数差は1以下である。例えば1次遅れ系 $1/(Ts+1)$ は,任意の $T > 0$ に対し正実かつ有界実である.

上で定義された複素関数を伝達関数として持つシステムがつぎのような入出力特性に関連することが,しだいに明らかになる.

【定義 4.3】 (**受動性,非拡大性**)

Σ を式 (4.6) の線形時不変システムとする.

　i) システム Σ が**受動的** (passive)[†] とは,システムの入出力関係がつぎの不等式を満たすことである.

$$x(0) = 0 \text{ のとき,} \int_0^T u^T(t)y(t)dt \geqq 0, \quad \forall T \geqq 0, \forall (u, y) \in \mathcal{B}$$

[†] $\exists \beta, \int_0^T u^T(t)y(t)dt \geqq \beta = -V(x(0))$,$\forall T \geqq 0$,$\forall (u, y) \in \mathcal{B}$ とする定義もある.

ii) システム Σ が**非拡大的** (non-expansive)†あるいは **L_2 ゲイン 1 以下**とは，システムの入出力関係がつぎの不等式を満たすことである．

$$x(0)=0 \text{ のとき}, \int_0^T u^T(t)u(t) - y^T(t)y(t)dt \geqq 0,$$
$$\forall T \geqq 0, \ \forall (u,y) \in \mathcal{B}$$

注 1：Σ が非拡大的なとき，$T \to \infty$ とすると任意の $u \in L_2[0,\infty)$ に対して

$$\int_0^\infty u^T(t)u(t)dt \geqq \int_0^\infty y^T(t)y(t)dt, \quad \text{すなわち}, \|u\|_{L_2} \geqq \|y\|_{L_2}$$

が成り立つ．したがって，Σ を $L_2[0,\infty) \to L_2[0,\infty)$ の作用素と見なして，その **L_2 ゲイン** $:= \sup_{u \neq 0} \|y\|_{L_2}/\|u\|_{L_2}$ が 1 以下ともいう．じつは逆も成立して，ii) の定義は積分区間を 0 から無限大に固定してもよい．逆が成立するのは受動性の定義 i) でも同様であり，より一般に，式 (4.6) の Σ のような因果的なシステムであれば，ある条件を満たす供給率に関して成り立つ（**演習問題【4】**参照）．

注 2：上記 i) と ii) で，積分不等式の右辺を 0 の代わりに

$$\epsilon \int_0^T u^T(t)u(t)dt$$

に置き換えた不等式が，ある $\epsilon > 0$ について成立するとき，i) の場合はシステム Σ は**入力受動的** (input passive) と呼び，ii) の場合はシステム Σ は**縮小的** (contractive) あるいは **L_2 ゲイン 1 未満**††と呼ぶ．

つぎの系は，定理 4.3 で供給率，すなわち W を特別なものにとった場合で，**正実補題**と呼ばれる．

【系 4.1】 (A,B) を可制御とする．つぎの 3 条件は同値である．

1) システム Σ は受動的である．

---

† $\exists \beta, \int_0^T u^T(t)u(t) - y^T(t)y(t)dt \geqq \beta = -V(x(0)), \ \forall T \geqq 0, \ \forall (u,y) \in \mathcal{B}$ とする定義もある．
†† L_2 ゲインが $\sqrt{1-\epsilon}$ 以下だからである．

2) $G(s) = D + C(sI - A)^{-1}B$ は正実である。

3) 式 (4.9) の W を特に

$$W = \begin{bmatrix} 0 & C^T \\ C & D + D^T \end{bmatrix}, \quad \text{ただし } M = \begin{bmatrix} 0 & I \\ I & 0 \end{bmatrix}$$

としたとき, $P \succeq 0$ が存在して LMI (4.10) が成り立つ。すなわち

$$\exists P \succeq 0, \quad \begin{bmatrix} PA + A^T P & PB \\ B^T P & 0 \end{bmatrix} - \begin{bmatrix} 0 & C^T \\ C & D + D^T \end{bmatrix} \preceq 0$$

となる。

証明 1) ⇔ 3): M を 3) のように選んだとき, 供給率は $s = 2u^T y$ となるが, **定理 4.3** の注 2 より, 1) と 3) はそれぞれ**定理 4.3** の 1) と 3) に一致するので, それらの同値性から導かれる。

3) ⇔ 2): 3) が成立するとき, 適当な正則合同変換を考えて, 最初から

$$P = \begin{bmatrix} P_1 & 0 \\ 0 & 0 \end{bmatrix}, \quad P_1 \succ 0 \tag{4.13}$$

としてよい。これに合わせて A, B, C をブロック行列で

$$A = \begin{bmatrix} A_1 & A_2 \\ A_3 & A_4 \end{bmatrix}, \quad B = \begin{bmatrix} B_1 \\ B_2 \end{bmatrix}, \quad C = \begin{bmatrix} C_1 & C_2 \end{bmatrix} \tag{4.14}$$

と表す。このとき, 3) の LMI は

$$\begin{bmatrix} P_1 A_1 + A_1^T P_1 & P_1 A_2 & P_1 B_1 - C_1^T \\ * & 0 & -C_2^T \\ * & * & -D - D^T \end{bmatrix} \preceq 0$$

となるので, $C_2 = 0$, $A_2 = 0$ である。したがって, A_4 の固有値は不可観測であり, $G(s) = D + C_1(sI - A_1)^{-1} B_1$ である。また, **補題 4.3** の 2) より $\text{Re}[\lambda_i(A_1)] \leqq 0$ となり, **定理 4.3** の 3) と 4) の同値性から

$$G^*(s) + G(s) \succeq 0, \quad \forall s \in \{s \mid \text{Re}[s] \geqq 0, s \notin \lambda(A_1)\} \cup \{\infty\} \tag{4.15}$$

も成立する。これより 2) が導かれる。逆に 2) が成り立つとき, $G(s)$ の連続性より, 極以外の虚軸上でも正実性, すなわち式 (4.15) が成り立つ。$\lambda(A_1) \subset \lambda(A)$ に注意して, **定理 4.3** の 3) と 4) の同値性を用いれば, 3) が導かれる。 △

例 4.3 抵抗値 $R > 0$ の抵抗器,容量 $C > 0$ のキャパシタの RC 直列回路を考え,端子対にかける電圧 v を入力とし,流れる電流 i を出力とする。キャパシタの電荷 q を状態変数とすると,この回路はつぎの状態方程式に従う。

$$\dot{q} = -\frac{1}{RC}q + \frac{1}{R}v, \quad i = -\frac{1}{RC}q + \frac{1}{R}v \tag{4.16}$$

このシステムの伝達関数(アドミッタンス)は $Cs/(RCs+1)$ であり,これが正実関数であることはすぐに確認できる。

キャパシタの電圧を $v_c = q/C$ として,供給率 s と蓄積関数 V を

$$s(v,i) = i(t)v(t), \quad V(q) = \int i(t)v_c(t)dt = \int \dot{q}\frac{q}{C}dt = \frac{q^2}{2C}$$

と定義する。s は回路に供給される瞬間パワー(電力),V は回路内の(静電)エネルギーである。上式は

$$\begin{aligned}\int_0^T i(t)v(t)dt &= \left[\frac{q^2}{2C}\right]_0^T + \int_0^T R\dot{q}^2 dt \\ &= \frac{q^2(T)}{2C} - \frac{q^2(0)}{2C} + \int_0^T R\dot{q}^2 dt\end{aligned}$$

と変形でき,右辺第 3 項の積分は非負なので,消散不等式

$$V(q(0)) + \int_0^T s(v,i)dt \geq V(q(T)), \quad \forall T \geq 0, \forall q(0), \forall (v,i) \in \mathcal{B}$$

が成立する。したがって,RC 回路は供給率 $s = vi$ に関して消散的であり,$V(0) = 0$ より受動的である。右辺第 3 項の積分は,抵抗器で熱として消散されたエネルギーである。抵抗器,キャパシタのほか,インダクタ,変圧器などの受動素子と呼ばれる素子で構成された回路は,一般に受動回路となる。

状態方程式 (4.16) で $a = c = -1/(RC)$,$b = d = 1/R$ とおくと,**系 4.1** の 3) の LMI は,$p \geq 0$ と

$$-\begin{bmatrix} 2ap & bp \\ bp & 0 \end{bmatrix} + \begin{bmatrix} 0 & c \\ c & 2d \end{bmatrix} = \begin{bmatrix} \dfrac{2}{RC}p & -\dfrac{1}{R}p - \dfrac{1}{RC} \\ -\dfrac{1}{R}p - \dfrac{1}{RC} & \dfrac{2}{R} \end{bmatrix} \succeq 0$$

となる。この不等式条件は $(Cp-1)^2 \leqq 0$ となり，唯一解 $p = 1/C$ は正定値である。**定理 4.3** のあとの注 2 より，蓄積関数が $V(q) = pq^2 = q^2/(2C)$ であることが確認できる。また，p の唯一性から V_r, V_a は一致し，蓄積関数も定数差を除いてほかに存在しない。

つぎの系も**定理 4.3** で供給率，すなわち W を特別なものにとった場合で，**有界実補題**と呼ばれる。

【系 4.2】 (A, B) を可制御とする。つぎの 4 条件は同値である。

1) システム Σ は非拡大的（L_2 ゲイン 1 以下）である。
2) $G(s) = D + C(sI - A)^{-1}B$ は有界実である。
3) 式 (4.9) の W を特に
$$W = -\begin{bmatrix} C^T C & C^T D \\ D^T C & D^T D - I \end{bmatrix}, \quad \text{ただし } M = \begin{bmatrix} -I & 0 \\ 0 & I \end{bmatrix}$$
としたとき，$P \succeq 0$ が存在して LMI (4.10) が成り立つ。すなわち
$$\exists P \succeq 0, \quad \begin{bmatrix} PA + A^T P & PB \\ B^T P & 0 \end{bmatrix} + \begin{bmatrix} C^T C & C^T D \\ D^T C & D^T D - I \end{bmatrix} \preceq 0$$
となる。
4) つぎの LMI が成り立つ。
$$\exists P \succeq 0, \quad \begin{bmatrix} PA + A^T P & PB & C^T \\ B^T P & -I & D^T \\ C & D & -I \end{bmatrix} \preceq 0$$

証明 1) $\Leftrightarrow$ 3) は**系 4.1** と同様である。

3) ⇔ 4)：3) の LMI は

$$\begin{bmatrix} PA+A^TP & PB \\ B^TP & -I \end{bmatrix} + \begin{bmatrix} C^T \\ D^T \end{bmatrix} \begin{bmatrix} C & D \end{bmatrix} \preceq 0$$

と書き直せるので，シュール補元を用いた変形により導ける．

3) ⇔ 2)：3) が成立するとき，系 **4.1** の証明と同様に，P と A, B, C を式 (4.13) と式 (4.14) のように表しておく．このとき，3) の LMI は

$$\begin{bmatrix} P_1A_1+A_1^TP_1+C_1^TC_1 & P_1A_2+C_1^TC_2 & P_1B_1-C_1^TD \\ * & C_2^TC_2 & -C_2^TD \\ * & * & DD^T-I \end{bmatrix} \preceq 0 \quad (4.17)$$

となるので，$C_2=0$，$A_2=0$ である．したがって，A_4 の固有値は不可観測であり，$G(s)$ に現れない．また，式 (4.17) の (1,1) ブロックの関係から，ある L が存在して

$$P_1A_1+A_1^TP_1+\begin{bmatrix}C_1\\L\end{bmatrix}^T\begin{bmatrix}C_1\\L\end{bmatrix}=0, \quad P_1\succ 0$$

が満たされる．(C_1, A_1) が可観測となる A_1 の固有値はすべて ($\begin{bmatrix}C_1^T & L^T\end{bmatrix}^T, A_1$) に対しても可観測である．**補題 4.3** の 2) より，そのような固有値の実部はすべて負であり，よって，$G(s)$ は安定（すべての極が開左半平面にある）となる．したがって，**定理 4.3** の 3) と 4) の同値性から

$$I-G^*(s)G(s)\succeq 0, \quad \forall s\in \mathbf{C}_{+e}=\{s\mid \mathrm{Re}[s]\geqq 0\}\cup\{\infty\} \quad (4.18)$$

も成立する．これより 2) が導かれる．逆に 2) が成り立つとき，$\forall s\in\{s\mid\mathrm{Re}[s]\geqq 0, s\notin\lambda(A)\}\cup\{\infty\}$ でも $I-G^*(s)G(s)\succeq 0$ が成り立つので，**定理 4.3** より 3) が成立する． △

例 4.4 例 **4.3** の RC 回路で入射量 w，反射量 r とそれぞれ呼ばれる量

$$w:=\frac{v+Ri}{2\sqrt{R}}, \quad r:=\frac{v-Ri}{2\sqrt{R}}$$

を入力，出力と考えた回路の表現を考えよう[†]．このとき，$w^2-r^2=vi$ は回路に供給される瞬間電力となることに注意する．したがって，例 **4.3** の消散不等式での考察を読み替えると，この RC 回路はこの入出力に関して

[†] 内部インピーダンス R を持つ電圧源を接続した場合の散乱表現あるいは波動表現と呼ばれる．

L_2 ゲイン 1 以下である．この入出力の状態方程式は，**例 4.3** で用いた状態方程式 (4.16) から

$$\dot{q} = -\frac{1}{2RC}q + \frac{1}{\sqrt{R}}w, \quad r = \frac{1}{2\sqrt{R}C}q$$

である．w から r への伝達関数（この場合，反射係数の意味を持つ）は $1/(2RCs+1)$ で，有界実関数であることが確認できる．

この状態方程式で $a = -1/(2RC)$, $b = 1/\sqrt{R}$, $c = 1/(2\sqrt{R}C)$, $d = 0$ とおくと，**系 4.2** の 2) の LMI は，$p \geqq 0$ と

$$-\begin{bmatrix} 2ap & bp \\ bp & 0 \end{bmatrix} + \begin{bmatrix} c^2 & cd \\ cd & 1-d^2 \end{bmatrix} = \begin{bmatrix} \dfrac{1}{RC}p + \dfrac{1}{4RC^2} & \dfrac{1}{\sqrt{R}}p \\ \dfrac{1}{\sqrt{R}}p & 1 \end{bmatrix} \succeq 0$$

となる．この不等式条件は $(Cp - 1/2)^2 \leqq 0$ となり，唯一解 $p = 1/(2C)$ は正定値である．

線形時不変システム Σ の L_2 ゲインは，その伝達関数 $G(s) = D + C(sI - A)^{-1}B$ の **H_∞ ノルム**とも呼ばれ，$\|G(s)\|_\infty$ と記される．$\|G(s)\|_\infty \leqq \gamma$ は，**系 4.2** の 2) から $G(s)/\gamma$ が有界実であることと同値であり，3), 4) に対応する LMI 条件でも表すことができる．

4.2.3 消散性の強い結果について

ここでは，前項までの消散性に関わる命題を二つの点で強めた結果を紹介する．一つは厳密な不等号（等号の付いていない不等号）への置き換えである．これにより可制御性の仮定が不要になるが，それは証明で用いた KYP 補題（次章参照）から直接導かれる帰結である．二つ目は，式 (4.8) で供給率を定める行列 M（あるいは行列 W の (1,1) ブロック）が

$$W_{11} \preceq 0, \quad W = \begin{bmatrix} W_{11} & W_{12} \\ W_{12}^T & W_{22} \end{bmatrix} = \begin{bmatrix} C & D \\ 0 & I \end{bmatrix}^T M \begin{bmatrix} C & D \\ 0 & I \end{bmatrix}$$

を満たすという仮定をおくことである．厳密な不等式への変更したことと合わ

せて，このような供給率に対して消散的なシステム Σ の行列 A は安定（固有値の実部がすべて負）であることが示される．これらの点は，例えば閉ループ系にこの種の消散性を課して安定化を行う制御系設計に有用である[†]．

【定理 4.4】 式 (4.6) のシステム Σ と式 (4.8) の供給率を考える．$W_{11} \preceq 0$ とするとき，つぎの 4 条件は同値である．

1) 行列 A は安定で，$x(0) = 0$ とある $\epsilon > 0$ に対して次式が成立する．
$$\int_0^T s(u(t), y(t))dt \geqq \epsilon \int_0^T u(t)^T u(t)dt,$$
$$\forall T \geqq 0, \ \forall (u, y) \in \mathcal{B}[0, T; 0]$$

2) ある $P \succ 0$ が存在して，つぎの厳密な不等号の LMI (4.19) を満たす．
$$\begin{bmatrix} A^T P + PA & PB \\ B^T P & 0 \end{bmatrix} - W \prec 0 \tag{4.19}$$

3) 行列 A は安定で，つぎの厳密な不等号の FDI が $\forall s \in \mathbf{C}_{+e}$ で成立する．
$$\begin{bmatrix} (sI - A)^{-1}B \\ I \end{bmatrix}^* W \begin{bmatrix} (sI - A)^{-1}B \\ I \end{bmatrix} \succ 0 \tag{4.20}$$

4) $W_{22} \succ 0$ で，かつつぎのリッカチ不等式の解 $P \succ 0$ が存在する．
$$A^T P + PA - W_{11} + (PB - W_{12})W_{22}^{-1}(PB - W_{12})^T \prec 0$$

証明 2) $\Leftrightarrow$ 3)：LMI (4.19) の (1,1) ブロックより
$$A^T P + PA \prec W_{11} \preceq 0$$
を得る．これは A の安定性と同値なので，A は $\mathbf{C}_{+e}$ に固有値を持たないことに

[†] H_∞ 制御[25], [26] はその一例であり，そこでは制御対象に重み伝達関数を加えた一般化制御対象と呼ばれるシステム（一般に可制御でも可観測でもない）を安定化する必要がある．

気をつけて**演習問題【2】**の結果を用いれば証明できる。

2) ⇒ 1)：ある $\epsilon > 0$ が存在して

$$-\begin{bmatrix} A^T P + PA & PB \\ B^T P & 0 \end{bmatrix} + W - \epsilon \begin{bmatrix} I & 0 \\ 0 & I \end{bmatrix} \succeq 0, \quad P \succ 0 \tag{4.21}$$

となる。まず，(1,1) ブロックの不等式と $W_{11} \preceq 0$ から，A が安定であることが従う。左辺の第 2, 3 項を新たに W と見なして，**定理4.3** の 3) ⇒ 1) を適用すると，1) が得られる。

1) ⇒ 2)：A が安定なので**演習問題【3】**の結果を $C = I$ として用いると，ある正定数 c が存在してつぎの不等式を満たす。

$$\int_0^T \|x(t)\|^2 dt \leqq c \int_0^T \|u(t)\|^2 dt, \quad \forall T \geqq 0, \ \forall u \in L_2[0, T]$$

$\tilde{\epsilon} := \epsilon/(1+c) > 0$ とおくと，1) より

$$\int_0^T s(u, y) - \tilde{\epsilon}(x^T x + u^T u) dt \geqq 0, \quad \forall T \geqq 0, \ \forall (u, y) \in \mathcal{B}[0, T; 0]$$

である。積分の中を新しい供給率と見なすと，**定理4.3** の 1) と 3) の同値性より，式 (4.21) の ϵ を $\tilde{\epsilon}$ に変えた LMI を経て式 (4.19) が得られる。ただし，$P \succ 0$ は，A が安定であることと $W_{11} \preceq 0$ を用いて，式 (4.21) の (1,1) ブロックから従う。

2) ⇔ 4)：シュール補元を用いた変形から従う。 △

定理4.4 では，**定理4.3** と比べて (A, B) 可制御の仮定が不要となり，A の安定性が保証される点が異なることに注意しよう。

この定理の特別な場合の一つとして，**系4.1** の厳密な不等式の場合に当たるつぎの系が得られる。これは**強正実補題**と呼ばれることがある。

【系4.3】 つぎの 4 条件は同値である。

1) システム Σ は入力受動的である。

2) A が安定で，$G(s) = D + C(sI - A)^{-1}B$ は強正実[†]である。

3) 式 (4.9) の W を特に

[†] 本書における定義の意味で，である (93 ページ参照)。つぎの 3) の LMI より $D + D^T \succ 0$ なので $G(\infty) = D \neq 0$ となる。

$$W = \begin{bmatrix} 0 & C^T \\ C & D + D^T \end{bmatrix}, \quad \text{ただし } M = \begin{bmatrix} 0 & I \\ I & 0 \end{bmatrix}$$

としたとき，$P \succ 0$ が存在して LMI (4.19) が成り立つ．すなわち

$$\exists P \succ 0, \quad \begin{bmatrix} PA + A^T P & PB \\ B^T P & 0 \end{bmatrix} - \begin{bmatrix} 0 & C^T \\ C & D + D^T \end{bmatrix} \prec 0$$

となる．

4) $D + D^T \succ 0$ で，かつつぎのリッカチ不等式の解 $P \succ 0$ が存在する．

$$A^T P + PA + (PB - C^T)(D + D^T)^{-1}(PB - C)^T \prec 0$$

定理 4.4 の特別な場合のもう一つの例は，系 4.2 の厳密な不等式の場合に当たるつぎの系であり，これは**強有界実補題**と呼ばれることもある．この系は，閉ループ系の安定化とその入出力の L_2 ゲイン最小化を目的とする H_∞ 制御への基礎となる．3) と 4) の同値性は，シュール補元を用いた議論により明らかであろう．

【系 4.4】 つぎの5条件は同値である．

1) システム Σ は縮小的（L_2 ゲイン 1 未満）である．
2) A が安定で，$G(s) = D + C(sI - A)^{-1} B$ は強有界実である．
3) 式 (4.9) の W を特に

$$W = -\begin{bmatrix} C^T C & C^T D \\ D^T C & D^T D - I \end{bmatrix}, \quad \text{ただし } M = \begin{bmatrix} -I & 0 \\ 0 & I \end{bmatrix}$$

としたとき，$P \succ 0$ が存在して LMI (4.19) が成り立つ．すなわち

$$\exists P \succ 0, \quad \begin{bmatrix} PA + A^T P & PB \\ B^T P & 0 \end{bmatrix} + \begin{bmatrix} C^T C & C^T D \\ D^T C & D^T D - I \end{bmatrix} \prec 0$$

となる．

4) つぎの LMI が成り立つ。

$$\exists P \succ 0, \quad \begin{bmatrix} PA + A^T P & PB & C^T \\ B^T P & -I & D^T \\ C & D & -I \end{bmatrix} \prec 0$$

5) $W_{22} = I - DD^T \succ 0$ で，かつつぎのリッカチ不等式の解 $P \succ 0$ が存在する。

$$A^T P + PA + C^T C + (PB + C^T D) W_{22}^{-1} (PB + C^T D)^T \prec 0$$

　　　コーヒーブレイク

　正実関数や有界実関数といった複素関数は「古典的回路網理論」において研究され，精密な理論体系が築かれるとともに，受動素子を用いたアナログフィルタ設計などの電子工学分野の進歩に寄与した。その後，適応制御や非線形システムの安定論に用いられ，消散性理論として状態方程式を用いて一般化された[13]。現在では，H_∞ 制御[25],[26] などのロバスト制御や機械システム[27]，積分 2 次制約 (IQC)[28] の非線形システム理論などへ発展している。

4.3　H_2 ノルム

　この節では，つぎのような直達項のない（$D = 0$）線形時不変システムを考える。

$$\Sigma : \quad \dot{x} = Ax + Bu, \quad y = Cx \tag{4.22}$$

ただし，A は安定行列と仮定する。このシステムの伝達関数 $G(s)$ および各成分が単位インパルスからなる入力への応答 $g(t)$（$t \geqq 0$）はそれぞれ

$$G(s) = C(sI - A)^{-1} B, \quad g(t) = Ce^{At}B \quad (g(t) = 0, \; t < 0)$$

である。$G(s)$ と $g(t)$ はラプラス変換の関係にあるので，$G(j\omega)$ と $g(t)$ はフー

リエ変換

$$G(j\omega) = \int_0^\infty g(t)\exp(-j\omega t)dt = \int_{-\infty}^\infty g(t)\exp(-j\omega t)dt$$

の関係にあることに注意しよう。

【定義 4.4】 （H_2 ノルム）

安定なシステムの伝達関数に対して

$$\|G(s)\|_2 = \left(\frac{1}{2\pi}\int_{-\infty}^\infty \mathrm{tr}\left[G^*(j\omega)G(j\omega)\right]d\omega\right)^{1/2}$$

を H_2 ノルムという。

式 (4.22) のシステムに対しては，パーセバルの等式から

$$\|G(s)\|_2^2 = \int_0^\infty \mathrm{tr}\left[g^T(t)g(t)\right]dt = \mathrm{tr}\left(B^T\int_0^\infty e^{A^T t}C^T C e^{At}dt\, B\right)$$

$$= \mathrm{tr}\left(B^T X B\right), \quad X := \int_0^\infty e^{A^T t}C^T C e^{At}dt \qquad (4.23)$$

が成り立つ†。したがって，H_2 ノルムはシステムのインパルス応答 $g(t)$ のエネルギー（L_2 ノルム）と見なせる。また，共分散が単位行列に規格化された白色定常な確率過程 u に対しては，$G(j\omega)G^*(j\omega)$ は出力 y のパワースペクトル密度なので，H_2 ノルムの 2 乗は y のパワーを表す。

式 (4.22) のシステムの H_2 ノルムに関する特徴付けを示す。これも厳密な不等式を用いているので，システムの安定性が LMI で保証される（等号の入った不等式の場合は **演習問題 【5】** を参照）。

【定理 4.5】 式 (4.22) のシステム Σ に対して，つぎの 3 条件は同値である。

1) A は安定で，$G(s) = C(sI-A)^{-1}B$ の H_2 ノルムは γ 未満である。

---

† 補題 4.1 から，式 (4.23) の X はリアプノフ方程式 $A^T X + XA + C^T C = 0$ の一意解であり，対 (C, A) の可観測性グラミアンと呼ばれる。

2) つぎの不等式を満たす $P \succ 0$ が存在する。

$$A^T P + PA + C^T C \prec 0, \quad \mathrm{tr}(B^T PB) < \gamma^2$$

3) つぎの LMI を満たす $P \succ 0$, $S \succ 0$ が存在する。

$$\begin{bmatrix} A^T P + PA & C^T \\ C & -I \end{bmatrix} \prec 0, \quad \begin{bmatrix} S & B^T P \\ PB & P \end{bmatrix} \succ 0, \quad \mathrm{tr} S < \gamma^2$$

証明 1) ⇔ 2)：1) が成立しているとき，A が安定なので，リアプノフの安定定理より

$$A^T Y + YA \prec 0 \tag{4.24}$$

となる $Y \succ 0$ が存在する。また，**補題 4.1** より，$A^T X + XA + C^T C = 0$ に一意解

$$X = \int_0^\infty \exp(A^T t) C^T C \exp(At) dt$$

が存在し，その形から $X \succeq 0$ である。したがって，式 (4.23) より $\mathrm{tr}(B^T XB) < \gamma^2$ である。この不等式は厳密（等号が入っていない）なので，十分小さい正数 ϵ を用いて $P := X + \epsilon Y$ とおけば，2) の右の不等式を成立させることができる。また，式 (4.24) に同じ ϵ をかけた不等式と $A^T X + XA + C^T C = 0$ を辺々足せば，2) の左のリアプノフ不等式も成立することがわかる。

逆に，2) が成立しているとき，**補題 4.2** から A は安定であり，$Q := -(A^T P + PA + C^T C) \succ 0$ とおくと，再び**補題 4.1** と**補題 4.2** よりリアプノフ方程式 $A^T Y + YA + Q = 0$ に一意解 $Y \succ 0$ が存在する。したがって

$$A^T (P - Y) + (P - Y)A + C^T C = 0$$

となるので，$X := P - Y$ とおけば，**補題 4.2** より $X \succeq 0$ であり，また $Y \succ 0$ なので $P \succ X$ となり，$\mathrm{tr}(B^T XB) \leqq \mathrm{tr}(B^T PB) < \gamma^2$ が得られる。

2) ⇔ 3)：2) が，十分小さい $\epsilon > 0$ がとれて $\mathrm{tr} S < \gamma^2$, $S := B^T PB + \epsilon I \succ 0$ と同値なことに注意すれば，シューア補元を用いた計算のみで変形できる。 △

例 4.5 状態方程式を用いる制御系設計の基本的な一つである**最適レギュレータ**を H_2 ノルムと関連付けて見直してみよう。最適レギュレータの設

計とは，状態方程式

$$\dot{x} = Ax + Bu, \quad x(0) = x_0$$

と評価関数

$$J = \int_0^\infty x(t)^T Q x(t) + u(t)^T R u(t)\, dt$$

に対して，$A+BF$ が安定という制約条件のもとで J を最小化するゲイン行列 F，すなわち状態フィードバック則 $u = Fx$ を定めることであった。ただし，$0 \preceq Q$, $0 \prec R$ かつ (A, B) は可制御，$(Q^{1/2}, A)$ は可観測と仮定する。

この F に関する最適化問題は，つぎのように定義されるシステムの H_2 ノルムを最小化する F を求める問題と等価である。

$$\dot{\xi} = A_F \xi + B_F w, \quad z = C_F \xi, \quad G_F(s) = C_F(sI - A_F)^{-1} B_F,$$
$$C_F := \begin{bmatrix} Q^{1/2} \\ R^{1/2} F \end{bmatrix}, \quad A_F := A + BF, \quad B_F := x_0$$

なぜなら，このシステムのインパルス応答は

$$g_F(t) := \begin{bmatrix} Q^{1/2} \\ R^{1/2} F \end{bmatrix} e^{(A+BF)t} x_0 = \begin{bmatrix} Q^{1/2} x(t) \\ R^{1/2} u(t) \end{bmatrix}, \quad t \geqq 0$$

となり，よって

$$J = \int_0^\infty g_F(t)^T g_F(t)\, dt = \|G_F(s)\|_2^2$$

となるからである。したがって，H_2 ノルムの定義より $J = x_0^T P_F x_0$ で，A_F が安定なので P_F はリアプノフ方程式

$$A_F^T X + X A_F + C_F^T C_F = 0 \tag{4.25}$$

の正定値解として得られる。ただし，(C_F, A_F) の可観測性は $(Q^{1/2}, A)$ の可観測性と正則行列による変換

$$\begin{bmatrix} I & 0 & BR^{-1/2} \\ 0 & I & 0 \\ 0 & 0 & I \end{bmatrix} \begin{bmatrix} sI-(A+BF) \\ Q^{1/2} \\ R^{1/2}F \end{bmatrix} = \begin{bmatrix} sI-A \\ Q^{1/2} \\ R^{1/2}F \end{bmatrix}$$

より従う。

この関係から J を最小化する F を，LMI を用いて考察してみよう。**定理 4.5** に対応する等号付き不等式の場合の結果（**演習問題【5】**参照）を用いれば，A_F を安定化する F が $\gamma^2 \geqq J$ を満たす必要十分条件は，つぎの不等式

$$X \succ 0, \quad A_F^T X + X A_F + C_F^T C_F \preceq 0, \quad x_0^T X x_0 \leqq \gamma^2 \quad (4.26)$$

を満たす X が存在することである。したがって，最適ゲイン F は，$J = x_0^T X x_0$ として

$$\underset{X,F}{\text{minimize}}\ J \quad \text{s.t.} \quad X \succ 0,\ A_F^T X + X A_F + C_F^T C_F \preceq 0 \quad (4.27)$$

の最適解として求められる。

ここで，x_0 が最適化変数でないのは，それぞれの固定した F について式 (4.27) の不等式制約の解集合には最小解（2 章参照）が存在し[†]，よって，半正定値性の定義から，x_0 によらずその最小解が 2 次形式 J の（各 F での）最適解となるからである。

そこで，**補題 2.12** を利用して，最適化問題 (4.27) の目的関数を変更し

$$\underset{X,F}{\text{minimize}}\ \text{tr} X \quad \text{s.t.} \quad X \succ 0,\ A_F^T X + X A_F + C_F^T C_F \preceq 0 \quad (4.28)$$

と等価変換しておく。ここで，2 番目の制約不等式の左辺は

$$A_F^T X + X A_F + C_F^T C_F = (F + R^{-1} B^T X)^T R (F + R^{-1} B^T X)$$
$$+ A^T X + X A + Q - X B R^{-1} B^T X$$

と F に関する平方完成の形に変形できることに気をつけると，式 (4.28) は

[†] 式 (4.25) の正定値解 P_F が所望の最小解である（**定理 4.5** の証明と同様に，辺々引き算すれば $A_F^T(X - P_F) + (X - P_F) A_F \preceq 0$ が得られ，A_F の安定性から $X \succeq P_F$ となる）。

$$\underset{X}{\text{minimize }} \text{tr} X$$
$$\text{s.t. } X \succ 0,\ A^T X + XA + Q - XBR^{-1}B^T X \preceq 0 \qquad (4.29)$$

というリッカチ行列不等式の制約のもとで最小解 X を求める最適化問題となり，最適ゲインは $F = -R^{-1}B^T X$ とすればよいことになる．直前の脚注より最小解は等号で達成されることがわかっているので，実際は最適化問題 (4.29) を解かずにリッカチ方程式 $A^T X + XA + Q - XBR^{-1}B^T X = 0$ の正定値解 X を用いればよい．

ちなみに，式 (4.29) は X に関する SDP ではないが，$Y := X^{-1}$ とおき，補助変数行列 Z を導入することで

$$\underset{Y,Z}{\text{minimize }} \text{tr} Z \quad \text{s.t. } Y \succ 0,$$
$$\begin{bmatrix} Z & I \\ I & Y \end{bmatrix} \succeq 0,\ \begin{bmatrix} YA^T + AY - BR^{-1}B^T & YQ^{1/2} \\ Q^{1/2}Y & -I \end{bmatrix} \preceq 0$$

という Y, Z に関する SDP に等価変換できる．

4.4 入出力の振幅制約条件

再び直達項 D が 0 とは限らない初期値 0 の安定なシステム

$$\Sigma: \quad \dot{x} = Ax + Bu, \quad y = Cx + Du, \quad x(0) = 0 \qquad (4.30)$$

を考える．正定値対称な W, Q を与え，振幅が楕円体

$$\mathcal{E}_u := \{u | u(t)^T W u(t) \leq 1, \forall t \geq 0\} \qquad (4.31)$$

に制約された有界な入力 $u(t)$ に対して，$y(t)^T Q y(t)$ の $t \geq 0$ での最大到達値

$$\gamma := \sup_{t \geq 0} \{y(t)^T Q y(t)\}$$

を評価することを考えよう．このような評価は，実際の制御系設計では非常に

重要であることが多い.また,$W = Q = I$ のとき,ピークゲイン[16]と呼ばれることもある.

まず,式 (4.31) を満たす入力により原点から駆動された x がある時刻 T に到達可能な状態すべての集合を $\mathcal{R}$ とする.すなわち

$$\mathcal{R} := \left\{ x \,\middle|\, x = \int_0^T \exp\{A(T-t)\} Bu(t) dt,\ \exists T \geqq 0,\ \exists u \in \mathcal{E}_u \right\}$$

とする.$\mathcal{R}$ がある $P \succ 0$ を用いて表した楕円体 $V(x) := x^T P x \leqq 1$ に含まれる十分条件は

$$\forall (x,u) \in \{(x,u) |\ u^T W u \leqq 1,\ V(x) > 1\},$$
$$\dot{V}(x) = (Ax + Bu)^T P x + x^T P (Ax + Bu) < 0 \quad (4.32)$$

と表せる†.さらに,この楕円体を用い

$$\forall (x,u) \in \{(x,u) |\ u^T W u \leqq 1,\ V(x) \leqq 1\},$$
$$y^T Q y = (Cx + Du)^T Q (Cx + Du) \leqq \gamma \quad (4.33)$$

が成り立てば,y は楕円体 $y^T Q y \leqq \gamma$ 内に $\forall t \geqq 0$ で留まることになる.

以上の考え方を行列不等式条件として表そう.

【定理 4.6】 式 (4.31) を満たす任意の入力 u に対する出力 y が,$\forall t \geqq 0$ において $y^T Q y \leqq \gamma$ を満たす<u>十分条件</u>は,ある $P \succ 0$ と $\tau_i > 0,\ \nu_i \geqq 0$ $(i = 1, 2)$ が存在してつぎの行列不等式が成り立つことである.

$$\begin{bmatrix} A^T P + PA + \tau_1 P & PB \\ B^T P & -\tau_2 W \end{bmatrix} \prec 0, \quad 0 < \tau_2 < \tau_1 \quad (4.34)$$

$$\begin{bmatrix} C^T Q C - \nu_1 P & C^T Q D \\ D^T Q C & D^T Q D - \nu_2 W \end{bmatrix} \preceq 0, \quad \nu_1 + \nu_2 \leqq \gamma \quad (4.35)$$

---

† $V(x) > 1$ で $\dot{V}(x) < 0$ となるので,状態 x は $V(x) \leqq 1$ から出ることはない.

証明 $z := [x \quad u \quad 1]^T$ とおき

$$\dot{V}(x) < 0 \Leftrightarrow z^T F_0 z > 0, \quad F_0 := \begin{bmatrix} -A^T P - PA & -PB & 0 \\ -B^T P & 0 & 0 \\ 0 & 0 & 0 \end{bmatrix}$$

に注意すると，式 (4.32) は

$$\forall z \in \{z | \; z^T F_1 z > 0, \; z^T F_2 z \geqq 0\}, \quad z^T F_0 z > 0 \tag{4.36}$$

と表せる。ただし

$$F_1 := \begin{bmatrix} P & 0 & 0 \\ 0 & 0 & 0 \\ 0 & 0 & -1 \end{bmatrix}, \quad F_2 := \begin{bmatrix} 0 & 0 & 0 \\ 0 & -W & 0 \\ 0 & 0 & 1 \end{bmatrix}$$

である。したがって，式 (4.36) が成り立つための一つの十分条件は

$$\exists \tau_1 \geqq 0, \; \exists \tau_2 \geqq 0, \quad F_0 - \tau_1 F_1 - \tau_2 F_2 \succ 0$$

となる†。すなわち

$$\tau_1 F_1 + \tau_2 F_2 - F_0 = \begin{bmatrix} A^T P + PA + \tau_1 P & PB & 0 \\ B^T P & -\tau_2 W & 0 \\ 0 & 0 & \tau_2 - \tau_1 \end{bmatrix} \prec 0$$

なので，整理すると式 (4.34) が得られる。

一方，式 (4.33) は

$$\forall z \in \{z | \; z^T G_1 z \geqq 0, \; z^T G_2 z \geqq 0\}, \quad z^T G_0 z \geqq 0 \tag{4.37}$$

と表せる。ただし

$$G_0 := \begin{bmatrix} -C^T Q C & -C^T Q D & 0 \\ -D^T Q C & -D^T Q D & 0 \\ 0 & 0 & \gamma \end{bmatrix},$$

$$G_1 := \begin{bmatrix} -P & 0 & 0 \\ 0 & 0 & 0 \\ 0 & 0 & 1 \end{bmatrix}, \quad G_2 := \begin{bmatrix} 0 & 0 & 0 \\ 0 & -W & 0 \\ 0 & 0 & 1 \end{bmatrix}$$

である。上と同様に，式 (4.37) が成り立つための一つの十分条件は

---

† $z^T(F_0 - \tau_1 F_1 - \tau_2 F_2)z > 0$ より従う。S-procedure (**定理 5.1**) も参照されたい。

$$\exists \nu_1 \geqq 0,\ \exists \nu_2 \geqq 0,\quad G_0 - \nu_1 G_1 - \nu_2 G_2 \succeq 0$$

であり，これを整理すると式 (4.35) が得られる。　　　　　　　　　　△

注：定理 4.6 はこの章の他の節の結果と異なり，十分条件である．加えて，式 (4.34), (4.35) の行列不等式条件には $\tau_1 P$ と $\nu_1 P$ という変数の積があり，このままでは LMI ではない．したがって，τ_1, ν_1 をなんらかの推定値に固定して SDP で γ を最小化する方法などが考えられるが，その評価値 γ は甘くなりがちである．特に τ_1 については，式 (4.34) の (1,1) ブロックの条件から $A + \tau_1 I/2$ が安定行列となるので

$$0 < \tau_1 < -2 \max_i \mathbf{Re}[\lambda_i(A)]$$

を満たす必要がある．

例 4.6 時定数 $T > 0$ の 1 次遅れ系 $G(s) = 1/(Ts+1)$ について，振幅 1 の入力（すなわち $W = 1$）に対し，$Q = 1$ で**定理 4.6** を試す．

$$\dot{x} = -\frac{1}{T}x + \frac{1}{T}u,\quad y = x$$

が状態方程式である．$P = p > 0$ と書くことにすると，式 (4.34) は

$$\begin{bmatrix} (-2/T + \tau_1)p & p/T \\ p/T & -\tau_2 \end{bmatrix} \prec 0,\quad 0 < \tau_2 < \tau_1$$

となり，この行列不等式のほうを書き直して，つぎの同値な条件を得る．

$$\left(\frac{2}{T} - \tau_1\right)\tau_2 T^2 p - p^2 > 0,\quad 0 < \tau_2 < \tau_1 \tag{4.38}$$

可到達領域 $\mathcal{R}$ は $V(x) = px^2 \leqq 1$ に含まれるので，式 (4.38) を $p > 0$, τ_1, τ_2 に関する制約条件として p を最大化すれば，$\mathcal{R}$ を精度良く評価できる．式 (4.38) から $2/T - \tau_1 > 0$ かつ $0 < p < T^2(2/T - \tau_1)\tau_2$ である．また，相加相乗平均の不等式と $0 < \tau_2 < \tau_1$ の条件を用いて

$$\sqrt{\left(\frac{2}{T} - \tau_1\right)\tau_2} \leqq \frac{1}{2}\left(\frac{2}{T} - \tau_1 + \tau_2\right) < \frac{1}{T}$$

となるので，けっきょく $0 < p < 1$ が得られる。$y = x$ なので，**定理 4.6** の条件を満たす γ の下限は 1 $(\inf \gamma = 1)$ であり[†]，ステップ応答を考えれば，この系に関してはきわめて良い評価になっている。

********** 演 習 問 題 **********

【1】 **定理 4.1** において，$q = 1$ のとき，式 (4.3), (4.4) は A に関して 2 次の不等式条件となるが，$C_{11} \succ 0$ であれば A に関して線形な行列不等式条件に同値変形できることを示せ（**例 4.1** の iv) を参照)。

【2】 A が安定行列であるとき，KYP 補題（次章の**定理 5.5**）の正定値不等式の場合を使って，つぎの 2 条件が同値であることを示せ。

(a) ある $P \succ 0$ に対して次式が成立する。

$$\begin{bmatrix} A^T P + PA & PB \\ B^T P & 0 \end{bmatrix} - W \prec 0$$

(b) つぎの不等式が成立する。

$$\begin{bmatrix} (sI - A)^{-1} B \\ I \end{bmatrix}^* W \begin{bmatrix} (sI - A)^{-1} B \\ I \end{bmatrix} \succ 0,$$
$$\forall s \in (\{s \in \mathbf{C} \mid \mathrm{Re}[s] \geqq 0\} \cup \{\infty\}) = \mathbf{C}_{+e}$$

【3】 A が安定であるような状態方程式 $\dot{x} = Ax + Bu$, $y = Cx$, $x(0) = 0$ に対して，ある c が存在して，つぎの不等式を満たすことを示せ。

$$\int_0^T \|y(t)\|^2 dt \leqq c \int_0^T \|u(t)\|^2 dt, \quad \forall T \geqq 0$$

【4】 因果的なシステムの入出力 u, y に対して，$M_{11} \preceq 0$ を満たす 2 次形式の供給率 $s(u, y) = y^T M_{11} y + 2 y^T M_{12} u + u^T M_{22} u$ を考える。このとき，つぎの 2 条件が同値であることを示せ。

[†] SDP で解く場合は，$\tau_1 = 1/T + \epsilon$, $\nu_1 = 1 + \epsilon$ （ただし ϵ は十分小さい正数）とすればよいことになる。

(a) $x(0) = 0$ のとき，次式が成立する．

$$\int_0^T s(u(t), y(t))dt \geqq 0, \quad \forall T \geqq 0, \, \forall (u, y) \in \mathcal{B}$$

(b) $x(0) = 0$ のとき，任意の $u \in L_2[0, \infty)$ に対して次式が成立する．

$$\int_0^\infty s(u(t), y(t))dt \geqq 0$$

【5】 式 (4.22) のシステム Σ で (C, A) の可観測とする．下の 2 条件 (a), (b) は同値であることを示せ．また，(C, A) の可観測性の代わりに A の安定性を仮定したとき，(a) において A の安定性が不要になり，(b) において $P \succeq 0$ となることも示せ．

(a) A は安定で，$G(s) = C(sI - A)^{-1}B$ の H_2 ノルムは γ 以下である．

(b) つぎの不等式を満たす $P \succ 0$ が存在する．

$$A^T P + PA + C^T C \preceq 0, \quad \mathrm{tr}(B^T PB) \leqq \gamma^2$$

5 線形行列不等式の利用に役立つ技法

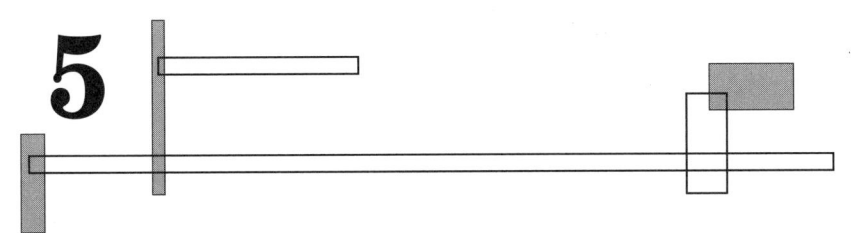

本章では，LMI を利用する際に非常に重要で便利な働きをすることがある補題を 4 種類にまとめている．証明は必要となったときに読めばよい．

5.1 変数の消去*

【定義 5.1】 $\mathrm{rank}\,B = r$ であるような行列 $B \in \mathbf{R}^{n \times m}$, $r < n$ に対して，つぎの条件を満たす行列を $B^\perp$ と表す．

$$B^\perp \in \mathbf{R}^{(n-r) \times n}, \quad \mathrm{rank}\,[\,B \;\; (B^\perp)^T\,] = n, \quad B^\perp B = 0$$

注：定義より，$B^\perp$ は B^T の核（零空間）$\mathrm{ker}\,B^T$ の $n-r$ 本の基底ベクトル（次式 (5.1) の V_2 の列ベクトル）[†] を各行に並べた行列であるので，唯一には定まらないが必ず存在する．したがって，$B^\perp$ の一つは B の特異値分解

$$B = [V_1 \;\; V_2] \begin{bmatrix} \Sigma & 0 \\ 0 & 0 \end{bmatrix} U^T, \tag{5.1}$$

$$0 \prec \Sigma \in \mathbf{R}^{r \times r},\, U \in \mathbf{R}^{m \times m},\, V = [V_1 \;\; V_2] \in \mathbf{R}^{n \times n}$$

[†] 同じであるが，$\mathrm{im}\,B$ の直交補空間 $(\mathrm{im}\,B)^\perp$ の $n-r$ 本の基底ベクトル．

と任意の正則行列 $T \in \mathbf{R}^{(n-r) \times (n-r)}$ により

$$B^\perp = TV_2^T = T \begin{bmatrix} 0 & I_{n-r} \end{bmatrix} V^T$$

と表せる。

つぎの補題はフィンスラーの補題と呼ばれる。

【補題 5.1】 （フィンスラーの補題）$B \in \mathbf{R}^{n \times m}$ ($n > \mathrm{rank} B$), $Q = Q^T \in \mathbf{R}^{n \times n}$ は与えられた行列とする。つぎの3条件は同値である。

1) ある $\rho \in \mathbf{R}$ が存在して次式を満たす。

$$Q + \rho BB^T \succ 0$$

2) $B^\perp Q (B^\perp)^T \succ 0$

3) ある行列 X が存在してつぎの不等式が成立する。

$$Q + BX^T + XB^T \succ 0$$

証明 1) $\Rightarrow$ 2) と 3) $\Rightarrow$ 2) は，左から $B^\perp$，右から $(B^\perp)^T$ をかければ得られる（**補題 2.4** の 1) 参照）。2) $\Rightarrow$ 1) を示す。B^T の特異値分解 (5.1) を 1) の不等式の左辺に代入し，左右から V^T および V をかけると

$$V^T Q V + \begin{bmatrix} \rho \Sigma^2 & 0 \\ 0 & 0 \end{bmatrix} = \begin{bmatrix} V_1^T Q V_1 + \rho \Sigma^2 & V_1^T Q V_2 \\ V_2^T Q V_1 & V_2^T Q V_2 \end{bmatrix}$$

となる。2) より $V_2^T Q V_2 \succ 0$ なので，十分大きな ρ をとれば，この行列は正定値になることがシューア補元を用いて示される[†]。最後に 1) $\Rightarrow$ 3) は $X = \rho B/2$ とおけばよい。 △

上の補題はさまざまに利用されるが，効用の一つは，条件 3) の行列不等式の可解性を行列変数 X が消去された条件 1), 2) で検査できることである。

[†] その下限値は**演習問題【1】**を参照。

例 5.1 状態方程式 $\dot{x} = Ax + Bu$ で表される線形時不変システムが，定数ゲイン行列 K による状態フィードバック $u = Kx$ で安定化可能である必要十分条件の一つは

$$\exists K, \exists P \succ 0, \quad (A+BK)P + P(A+BK)^T \prec 0$$

というリアプノフ不等式の成立である。この不等式は変数行列 K, P に関する LMI ではないが，上の補題から P に関する LMI

$$P \succ 0, \ B^{\perp}(AP + PA^T)(B^{\perp})^T \prec 0$$

の可解性と同値となり，安定化ゲイン K の一つは $AP + PA^T - \rho BB^T \prec 0$ を満たす ρ を用いて $K = -\rho B^T P^{-1}/2$ と表せる。

フィンスラーの**補題 5.1** を行列不等式において変数の両側から係数行列がかかっている場合へ拡張したものが，つぎの補題である。

【**補題 5.2**】 $B \in \mathbf{R}^{n \times m}$ $(n > \mathrm{rank} B)$, $C \in \mathbf{R}^{n \times p}$ $(n > \mathrm{rank} C)$, $Q = Q^T \in \mathbf{R}^{n \times n}$ は与えられた行列とする。つぎの 3 条件は同値である。

1) ある $\rho, \rho' \in \mathbf{R}$ が存在して次式を満たす。

$$Q + \rho BB^T \succ 0, \quad Q + \rho' CC^T \succ 0$$

2) $B^{\perp}Q(B^{\perp})^T \succ 0$ かつ $C^{\perp}Q(C^{\perp})^T \succ 0$

3) ある行列 X が存在してつぎの不等式が成立する。

$$Q + BX^T C^T + CXB^T \succ 0$$

証明 1) ⇔ 2) はフィンスラーの**補題 5.1** から自明であり，3) ⇒ 2) も同様である。2) ⇒ 3) は，背理法を用いる。もし 3) が成立しないなら，n 次対称行列集合 $\mathrm{Sym}(n)$ 内の部分集合

$$\mathcal{F} := \{Y | Y = Q + BX^T C^T + CXB^T, X \in \mathbf{R}^{p \times m}\}$$

と n 次正定値対称行列集合 $\mathrm{PD}(n)$ が共通集合を持たない，すなわち

$$\mathcal{F} \cap \mathrm{PD}(n) = \emptyset$$

となる。$\mathrm{PD}(n)$ も $\mathcal{F}$ も凸集合で $\mathrm{PD}(n)$ は内点を持つので，**定理 2.2** の分離定理より，ベクトル空間である $\mathrm{Sym}(n)$ 内に，$\mathrm{PD}(n)$ と $\mathcal{F}$ をプロパに分離するある超平面 $\mathcal{H}$ が存在する。さらに $\mathrm{PD}(n)$ は凸錐なので，$\mathcal{H}$ は $\mathrm{Sym}(n)$ の原点を通るものとして十分である (**系 2.1**)。よって，$\mathcal{H}$ は $\mathrm{Sym}(n)$ の内積 $\langle \cdot, \cdot \rangle$ とある要素 $H \neq 0$ を用いて $\mathcal{H} = \{Y | \langle H, Y \rangle = 0\}$ と表され

$$\langle H, Y \rangle > 0, \quad \forall Y \in \mathrm{PD}(n) \tag{5.2}$$

$$\langle H, Y \rangle \leqq 0, \quad \forall Y \in \mathcal{F} \tag{5.3}$$

を満たす。式 (5.2) より $H \succeq 0$ である。一方，式 (5.3) より

$$\langle H, Q \rangle \leqq 0 \tag{5.4}$$

$$\langle H, CXB^T \rangle = 0, \quad \forall X \tag{5.5}$$

が導かれる（式 (5.5) はこれが成立しないと仮定してみよ）。トレース内の可換性から式 (5.5) は $B^T HC = 0$ と同値であり，これと $H \succeq 0$, $H \neq 0$ より，同時に零行列とはならないある Z_1, Z_2 が存在して

$$H = (B^\perp)^T Z_1 Z_1^T B^\perp + (C^\perp)^T Z_2 Z_2^T C^\perp$$

が成り立つ（**演習問題【3】**参照）。これと式 (5.4) より

$$\langle H, Q \rangle = \mathrm{tr}(Z_1^T B^\perp Q (B^\perp)^T Z_1) + \mathrm{tr}(Z_2^T C^\perp Q (C^\perp)^T Z_2) \leqq 0$$

となるが，これは正定値行列の定義より 2) に反し，矛盾する。 △

この補題も X の一つを陽に表すことができる（**演習問題【2】**参照）。**例 5.1** の一般化として出力フィードバック制御器の設計に用いられる[29),30)]。

5.2 S-procedure*

2次形式に関する興味深い結果を述べる（数理計画の分野では **S-lemma**[12],[31] とも呼ばれる）。非凸な2次計画問題やシステム制御でしばしば有用となる。以下の定理では，F_i $(i=0,\cdots,p)$ は半正定値とは限らないことに注意しよう。

【定理 5.1】 （**S-procedure**[32]）
実対称行列 $F_i = F_i^T$ $(i=0,\cdots,p)$ に対して，その2次形式をここでは単に $f_i(x) := x^T F_i x$ と表す。このとき

$$\forall x \in \{x \in \mathbf{R}^n | x \neq 0,\ f_i(x) \geqq 0,\ i=1,\cdots,p\} \text{ に対し } f_0(x) > 0$$

が成立する十分条件の一つは，次式が成り立つことである。

$$\exists \tau_i > 0, i=1,\cdots,p, \quad F_0 - \sum_{i=1}^{p} \tau_i F_i \succ 0 \tag{5.6}$$

特に，$p=1$ のときは<u>必要条件でもある</u>。すなわち

$$x \in \mathbf{R}^n \text{ が } x \neq 0 \text{ かつ } f_1(x) \geqq 0 \text{ を満たす } \Rightarrow f_0(x) > 0 \tag{5.7}$$

が成り立つ必要十分条件は，次式が成り立つことである†。

$$\exists \tau_1 > 0, \quad F_0 - \tau_1 F_1 \succ 0 \tag{5.8}$$

前半の証明は，τ_i に関する LMI (5.6) の2次形式を考えれば容易であろう。興味深いのは，後半の $p=1$ のとき，必要条件にもなることである††。2次元平面上で考える初等的（だが一部退屈）な必要条件の証明を述べる。

---

† 同様に「$x \in \mathbf{R}^n$ が $f_1(x) \geqq 0$ を満たす $\Rightarrow f_0(x) \geqq 0$」が成立する必要十分条件として「$\exists \tau_1 \geqq 0,\ F_0 - \tau_1 F_1 \succeq 0$」が得られる（**演習問題【4】** 参照）。
†† ロスレスという。$x \in \mathbf{C}^n$ $(n \geqq 3)$，$F_i = F_i^*$ なら，$p=2$ でもロスレスである[31]。

証明 以下，$f_1(x) > 0$ となる x が存在すると仮定する．そうでない場合は，F_1 は半負定値であり，ある行列 B により $F_1 = -BB^T$ と表され $f_1(x) = 0$ となる x は $\ker B^T$ の要素である．よって，証明は $Q = F_0$ とおいてフィンスラーの**補題5.1** での 2) $\Rightarrow$ 1) そのものに帰着する．

まず，2次元集合 $\mathcal{K} := \{[f_1(x)\ f_0(x)]^T \in \mathbf{R}^2 | \ x \in \mathbf{R}^n \backslash \{0\}\}$ について考えよう．$\mathbf{R}^n \backslash \{0\}$ を以下のように三つの集合 $\mathcal{D}_i$ $(i = 1, 2, 3)$ に分割する．

$$\mathcal{D}_1 := \{x | f_1(x) \geqq 0,\ x \neq 0\}, \quad \mathcal{D}_2 := \{x | f_0(x) \leqq 0,\ x \neq 0\},$$
$$\mathcal{D}_3 := \mathbf{R}^n \backslash (\mathcal{D}_1 \cup \mathcal{D}_2 \cup \{0\}) = \{x | f_1(x) < 0,\ f_0(x) > 0\}$$

式 (5.7) が真ならその対偶も真なので，これらより x が $\mathcal{D}_1, \mathcal{D}_2, \mathcal{D}_3$ に属するとき $[f_1(x)\ f_0(x)]^T$ はそれぞれ $\mathbf{R}^2$ の第 1, 3, 2 象限に存在し，その結果，$\mathcal{K}$ と閉第 4 象限 $\mathcal{Q} := \{[u_1\ u_2]^T | u_1 \geqq 0,\ u_2 \leqq 0\}$ との共通集合は空である．

つぎに，$\mathcal{K}$ はある閉凸錐から原点のみを除いた凸錐である（これは最後に示す）ので，その境界である 2 本の半直線のなす角は 180 度未満である．よって，$\mathcal{K} \subset \mathcal{A} \subset \mathbf{R}^2$ かつ $\mathcal{A} \cap \mathcal{Q} = \emptyset$ を満たし，境界が原点を通り傾きが正の開半平面 $\mathcal{A}$ が存在する．したがって，分離定理の**系2.1** から，$\mathcal{K}$ を含む $\mathcal{A}$ と $\mathcal{Q}$ はプロパに分離でき

$$[f_1(x)\ f_0(x)] \begin{bmatrix} \mu_1 \\ \mu_2 \end{bmatrix} > 0, \quad \forall x \in \mathbf{R}^n \backslash \{0\} \tag{5.9}$$

$$[u_1\ u_2] \begin{bmatrix} \mu_1 \\ \mu_2 \end{bmatrix} \leqq 0, \quad \forall [u_1\ u_2] \in \mathcal{Q} \tag{5.10}$$

となるある $[\mu_1\ \mu_2] \neq 0$（$\mathcal{A}$ の境界の法線ベクトル）が存在する．式 (5.10) より $\mu_1 \leqq 0,\ \mu_2 \geqq 0$ となるが，証明の最初に $\exists x,\ f_1(x) > 0$ としたので，式 (5.9) から $\mu_2 \neq 0$ が必要となる．また，$\mathcal{A}$ の境界の傾き $-\mu_1/\mu_2$ が正なので，$\mu_1 \neq 0$ である．

したがって，$\tau_1 := -\mu_1/\mu_2 > 0$ とおくと，式 (5.9) から $f_0(x) - \tau_1 f_1(x) > 0$ ($\forall x \in \mathbf{R}^n \backslash \{0\}$) となり，式 (5.8) が必要条件でもあることが示された．

最後に，「$\mathcal{K}$ がある閉凸錐から原点のみを除いた凸錐であること」を示す[†]．

i) $\mathcal{K}$ が錐であることは，任意の $F(x) := [f_1(x)\ f_0(x)]^T \in \mathcal{K}$ と $\alpha > 0$ に対して $\alpha F(x) = F(\sqrt{\alpha} x) \in \mathcal{K}$ であることより明らかである．

ii) 凸集合でもあることを導くためには，$\mathcal{K}$ の任意の 2 点 $u, \tilde{u}$，つまり

$$\mathcal{K} \ni u := F(x), \quad \mathcal{K} \ni \tilde{u} := F(\tilde{x}), \quad \text{ただし，} \exists x, \tilde{x} \in \mathbf{R}^n \backslash \{0\}$$

[†] 以後は単純だが長いので，必要なときにのみ読むことを勧める．

5.2 S-procedure

と ($\mathcal{K}$ は錐なので) 任意の実数 $a > 0$, $b > 0$ に対して

$$au + b\tilde{u} = F(z) \qquad (ただし, iii) より au + b\tilde{u} \neq 0) \qquad (5.11)$$

となる $z \in \mathbf{R}^n \setminus \{0\}$ が存在することを示せばよい。

ii-a) まず, u と $\tilde{u}$ は線形独立である場合を考えると, ある実数 p, q が存在して

$$[x^T F_1 \tilde{x} \quad x^T F_0 \tilde{x}]^T = pu + q\tilde{u}$$

が成り立つ。式 (5.11) を満たす z として未知の実数 α, β を用いて $z = \alpha x + \beta \tilde{x}$ ($\alpha \neq 0$, $\beta \neq 0$) という形を仮定し, これらを式 (5.11) に代入すると, α, β に関する方程式

$$\alpha^2 + 2p\alpha\beta = a, \quad \beta^2 + 2q\alpha\beta = b \qquad (5.12)$$

を得る。任意の $a > 0$, $b > 0$, p, q に対して, この方程式を満たす α, β がつねに存在する。なぜなら, ここでさらに $\beta = k\alpha$ とおき直して式 (5.12) に代入し, さらに $\alpha^2 \neq 0$ を消去すると

$$ak^2 + 2(qa - bp)k - b = 0$$

という 2 次方程式が得られ, この式には正負の 2 実数解 k がつねに存在するので, α, β が定まるためである。よって式 (5.11) を満たす $z \neq 0$ が存在する。

ii-b) つぎに, u と $\tilde{u}$ が線形従属で $u = \beta \tilde{u}$ ($\exists \beta > 0$) の場合は, $\mathcal{K}$ が錐であることから, 式 (5.11) を満たす $z \neq 0$ の存在は明らかである。

ii-c) 一方, $u = \beta \tilde{u}$ ($\exists \beta < 0$) となることは, 以下の考察からあり得ない。もし $u = \beta \tilde{u}$ ($\exists \beta < 0$) なら $y := \sqrt{-\beta} \tilde{x} \neq 0$ なので

$$\mathcal{K} \ni F(y) = -\beta F(\tilde{x}) = -\beta \tilde{u} = -u$$

である。また, この関係から $f_1(x) = -f_1(y)$, $f_0(x) = -f_0(y)$ で, $f_0(x), f_1(x)$ が 2 次形式なので x と y は線形独立であり, $\forall \alpha$, $\alpha x + y \neq 0$ に注意しておく。

したがって, ある $(\nu_1, \nu_2) \in \mathbf{R}^2$ が存在し, $\mathcal{K}$ の二つのベクトル $u = F(x)$, $-u = F(y)$ に対し, $[\nu_1 \quad \nu_2]^T$ が直交し, $[-\nu_2 \quad \nu_1]^T$ が平行, すなわち

$$\begin{cases} X(x) := [-\nu_2 \quad \nu_1] F(x) = 1 \\ Y(x) := [\nu_1 \quad \nu_2] F(x) = 0 \end{cases}, \quad \begin{cases} X(y) = [-\nu_2 \quad \nu_1] F(y) = -1 \\ Y(y) = [\nu_1 \quad \nu_2] F(y) = 0 \end{cases}$$

とすることができる。$\mathcal{K}$ は u と $-u$ を結ぶ直線が分ける二つの閉半平面のうち,

Q を含まない片方に含まれる[†]ので,任意の $z \in \mathbf{R}^n \backslash \{0\}$ に対して $Y(z) \geqq 0$ (または $Y(z) \leqq 0$) である.いずれでも $Y(x) = Y(y) = 0$ を使うと

$$\forall \alpha, \quad Y(\alpha x + y) = 2\alpha(\nu_1 x^T F_1 y + \nu_2 x^T F_0 y) \geqq 0 \text{ (または} \leqq 0)$$

なので $\nu_1 x^T F_1 y + \nu_2 x^T F_0 y = 0$ が必要であり,$Y(\alpha x + y) = 0$ $(\forall \alpha)$ となる.一方

$$X(\alpha x + y) = \alpha^2 + 2\alpha(-\nu_2 x^T F_1 y + \nu_1 x^T F_0 y) - 1$$

なので,$X(\alpha x + y) = 0$ とする α を選ぶと $X(\alpha x + y) = Y(\alpha x + y) = 0$ となる.ところが,これは $z := \alpha x + y \neq 0$ に対して $f_0(z) = f_1(z) = 0$ となることになり,式 (5.7) に矛盾する.したがって,$u = \beta \tilde{u}$ $(\exists \beta < 0)$ であるような 2 点 $u, \tilde{u}$ は $\mathcal{K}$ に存在しない.

iii) 凸錐 $\mathcal{K}$ の境界のうち,原点のみが $\mathcal{K}$ に含まれないことを示す.まず,原点は式 (5.7) より含まれない.つぎに,$\mathcal{S}$ を $\mathbf{R}^n$ の単位超球面 $\mathcal{S} := \{x | \|x\| = 1\}$ とすると,$F(x)$ は連続写像で $\mathcal{S}$ は有界な閉集合なので,$F(x)$ による像 $F(\mathcal{S})$ も有界閉となる.$\mathcal{K}$ が錐である証明 i) での考察から

$$\mathcal{K} = F(\alpha \mathcal{S}) = \alpha^2 F(\mathcal{S}), \ \alpha > 0, \quad \text{ただし,} \alpha \mathcal{S} := \{\alpha x | \|x\| = 1\}$$

となるので,$\mathcal{K}$ は原点以外の境界は含む.

以上より,$\mathcal{K}$ はある閉凸錐から原点のみを除いた凸錐であることが示された. △

例題 5.1 点 $p \in \mathbf{R}^n$ と $\mathcal{E} := \{x \in \mathbf{R}^n | x^T Q x \leqq 1, Q \succ 0\}$ で定義された n 次元楕円体に対して,p から最も遠い $\mathcal{E}$ の点を求めよ.

【解答】 この問題を最適化問題として定式化すると

$$\underset{x}{\text{maximize}} \ \|x - p\|^2 \quad \text{s.t.} \ x \in \mathcal{E}$$

である.これは x に関する凸 2 次目的関数 $\|x - p\|^2$ の <u>最大化</u> 問題なので,非凸な 2 次計画問題である.この問題の最適値を t^* とすると,$t^* \leqq t$ なる t に対して

$$x \in \mathcal{E} \ \Rightarrow \ \|x - p\|^2 \leqq t \tag{5.13}$$

となるので,$y := [x^T \ 1]^T \in \mathbf{R}^{n+1}$ とおいてこれを書き直すと

[†] そうでなければ両半平面に u と線形独立な $\mathcal{K}$のベクトルが存在し,これらと u や $-u$ の非負結合を考えると,ii-a) の考察からけっきょく $\mathcal{K} = \mathbf{R}^2$ になり,$\mathcal{K} \cap \mathcal{Q} = \emptyset$ に矛盾する.

$$y^T \begin{bmatrix} Q & 0 \\ 0 & -1 \end{bmatrix} y \leqq 0 \Rightarrow y^T \begin{bmatrix} I & p \\ p^T & p^T p - t \end{bmatrix} y \leqq 0 \quad (5.14)$$

が成立する．逆に，式 (5.14) は $y = [\tilde{x}^T \ y_{n+1}]^T \in \mathbf{R}^{n+1}$ とすることで，$y_{n+1} = 0$ の場合は $Q \succ 0$ より自明に成立し，$y_{n+1} \neq 0$ なら不等式の斉次性から $x := \tilde{x}/y_{n+1}$ とすれば式 (5.13) に帰着される．したがって，式 (5.14) が成り立つ必要十分条件は，**定理 5.1** の脚注に記した S-procedure を用いて行列不等式で表せる（つぎの SDP の制約条件）．これらをまとめると

$$\underset{t,\tau_1}{\text{minimize}}\ t \quad \text{s.t.}\ \tau_1 \geqq 0,\ \begin{bmatrix} I & p \\ p^T & p^T p - t \end{bmatrix} - \tau_1 \begin{bmatrix} Q & 0 \\ 0 & -1 \end{bmatrix} \preceq 0$$

という SDP の最適値として t^* が得られる．また，最適値を達成する x^* は，最適解 (t^*, τ_1^*) を代入した上記の LMI 左辺行列の固有値 0 に対応する固有ベクトル $y^* = [x^{*T} \ 1]^T$ として得られる．

一般の 2 次超曲面への最近点も，式 (5.14) の逆を考えることで同様に扱える．

$\diamondsuit$

5.3 ロバスト行列不等式とロバスト最適化 *

ここでは，S-procedure の一つの応用として，ロバスト行列不等式に関して述べる．本節での議論は，ロバスト制御やロバスト最適化への応用がさまざまに考えられる．この節の内容は，後の引用のために複素ベクトルや行列で記す．

最初の補題は，行列のノルムの定義 $\|A\| := \underset{x \neq 0}{\sup} \|Ax\|/\|x\|$（付録参照）を書き直しただけである．

【補題 5.3】 行列 $\Delta \in \mathbf{C}^{p \times m}$ が

$$y = \Delta u \Rightarrow \|y\| \leqq \|u\| \quad \text{すなわち}\ \begin{bmatrix} y \\ u \end{bmatrix}^* \begin{bmatrix} -I & 0 \\ 0 & I \end{bmatrix} \begin{bmatrix} y \\ u \end{bmatrix} \geqq 0$$

を満たすための必要十分条件は，$\|\Delta\| \leqq 1$ である．

つぎに，本節の命題で仮定として用いられる $I - \Delta D$ のロバスト正則性の条件を示す．これは不確かなシステムの閉ループ系ロバスト安定解析に用いられる条件の基本であり，システム制御においては重要である．

【補題 5.4】 つぎの 2 条件は同値である．

1) $\|\Delta\| \leqq 1$ であるような任意の行列 Δ について，$\det(I - \Delta D) \neq 0$
2) $\|D\| < 1$，すなわち $I - D^*D \succ 0$

証明 2) $\Rightarrow$ 1) は，$x \neq 0$ と $\|\Delta\| \leqq 1$ であるような任意の x, Δ に対して $\|\Delta D x\| \leqq \|\Delta\|\|D\|\|x\| < \|x\|$ となるので，$(I - \Delta D)x \neq 0$ が導かれる．

1) $\Rightarrow$ 2) は，$\Delta := \rho D^*/\|D\|$ とおくと $\|\Delta\| \leqq 1$, $\forall \rho \in [0,1]$ なので，仮定と ρ に対する連続性より

$$I - \Delta D = I - \rho D^* D/\|D\| \succ 0, \quad \forall \rho \in [0,1]$$

である．ところが，もし $\|D\| \geqq 1$ であれば，$\rho := 1/\|D\| \in (0,1]$ でこの不等式が成立せず矛盾する． △

つぎの補題は，ノルム有界性条件を満たす不確かな行列 Δ に関する行列不等式から Δ を消去するために，しばしば用いられる．

【補題 5.5】 （ロバスト行列不等式）

以下の題意に沿う適切なサイズの行列 $Y = Y^*$, S, T, D に対して，つぎの 2 条件は同値である[†]．

1) $\|\Delta\| \leqq 1$ であるような任意の Δ について，$\det(I - \Delta D) \neq 0$ でかつ次式が成立する．

$$Y + T^*\Delta^*(I - \Delta D)^{-*}S^* + S(I - \Delta D)^{-1}\Delta T \succ 0 \quad (5.15)$$

2) $I - D^*D \succ 0$ でかつ次式が成立する．

[†] S-procedure を用いる証明なので，**定理 5.1** の脚注より，式 (5.15), (5.16) や**定理 5.2** の式 (5.17) で，$>, \succ$ を $\geqq, \succeq$ に置き換えても成立する．ただし，2) の $I - D^*D \succ 0$ の条件は，置き換えはできない．

$$\exists \varepsilon > 0, \quad \begin{bmatrix} Y - \varepsilon T^*T & S - \varepsilon T^*D \\ S^* - \varepsilon D^*T & \varepsilon(I - D^*D) \end{bmatrix} \succ 0 \qquad (5.16)$$

証明 補題5.4 より，$\det(I - \Delta D) \neq 0, \forall \Delta$ s.t. $\|\Delta\| \leq 1$ と $I - D^*D \succ 0$ は同値である（これは式 (5.16) の必要条件）．つぎに，式 (5.15) は次式と同値である．

$$x^*(Y + T^*\Delta^*(I - \Delta D)^{-*}S^* + S(I - \Delta D)^{-1}\Delta T)x > 0, \forall x \neq 0,$$
$$\forall \Delta \quad \text{s.t.} \quad \|\Delta\| \leq 1$$

この条件式は $w := (I - \Delta D)^{-1}\Delta T x$ とおくと，つぎのように変形される．

$$\begin{bmatrix} x \\ w \end{bmatrix}^* \begin{bmatrix} Y & S \\ S^* & 0 \end{bmatrix} \begin{bmatrix} x \\ w \end{bmatrix} > 0,$$
$$\forall (x, w) \neq 0, \forall \Delta \quad \text{s.t.} \quad w = \Delta(Dw + Tx), \|\Delta\| \leq 1$$

補題5.3 で $u = Dw + Tx$，$y = w$ とすると，この不等式はつぎの条件と同値である．

$$\begin{bmatrix} x \\ w \end{bmatrix}^* \begin{bmatrix} Y & S \\ S^* & 0 \end{bmatrix} \begin{bmatrix} x \\ w \end{bmatrix} > 0, \quad \forall (x, w) \neq 0$$
$$\text{s.t.} \quad \begin{bmatrix} y \\ u \end{bmatrix}^* \begin{bmatrix} -I & 0 \\ 0 & I \end{bmatrix} \begin{bmatrix} y \\ u \end{bmatrix} = \begin{bmatrix} x \\ w \end{bmatrix}^* \begin{bmatrix} T^*T & T^*D \\ D^*T & D^*D - I \end{bmatrix} \begin{bmatrix} x \\ w \end{bmatrix} \geq 0$$

この条件式に S-procedure を用いると，式 (5.16) とも同値であることが導かれる． △

補題5.5 は，ノルム有界性条件 $\|\Delta\| \leq 1$ を満たす不確かな行列 Δ を含む行列不等式 (5.15) がロバストに成立するかどうかを，Δ が含まれない条件 (5.16) で判定できることを示している．式 (5.15) の左辺も Δ の**線形分数変換**と呼ばれる．$D = 0$ のときは特に**アファイン変換**と呼ばれる（補題2.1 の脚注参照）．

例 5.2 例3.6 のロバスト線形計画では，添え字を省略して一般的に書くと，$\|\delta\| \leq 1$ を満たす不確かなベクトル $\delta \in \mathbf{R}^p$ を含む線形不等式

$$(a + L\delta)^T x + b \geq 0, \quad a \in \mathbf{R}^n, b \in \mathbf{R}, L \in \mathbf{R}^{n \times p}$$

が，δ を含まない2次錐制約に等価変換された．ここでは補題5.5 を適用

してみよう．上の不等式は

$$2(a^T x + b) + \delta^T L^T x + x^T L \delta \geqq 0$$

と書き直せるので，$Y := 2(a^T x + b)$，$S := x^T L$，$T := 1$，$D := 0$ とおき，**補題 5.5** の脚注を適用すると

$$\exists \varepsilon \geqq 0, \quad \begin{bmatrix} 2(a^T x + b) - \varepsilon & x^T L \\ L^T x & \varepsilon I \end{bmatrix} \succeq 0$$

を得る．これより $\varepsilon = 0$ の場合は $L^T x = 0$，$a^T x + b \geqq 0$ となり，$\varepsilon > 0$ の場合はシューア補元と相加相乗平均の関係から

$$\|L^T x\| \leqq \sqrt{\varepsilon \{2(a^T x + b) - \varepsilon\}} \leqq a^T x + b$$

となり，**例 3.6** と同じ 2 次錐制約 $\|L^T x\| \leqq a^T x + b$ が得られる．

より一般的な不確かさを持つ Δ に対し，上の補題はつぎのように一般化できる．

【定理 5.2】 $Y = Y^* \in \mathbf{C}^{r \times r}$，$S \in \mathbf{C}^{r \times p}$，$T \in \mathbf{C}^{m \times r}$，$D \in \mathbf{C}^{m \times p}$，$\Pi = \Pi^* \in \mathbf{C}^{(p+m) \times (p+m)}$ とする．Π のエルミート形式で表される制約条件を持つベクトルの組 (y, u) の集合を

$$\mathcal{A} := \left\{ (y, u) \in \mathbf{C}^p \times \mathbf{C}^m \,\middle|\, \begin{bmatrix} y \\ u \end{bmatrix}^* \Pi \begin{bmatrix} y \\ u \end{bmatrix} \geqq 0 \right\}$$

と定める．つぎに，行列 $\Delta \in \mathbf{C}^{p \times m}$ の集合 $\mathcal{U}$ をつぎのように表す．

$$\mathcal{U} := \{\Delta \in \mathbf{C}^{p \times m} \mid y = \Delta u \Rightarrow (y, u) \in \mathcal{A}\}$$

また，D は任意の行列 $\Delta \in \mathcal{U}$ に対して $\det(I - \Delta D) \neq 0$ と仮定する[†]．このとき，つぎの 2 条件は同値である．

1) 任意の $\Delta \in \mathcal{U}$ に対して，式 (5.15) のロバスト行列不等式が成立する．

[†] $D = 0$ のときは，この仮定は不要となる．

2) つぎの行列不等式が成立する．

$$\exists \varepsilon > 0, \quad \begin{bmatrix} Y & S \\ S^* & 0 \end{bmatrix} - \varepsilon \begin{bmatrix} 0 & I \\ T & D \end{bmatrix}^* \Pi \begin{bmatrix} 0 & I \\ T & D \end{bmatrix} \succ 0 \quad (5.17)$$

証明 Π がブロック対角で $(1,1)$ ブロックを $-I$，$(2,2)$ ブロックを I とした場合が**補題 5.5** である．証明は同じなので省略する． △

例 5.3 **定理 5.2** では，不確かな行列 Δ の集合 $\mathcal{U}$ を直接に表すのではなく，$y = \Delta u$ を満たすベクトルのペア (y, u) が所属すべき集合 $\mathcal{A}$ を用いて間接的に定義している．

これを一般化して，$\Pi_i = \Pi_i^*$ $(i = 1, \cdots, q)$ と

$$\mathcal{A}_i := \left\{ (y, u) \in \mathbf{C}^p \times \mathbf{C}^m \;\middle|\; \begin{bmatrix} y \\ u \end{bmatrix}^* \Pi_i \begin{bmatrix} y \\ u \end{bmatrix} \geqq 0 \right\}, \; i = 1, \cdots, q$$

を用いることで，複雑な $\mathcal{U}$ を複数の制約条件を用いてつぎのようにより精密に表現できる．

$$\mathcal{U} := \left\{ \Delta \in \mathbf{C}^{p \times m} \;\middle|\; y = \Delta u \Rightarrow (y, u) \in \bigcap_{i=1}^{q} \mathcal{A}_i \right\}$$

このような $\mathcal{U}$ に属するすべての Δ に対して式 (5.15) のロバスト行列不等式が成立するための十分条件として，**定理 5.1** より次式が得られる．

$$\exists \varepsilon_i \geqq 0, \; i = 1, \cdots, q,$$
$$\begin{bmatrix} Y & S \\ S^* & 0 \end{bmatrix} - \sum_{i=1}^{q} \varepsilon_i \begin{bmatrix} 0 & I \\ T & D \end{bmatrix}^* \Pi_i \begin{bmatrix} 0 & I \\ T & D \end{bmatrix} \succ 0 \quad (5.18)$$

例えば Δ と同じサイズの行列 C_i と正実数 r_i $(i = 1, \cdots, q)$ を用いて，C_i を中心とした半径 r_i 以下のノルム球 $B(C_i; r_i)$ を考える．集合 $\mathcal{U}$ が

$$\mathcal{U} \subset \bigcap_{i=1}^{q} B(C_i; r_i), \; B(C_i; r_i) := \{\Delta \mid \|\Delta - C_i\| \leqq r_i\}$$

のように，複数の $B(C_i; r_i)$ の共通集合で外側から近似できるとき

$$y = \Delta u, \quad \|(\Delta - C_i)u\| = \|y - C_i u\| \leqq r_i \|u\|$$

の関係を用いて

$$\Pi_i := \begin{bmatrix} I & -C_i \\ 0 & I \end{bmatrix}^* \begin{bmatrix} -I & 0 \\ 0 & r_i^2 I \end{bmatrix} \begin{bmatrix} I & -C_i \\ 0 & I \end{bmatrix}, \quad i = 1, \cdots, q$$

とすることで，行列のノルムの定義から

$$\begin{bmatrix} y \\ u \end{bmatrix}^* \Pi_i \begin{bmatrix} y \\ u \end{bmatrix} \geqq 0 \Leftrightarrow \|\Delta - C_i\| \leqq r_i$$

であることが確認できる．したがって，このような $\mathcal{U}$ に対する式 (5.15) のロバスト行列不等式成立の十分条件が式 (5.18) で得られる．ただし，単独の Π の場合は必要十分条件であるのに対し，複数の Π_i ではより精度良く $\mathcal{U}$ を近似しても十分条件になってしまうことには注意が必要である．

5.4 KYP 補題 *

Kalman-Yakubovich-Popov（KYP）の補題は，周波数領域の性質を時間領域に結び付ける重要な結果である．本書でも，消散性を LMI で特徴付ける際にこれを用いた．したがって，KYP 補題は H_∞ ノルムを用いるロバスト制御の基礎部分といってよい．

本節では，凸解析の基本的な結果を出発点として二つの凸錐の幾何的関係を調べ，一般化 S-procedure[3),33),34] と呼ばれる同値関係を経て証明する方法を示す．基礎的な部分に立ち返ることで，KYP 補題が極性（双対性）をもとに見通し良く理解され，等号の付いた KYP 補題の成立に可制御性の仮定が必要な理由と，リニアリティ空間という概念が関連付けられる．

集合の操作に関する記号を思い出しておこう（詳細は付録参照）．$\mathbf{R}^n$ の凸集合 $\mathcal{C}$ の内部，閉包，相対的内部をそれぞれ int$\mathcal{C}$, cl$\mathcal{C}$, ri$\mathcal{C}$ と表す．また，凸集合 $\mathcal{C}$ を含む最小次元のアファイン部分空間を aff$\mathcal{C}$ と表す．aff$\mathcal{C} = \mathbf{R}^n$ のとき

(すなわち，$\mathcal{C}$ が $\mathbf{R}^n$ の $n-1$ 次元以下のアファイン部分空間には含まれない場合)，つねに $\mathrm{ri}\mathcal{C} = \mathrm{int}\mathcal{C}$ である（付録参照．**定理 5.3** で用いる）．

【**補題 5.6**】[35]　$\mathcal{K}_1, \mathcal{K}_2$ を凸錐とする．以下が成立する．

1) $\mathcal{K}_1 + \mathcal{K}_2$, $\mathcal{K}_1 \cap \mathcal{K}_2$ も凸錐である．
2) つぎの条件[†]

$$z_1 + z_2 = 0,\ z_i \in \mathrm{cl}\mathcal{K}_i,\ i=1,2$$
$$\Rightarrow z_i \in \mathrm{cl}\mathcal{K}_i \cap (-\mathrm{cl}\mathcal{K}_i),\ i=1,2 \qquad (5.19)$$

を満たすとき

$$\mathrm{cl}(\mathcal{K}_1 + \mathcal{K}_2) = \mathrm{cl}\mathcal{K}_1 + \mathrm{cl}\mathcal{K}_2$$

となる．

証明　1) は**補題 2.1** の再掲であり，2) は省略する（文献35) を参照されたい）．
△

注：式 (5.19) の $\mathrm{cl}\mathcal{K} \cap (-\mathrm{cl}\mathcal{K})$ は $\mathcal{K}$ の**リニアリティ空間** (lineality space) と呼ばれ[35]，KYP 補題の可制御性条件にも関連する．

2 章で極錐の定義と例を示したが，本節で用いる極錐の性質をつぎにまとめておく．極錐 $\mathcal{K}^\circ$ の極錐を $\mathcal{K}^{\circ\circ} = (\mathcal{K}^\circ)^\circ$ と表す．

【**補題 5.7**】　凸錐 $\mathcal{K}, \mathcal{K}_1, \mathcal{K}_2$ の極錐について以下が成立する．

1) $\mathcal{K}^\circ$ は閉凸錐である．
2) $\mathcal{K}_1 \subset \mathcal{K}_2 \Rightarrow \mathcal{K}_1^\circ \supset \mathcal{K}_2^\circ$

[†] 閉包が直線を含む凸錐（例えば部分空間や半空間）以外の凸錐 $\mathcal{K}$ では，$\mathrm{cl}\mathcal{K} \cap (-\mathrm{cl}\mathcal{K}) = \{0\}$ である．このような一般の"方向を持った"凸錐に対し式 (5.19) の条件は，粗くいうと，二つの凸錐 $\mathcal{K}_1, \mathcal{K}_2$ が「たがいに反対方向を向いてはいない」ことを述べている．この条件により，閉包をとる操作 cl とミンコフスキ和をとる操作 + の可換性が保証される．

3) $\mathcal{K}^{\circ\circ} = \mathrm{cl}\mathcal{K}$ (特に $\mathcal{K}$ が閉凸錐 ($\mathrm{cl}\mathcal{K} = \mathcal{K}$) のときは $\mathcal{K}^{\circ\circ} = \mathcal{K}$)

4) $\mathcal{K}_1, \mathcal{K}_2$ が閉凸錐 $\Rightarrow (\mathcal{K}_1 + \mathcal{K}_2)^{\circ} = \mathcal{K}_1^{\circ} \cap \mathcal{K}_2^{\circ}$

証明 演習問題【5】とする。 △

5.4.1 極錐とある不等式について

〔1〕 一般的な設定

$\mathcal{K}$ はつぎの条件を満たすとする.

K1)　$\mathcal{K}$ は凸錐

K2)　$\mathrm{aff}\mathcal{K} = \mathbf{R}^n$

初めに，$\mathcal{S}$ にはつぎの仮定をおく．

S1)　$\mathcal{S}$ は凸錐

【定理 5.3】 K1), K2), S1) が満たされるとき，つぎの 2 条件は同値である．

1) $\langle \theta, z \rangle < 0, \forall z \in (\mathcal{S}^{\circ} \cap \mathcal{K}^{\circ}) \setminus \{0\}$

2) $\theta \in \mathrm{ri}\mathcal{S} + \mathrm{int}\mathcal{K}$

証明 1) は厳密な (等号のない) 不等式なので，つぎの関係が成立する．

$$1) \Leftrightarrow \theta \in \mathrm{int}((\mathcal{S}^{\circ} \cap \mathcal{K}^{\circ})^{\circ})$$

int の中は，まず**補題 5.7** の 4), つぎに**補題 5.7** の 3) を用いると

$$(\mathcal{S}^{\circ} \cap \mathcal{K}^{\circ})^{\circ} = (\mathcal{S} + \mathcal{K})^{\circ\circ} = \mathrm{cl}(\mathcal{S} + \mathcal{K}) \tag{5.20}$$

となり，したがって，1) $\Leftrightarrow \theta \in \mathrm{int}(\mathrm{cl}(\mathcal{S} + \mathcal{K}))$ である．K2) よりこの int は ri に置き換え可能であり，その後付録の式 (A.2) を用いれば

$$\mathrm{int}(\mathrm{cl}(\mathcal{S} + \mathcal{K})) = \mathrm{ri}(\mathrm{cl}(\mathcal{S} + \mathcal{K})) = \mathrm{ri}\mathcal{S} + \mathrm{ri}\mathcal{K} = \mathrm{ri}\mathcal{S} + \mathrm{int}\mathcal{K}$$

となり，したがって 1) $\Leftrightarrow$ 2) である． △

つぎに，$\mathcal{S}$ に S1) に加えてつぎの仮定を設ける．

S2)　（リニアリティ空間条件）

$z_1 \in \mathrm{cl}\mathcal{K},\ z_2 \in \mathrm{cl}\mathcal{S},\ z_1 + z_2 = 0$
$\Rightarrow z_1 \in (-\mathrm{cl}\mathcal{K}) \cap \mathrm{cl}\mathcal{K},\ z_2 \in (-\mathrm{cl}\mathcal{S}) \cap \mathrm{cl}\mathcal{S}$

【定理 5.4】 K1), S1), S2) が満たされるとき, つぎの 2 条件は同値である (K2) の仮定は不要)。

1) $\langle \theta, z \rangle \leqq 0,\ \forall z \in \mathcal{S}^\circ \cap \mathcal{K}^\circ$
2) $\theta \in \mathrm{cl}\mathcal{S} + \mathrm{cl}\mathcal{K}$

証明　等号のある不等式なので, 式 (5.20) を用いて

1) $\Leftrightarrow \theta \in (\mathcal{S}^\circ \cap \mathcal{K}^\circ)^\circ = \mathrm{cl}(\mathcal{S} + \mathcal{K})$

である。S2) の仮定から**補題 5.6** が使えて $\mathrm{cl}(\mathcal{S} + \mathcal{K}) = \mathrm{cl}\mathcal{S} + \mathrm{cl}\mathcal{K}$ となる。したがって, 1) $\Leftrightarrow$ 2) である。　　　　　　　　　　　　　　　　△

―――| コーヒーブレイク |―――――――――

定理 5.3 と**定理 5.4** は, 極錐の定義から素直に得られる「ある二つの凸錐 $\mathcal{K}, \mathcal{S}$ に関わる要素 z に対して, つねに成立する内積の不等式とその相手 θ の関係」を述べたにすぎないが, これらから, 数理計画の分野で有用なファーカス (Farkas) の補題 (演習問題【6】参照) や, つぎに述べる一般化 S-procedure が導ける。

〔2〕　周囲のベクトル空間が特にエルミート行列集合の場合

n 次のエルミート行列全体の集合を $\mathrm{Herm}(n; \mathbf{C})$ で表す。$\mathrm{Herm}(n; \mathbf{C})$ は n^2 次元の "実" ベクトル空間である。$\mathrm{Herm}(n; \mathbf{C})$ の実数値内積を

$$\langle X, Y \rangle := \mathrm{tr}(XY), \quad X, Y \in \mathrm{Herm}(n; \mathbf{C})$$

で表す。また, 正定値な n 次エルミート行列の集合は凸錐で $\mathrm{PD}(n; \mathbf{C})$ と表す。半正定値エルミート行列の集合は, その閉包 $\mathrm{clPD}(n; \mathbf{C})$ となる凸錐である。

定理 5.3 で, 特に $\mathbf{R}^n = \mathrm{Herm}(m; \mathbf{C})$ (ただし $n = m^2$), $\mathcal{K}$ を半負定値行列錐 $-\mathrm{clPD}(m; \mathbf{C})$ とし, $\mathcal{S}$ に関する特別な性質 (後述する S3)) を仮定すれば,

一般化 S-procedure[3),33)] と呼ばれる結果を導くことができる。$-\mathrm{clPD}(m;\mathbf{C})$ は K1) と K2) を満たし，さらに自己双対 $(-\mathrm{clPD}(m;\mathbf{C}))^\circ = \mathrm{clPD}(m;\mathbf{C})$ であることが，2章の演習問題【6】や補題 **2.9** の実対称正定値の場合と同様に示すことができ，定理は適用可能である。

【系 **5.1**】　（一般化 S-procedure[3),33)]）

$\mathcal{S} \subset \mathrm{Herm}(m;\mathbf{C})$ が S1) とつぎの性質 S3) を持つとする。

S3)　$Z \in (\mathcal{S}^\circ \cap \mathrm{clPD}(m;\mathbf{C})) \setminus \{0\}$ ならば，ある q と $\zeta_i \zeta_i^* \in \mathcal{S}^\circ$ を満たす $\zeta_i \in \mathbf{C}^m \ (i=1,\cdots,q)$ が存在し，$Z = \sum_{i=1}^{q} \zeta_i \zeta_i^*$ と表せる。

このとき，つぎの 2 条件は同値である。

1) $\zeta^* \Theta \zeta < 0, \ \forall \zeta \in \{\zeta | \zeta^* S \zeta \leqq 0, \forall S \in \mathcal{S}\} \setminus \{0\}$
2) $\Theta \prec S, \ \exists S \in \mathrm{ri}\mathcal{S}$

証明　1) は

$$\langle \Theta, \zeta\zeta^* \rangle < 0, \quad \forall \zeta\zeta^* \in (\mathcal{S}^\circ \cap \mathrm{clPD}(m;\mathbf{C})) \setminus \{0\}$$

のように書き直せるので，S3) より 1) が成り立つなら

$$\langle \Theta, Z \rangle < 0, \quad \forall Z \in (\mathcal{S}^\circ \cap \mathrm{clPD}(m;\mathbf{C})) \setminus \{0\} \tag{5.21}$$

であることがいえる。式 (5.21) $\Rightarrow$ 1) は自明である。したがって，**定理 5.3** より，1) は $\mathrm{int}(-\mathrm{clPD}(m;\mathbf{C})) = -\mathrm{PD}(m;\mathbf{C})$ に注意して

$$\Theta = S - P, \quad \exists S \in \mathrm{ri}\mathcal{S}, \exists P \in \mathrm{PD}(m;\mathbf{C})$$

となり，すなわち 2) と同値である。　　　　　　　　　　　　△

等号のある不等式の場合も**定理 5.4** から同様に示せるので証明は略す。

【系 **5.2**】　（一般化 S-procedure[3),33)]）

$\mathcal{S} \subset \mathrm{Herm}(m;\mathbf{C})$ が S1)〜S3) を満たすとする。このとき，つぎの 2 条件は同値である。

1) $\zeta^* \Theta \zeta \leqq 0,\ \forall \zeta \in \{\zeta | \zeta^* S \zeta \leqq 0, \forall S \in \mathcal{S}\}$
2) $\Theta \preceq S,\ \exists S \in \mathcal{S}$

実対称行列 $F_i = F_i^T\ (i = 1, 2)$ に対して，系5.1や系5.2で $\Theta := -F_0$, $\mathcal{S} := \{S|S = -\tau_1 F_1,\ \tau_1 \geqq 0\}$ とした例が，定理5.1の $p = 1$ の場合である．実際，$\mathcal{S}$ は1次元凸錐で，$F_1 \preceq 0$ でないとき S2) も自明である（$F_1 \preceq 0$ のときは，フィンスラーの補題5.1により直接示される）．しかし，この場合，S3) の仮定を確認することは意外に面倒である[31]．

5.4.2 KYP 補題への適用

系5.1と系5.2を用い，システム制御で重要なつぎの KYP 補題を証明する．

【定理 5.5】 $A \in \mathbf{R}^{n \times n}$, $B \in \mathbf{R}^{n \times m}$, $W = W^* \in \mathbf{C}^{(n+m) \times (n+m)}$, $j := \sqrt{-1}$ とする．(A, B) が可制御なとき，つぎの2条件は同値である．

1) $\forall \omega \in \{\omega \in \mathbf{R}|\det(j\omega I - A) \neq 0\} \cup \{\infty\}$ に対して，次式が成り立つ．

$$\begin{bmatrix} (j\omega I - A)^{-1}B \\ I \end{bmatrix}^* W \begin{bmatrix} (j\omega I - A)^{-1}B \\ I \end{bmatrix} \succeq 0$$

2) つぎの LMI が成り立つ[†]．

$$\begin{bmatrix} A^T P + PA & PB \\ B^T P & 0 \end{bmatrix} - W \preceq 0,\quad \exists P^* = P \in \mathbf{C}^{n \times n}$$

特に A が虚軸上に固有値を持たないなら，1), 2) が厳密な不等式の場合も同値である．ただし，この場合は (A, B) の可制御性の仮定は不要となる．

証明には系5.1と系5.2を用いる．まず，そのための三つの補題を紹介する．

[†] W が実対称の場合は P^T も 2) の解なので，P の実部をとって P も実対称とすることができる．

【補題 5.8】[34)] $x, y \in \mathbf{C}^p$, $x \neq 0$ に対して

$$xy^* + yx^* = 0 \Leftrightarrow j\omega x = y, \exists \omega \in \mathbf{R}$$

となる。

証明 つぎの**補題 5.9** の証明中で示される。 △

つぎの補題は，S3) を示すのに用いられる。

【補題 5.9】[34)] $Z \in \mathrm{clPD}(q; \mathbf{C})$ と $M, N \in \mathbf{C}^{n \times q}$ およびその像空間が

$$MZN^* + NZM^* = 0, \quad \mathrm{im} M \supset \mathrm{im} N$$

を満たすとき，つぎのような $\zeta_i \in \mathbf{C}^q$ が存在する。

$$Z = \sum_{i=1}^{q} \zeta_i \zeta_i^*, \quad M\zeta_i \zeta_i^* N^* + N\zeta_i \zeta_i^* M^* = 0, \ i = 1, \cdots, q$$

証明 $\tilde{M} := MZ^{1/2}$, $\tilde{N} := NZ^{1/2}$ とおくと，$\mathrm{im}\tilde{M} \supset \mathrm{im}\tilde{N}$ と

$$\tilde{M}\tilde{N}^* + \tilde{N}\tilde{M}^* = 0 \tag{5.22}$$

を満たす。$\tilde{M}$ の特異値分解と $\tilde{N}$ の対応するサイズへの分割を

$$\tilde{M} = U \begin{bmatrix} \Sigma & 0 \\ 0 & 0 \end{bmatrix} V^*, \Sigma \succ 0, \quad \tilde{N} = U \begin{bmatrix} N_1 & N_2 \\ N_3 & N_4 \end{bmatrix} V^*$$

とすると，$\mathrm{im}\tilde{M} \supset \mathrm{im}\tilde{N}$ より $N_3 = 0$, $N_4 = 0$ である。これと式 (5.22) から

$$U \begin{bmatrix} \Sigma N_1^* + N_1 \Sigma & 0 \\ 0 & 0 \end{bmatrix} U^* = 0$$

を得る。これより，$K_1 := \Sigma^{-1} N_1 = \Sigma^{-1}(N_1 \Sigma)\Sigma^{-1}$ とおくと，$K_1 + K_1^* = 0$ となる。さらに

$$K := V \begin{bmatrix} K_1 & \Sigma^{-1} N_2 \\ -N_2^* \Sigma^{-1} & 0 \end{bmatrix} V^* \in \mathbf{C}^{q \times q}$$

とおくと，$\tilde{M}K = \tilde{N}$ かつ $K + K^* = 0$ を満たす。この $K + K^* = 0$ を満たす行

列 K は，あるユニタリ行列 $R \in \mathbf{C}^{q \times q}$ により対角化可能で固有値が純虚数，すなわち

$$K = R \mathrm{diag}\{j\omega_1, \cdots, j\omega_q\} R^*, \ \omega_i \in \mathbf{R}, \ i = 1, \cdots, q, \quad R^* R = I$$

を満たすことが線形代数の分野で知られている[†]。したがって，R の列ベクトルを r_i $(i = 1, \cdots, q)$ とし，$\tilde{M} K = \tilde{N}$ に各 r_i をかけると

$$j\omega_i \tilde{M} r_i = j\omega_i M Z^{1/2} r_i = N Z^{1/2} r_i = \tilde{N} r_i, \ i = 1, \cdots, q$$

が成り立つ（**補題 5.8** は，$\tilde{M} = x$, $\tilde{N} = y$, $q = 1$, $R = 1$ の特別な場合である）。よって，$\zeta_i := Z^{1/2} r_i$ とおけば，補題が成り立つ。 △

最後の補題で，**系 5.1** や **系 5.2** の前提条件 S1)〜S3) が成立することを示す。

【**補題 5.10**】 $\mathcal{K} = -\mathrm{clPD}(n+m; \mathbf{C})$ （すなわち $\mathcal{K}^\circ = \mathrm{clPD}(n+m; \mathbf{C})$）とする。$\mathrm{Herm}(n+m; \mathbf{C})$ の部分空間 $\mathcal{S}$

$$\mathcal{S} := \left\{ S = \begin{bmatrix} A^T P + PA & PB \\ B^T P & 0 \end{bmatrix} \middle| P \in \mathrm{Herm}(n; \mathbf{C}) \right\}$$

は S1), S3) を満たす。さらに，(A, B) が可制御の場合，$\mathcal{S}$ は S2) も満たす。

証明 $\mathcal{S}$ は $\mathrm{Herm}(n+m; \mathbf{C})$ の部分空間なので，S1) は自明である。まず，S3) を示す。

$Z \in \mathcal{S}^\circ \cap \mathrm{clPD}(n+m; \mathbf{C})$ とする。Z が $\mathcal{S}^\circ$ に属する条件

$$\langle S, Z \rangle \leqq 0, \quad \forall S \in \mathcal{S}$$

を，$S = [I \ 0]^T P [A \ B] + [A \ B]^T P [I \ 0]$ を用いて変形すると

$$\left\langle P, \begin{bmatrix} A & B \end{bmatrix} Z \begin{bmatrix} I \\ 0 \end{bmatrix} + \begin{bmatrix} I & 0 \end{bmatrix} Z \begin{bmatrix} A^T \\ B^T \end{bmatrix} \right\rangle \leqq 0,$$
$$\forall P \in \mathrm{Herm}(n; \mathbf{C})$$

となるが，これは

[†] 歪エルミート行列と呼ばれる正規行列の一つ[7],[8]。

$$\begin{bmatrix} A & B \end{bmatrix} Z \begin{bmatrix} I \\ 0 \end{bmatrix} + \begin{bmatrix} I & 0 \end{bmatrix} Z \begin{bmatrix} A^T \\ B^T \end{bmatrix} = 0$$

を意味する。$\mathrm{im}\begin{bmatrix} I & 0 \end{bmatrix} \supset \mathrm{im}\begin{bmatrix} A & B \end{bmatrix}$ なので，**補題 5.9** が適用でき

$$\exists \zeta_i \in \mathbf{C}^{n+m}, \ Z = \sum_{i=1}^r \zeta_i \zeta_i^*,$$

$$\begin{bmatrix} A & B \end{bmatrix} \zeta_i \zeta_i^* \begin{bmatrix} I \\ 0 \end{bmatrix} + \begin{bmatrix} I & 0 \end{bmatrix} \zeta_i \zeta_i^* \begin{bmatrix} A^T \\ B^T \end{bmatrix} = 0 \qquad (5.23)$$

が成り立つ。式 (5.23) の左辺と $\forall P \in \mathrm{Herm}(n; \mathbf{C})$ の内積をとって変形すると

$$\langle S, \zeta_i \zeta_i^* \rangle = 0, \ \forall S \in \mathcal{S}, \ i = 1, \cdots, r$$

が得られ，$\zeta_i \zeta_i^* \in \mathcal{S}^\circ \cap \mathrm{clPD}(n+m; \mathbf{C})$ が示された。

リニアリティ空間条件 S2) については，(A, B) が可制御のとき

$$\mathcal{S} \ni Z_2 = \begin{bmatrix} A^T P + PA & PB \\ B^T P & 0 \end{bmatrix} \succeq 0 \qquad (5.24)$$

となる $P \in \mathrm{Herm}(n; \mathbf{C})$ は $P = 0$（すなわち $Z_2 = 0$）のみであることを，背理法で最後に示す。このとき

$$Z_1 + Z_2 = 0, \ Z_1 \in \mathcal{K} = -\mathrm{clPD}(n+m; \mathbf{C}), \ Z_2 \in \mathcal{S} \ \Rightarrow \ Z_1 = Z_2 = 0$$

となり，S2) を満たすことになる。

式 (5.24) を満たす $P \neq 0$ が存在したとすると，適当な座標変換で $P = \mathrm{diag}\{P_1, 0\}$，$\det P_1 \neq 0$ とすることができる。座標変換後の A, B を

$$A = \begin{bmatrix} A_{11} & A_{12} \\ A_{21} & A_{22} \end{bmatrix}, \quad B = \begin{bmatrix} B_1 \\ B_2 \end{bmatrix}$$

とすると，式 (5.24) は

$$\begin{bmatrix} A_{11}^T P_1 + P_1 A_{11} & P_1 A_{12} & P_1 B_1 \\ A_{21}^T P_1 & 0 & 0 \\ B_1^T P_1 & 0 & 0 \end{bmatrix} \succeq 0$$

となる。これは $A_{12} = 0$，$B_1 = 0$ を意味し，可制御性に反する。 $\triangle$

定理 5.5 の証明

証明 $\omega \in \Omega := \{\omega \in \mathbf{R} \mid \det(j\omega I - A) \neq 0\} \cup \{\infty\}$ に対して

$$\mathcal{V}_1 := \{[x^* \ \ u^*]^* \in \mathbf{C}^{n+m} \mid (j\omega I - A)x = Bu, \ \omega \in \Omega\}$$

と定義し，$\omega \notin \Omega$ に対し同様に定義される複素ベクトルの集合を $\mathcal{V}_2$ とする．$\mathcal{V}_2$ の要素の任意の近傍に $\mathcal{V}_1$ の要素が存在し（$\omega \notin \Omega$ を微小にずらせばよい），$\zeta \in \mathcal{V}_1$ に対しては

$$\zeta = \begin{bmatrix} x \\ u \end{bmatrix} := \begin{bmatrix} (j\omega I - A)^{-1} B \\ I \end{bmatrix} u \tag{5.25}$$

であることに注意する（ただし，$\omega = \infty$ なら $x = 0$ とする）．すると，途中に**補題 5.8** を使って，つぎの同値関係が得られる．

$$\begin{aligned}
\zeta \in \mathcal{V}_1 \cup \mathcal{V}_2 &\Leftrightarrow j\omega x = Ax + Bu, \ \omega \in \mathbf{R} \text{ または } x = 0 \\
&\Leftrightarrow x(Ax + Bu)^* + (Ax + Bu)x^* = 0 \\
&\Leftrightarrow \langle P, x(Ax + Bu)^* + (Ax + Bu)x^* \rangle \leqq 0, \ \forall P \in \text{Herm}(n; \mathbf{C}) \\
&\Leftrightarrow \langle S, \zeta\zeta^* \rangle \leqq 0, \ \forall S \in \mathcal{S} \\
&\Leftrightarrow \zeta\zeta^* \in (\mathcal{S}^\circ \cap \text{clPD}(n + m; \mathbf{C})) \backslash \{0\}
\end{aligned}$$

定理 5.5 の 1) は $\zeta^* W \zeta \geqq 0 \ (\forall \zeta \in \mathcal{V}_1)$ と書き直せるが，$\zeta^* W \zeta$ が ζ の連続関数であり，$\mathcal{V}_2$ の要素の任意の近傍に $\mathcal{V}_1$ の要素が存在するので，$\zeta^* W \zeta \geqq 0 \ (\forall \zeta \in \mathcal{V}_2)$ も導ける．したがって，上の同値関係から $\Theta = -W$ と考えると，1) が成り立てば

$$\langle -W, \zeta\zeta^* \rangle < 0, \quad \forall \zeta\zeta^* \in (\mathcal{S}^\circ \cap \text{clPD}(n + m; \mathbf{C})) \backslash \{0\} \tag{5.26}$$

が成り立ち（集合の包含関係から逆は自明），**補題 5.10** と**系 5.2** を適用すると

$$\exists P \in \text{Herm}(n; \mathbf{C}), \quad -W \preceq S = \begin{bmatrix} A^T P + PA & PB \\ B^T P & 0 \end{bmatrix} \tag{5.27}$$

と同値となる．この P を $-P$ に書き直せば，**定理 5.5** の 2) となる．

A が虚軸上に固有値を持たない場合は $\mathcal{V}_2 = \emptyset$ なので考察は易しくなり，厳密な（正定値の）不等号の場合は非可制御でも，式 (5.26), (5.27) をそれぞれ厳密な不等号に置き換えて，**系 5.1** と**補題 5.10** を用いれば，同様に示される． △

注：A, B が複素行列のときも A^T, B^T を A^*, B^* に置き換えれば成り立つことは，証明から明らかである．

本節では，システム制御で非常に重要な役割を果たす KYP 補題を，一般化 S-procedure を用いて示した．この方法は，凸解析のわずかな結果をもとに，線形代数の知識のみで理解できる．また，一般化 S-procedure が成立する仕組みとして，「極錐の和集合と共通集合に関する一般的な性質（**補題 5.6**）」+「凸錐 $\mathcal{K}$ を半負定値エルミート行列集合にとったときのある二つの不等式の同値性を保証する条件 S3)」という見方を提供した．

S3) の条件は，問題となる凸錐 $\mathcal{S}^\circ \cap \mathrm{clPD}(n+m;\mathbf{C})$ の特別な構造を反映しているが，このような正定値対称錐にどのようなものがあるかは，あまり調べられていないようである．したがって，S3) が成立するかどうかは，現在のところ個々のケースについてチェックする必要がある（本節では**補題 5.10**）．

********** 演 習 問 題 **********

【1】 補題 5.1 の条件が成り立つとき，1) の ρ の下限値を求めよ．

【2】 補題 5.2 の条件が成り立つとき，3) の解 X の一つを求めよ．

【3】 与えられた行列 B, C と半正定値行列 H が $B^T H C = 0$ を満たすとき，ある行列 Z_1, Z_2 が存在して
$$H = (B^\perp)^T Z_1 Z_1^T B^\perp + (C^\perp)^T Z_2 Z_2^T C^\perp$$
と表せることを示せ．

【4】 $f_i(x) := x^T F_i x \ (i = 0, 1)$ とする．**定理 5.1** を用いてつぎの命題を示せ．
$$x \in \mathbf{R}^n \text{ が } f_1(x) \geqq 0 \text{ を満たす} \ \Rightarrow \ f_0(x) \geqq 0$$
が成り立つ必要十分条件は，次式が成立することである．
$$\exists \tau_1 \geqq 0, \quad F_0 - \tau_1 F_1 \succeq 0$$

【5】 補題 5.7 を示せ．

【6】 つぎの補題は数理計画などの分野でよく知られている．
（ファーカス（Farkas）の補題）
与えられた $A \in \mathbf{R}^{m \times n}, \ b \in \mathbf{R}^m$ に対し，つぎの 1), 2) のどちらか一方のみが成立する．

1) ある $x \in \mathbf{R}^n$ が存在して，$Ax = b$, $x \geqq 0$
2) ある $y \in \mathbf{R}^m$ が存在して，$A^T y \leqq 0$, $b^T y > 0$

この補題を**定理 5.4** を用いて示せ。ただし，$\theta := b$ とし，凸錐 $\mathcal{S}$ と $\mathcal{K}$ を A の各列ベクトル a_i $(i = 1, \cdots, n)$ から作られる以下の閉有限錐とせよ。

$$\mathcal{S} := \mathcal{K} := \left\{ \zeta \,\middle|\, \zeta = \sum_{i=1}^{n} x_i a_i,\ x_i \geqq 0 \right\}$$

6 多目的ロバスト制御への応用

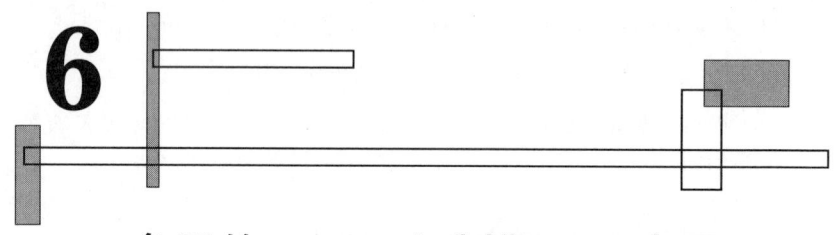

システム制御工学の目標と役割は多岐にわたるが,制御系設計においては,系の安定性を確保した上で,おもに目標信号追従のための定常・過渡応答の整形,外乱の影響の抑制,制御対象特性の変動・不確かさの影響の抑制を実現するための手法を提供することである。これらの複数の制御性能は,フィードバックによる閉ループ制御系を構成することで効果的に達成されることが知られている[36]。

　制御対象の動特性は,状態方程式や伝達関数のようなモデルに反映される。したがって,これらのモデルに基づく制御系設計の手法にとって,動特性の不確かさは重大な問題であるが,現実の制御対象では動特性の不確かさは不可避である。その原因として,経年変化,製品のばらつき,負荷変動,故障,また対象モデルの簡略化やシステム同定で生ずる誤差などが挙げられる。さらに,非線形性や無限次元性を持つシステムに対しては,これらの困難の原因を不確かさと捉えてモデリングに積極的に活用し,線形化や有限次元化によって取り扱いを容易にすることも多い。このような不確かさのもとでも制御系の安定性をはじめとするさまざまな制御性能を保証する制御器設計の理論は,**ロバスト制御**と呼ばれ,1980 年代以降急速に整備された。

　この章では,まず不確かさの表現について紹介し,つぎに不確かさを有する閉ループ系において,安定性をはじめとする複数の制御性能はどのように LMI で扱えばよいかを解説する。

6.1 不確かさを伴う制御対象の表現

線形システムに限定しても,その動特性の表現は伝達関数,状態方程式,インパルス応答などいくつかある。また,一つの表現においても,動特性の不確かさを表す方法はさまざまに可能である。不確かさの原因や設計法との組合せなどにより,それぞれの表現には一長一短があると考えられるが,まず伝達関数のように入力を出力に変換する作用素と捉える方法を説明する。

入力を $v(t)$, 出力を $w(t)$ とする不確かさを表す作用素 Δ を考える。Δ は一般に非線形時変で $w = \Delta(v)$ と書くべきかもしれないが,簡単のため,以後 $w = \Delta v$ と記す。別の作用素 H との合成写像 $H \circ \Delta$ とその出力 $(H \circ \Delta)(v) = H(\Delta(v))$ も,$H\Delta$ および $H\Delta v$ のように表すことにする。

問題とする不確かなシステムの表現として自然で理論的にも扱いやすいのは,動特性が明白である**公称**(ノミナル)サブシステム P_n と不確かなサブシステム Δ が結合して構成されたモデルである。多くの場合,P_n として時不変な有限次元線形システムを一つ定め,$\Delta \in \mathcal{U}$ を満たすシステム集合 $\mathcal{U}$ を導入することで,不確かさを特徴付けたりその程度に限定を設けたりする。不確かさに関する情報や条件が多いほど,一般に集合 $\mathcal{U}$ を小さく(不確かさを少なく)することができる。

ロバスト制御の分野でよく用いられるモデルは,**乗法的変動モデル**(図 6.1 (a)),**加法的変動モデル**(図 6.1 (b))であり,不確かなシステム全体の入出力関係はそれぞれ $y = (I + \Delta)P_n u$, $y = (P_n + \Delta)u$ となる(I は恒等作用

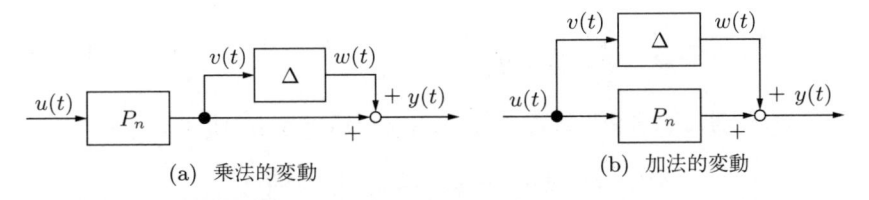

(a) 乗法的変動

(b) 加法的変動

図 6.1 不確かなシステムの表現の代表的な例

素）．また，両モデルで Δ の前後の信号の流れを逆にするフィードバック型のモデルが用いられることもあり，このときはシステム全体の入出力関係は $y = (I - \Delta)^{-1} P_n u$, $y = P(I - \Delta P_n)^{-1} u$ となる[†]．P_n の入力端での乗法的変動モデル $y = P_n(I + \Delta)u$ や，Δ を既知の線形時不変システム W_1, W_2 の直列結合でスケーリングした $W_1 \Delta W_2$ に置き換える場合もある[††]．

例 6.1　不確かなシステムの表現の具体的な例をいくつか挙げる．

1) システム H は線形時不変で，その伝達関数 $H(s)$ は有限次元の公称サブシステムの伝達関数 $P_n(s)$ を用いて $H(s) = P_n(s)e^{-Ls}$ と表されるとする．むだ時間要素 e^{-Ls} は無限次元システムで簡単に扱えないので，これを乗法的な変動と見なすため，$\Delta(s) = e^{-Ls} - 1$ とおく．H の動特性の無限次元部分をサブシステム Δ に封じ込んだことになる．

Δ が属する不確かさを特徴付けるシステム集合 $\mathcal{U}$ としては

$$|\Delta(j\omega)| \leq |e^{-j\omega L}| + 1 \leq 2, \quad \forall \omega \in \mathbf{R}, \forall L \in \mathbf{R}$$

が成り立つことから，ゲインが 2（$\simeq 6.02\,\mathrm{dB}$）以下の線形システム全体が一つの簡単な候補となる．実際，L を $0.14 \sim 0.16$ の範囲としたとき，$\Delta(s)$ のゲイン線図は**図 6.2** のように変動するが，すべてゲイン 2 以下である．また，もし L が $0.14 \sim 0.16$ に限定されることが既知なら，この図から，ゲイン 2 以下だけでは雑な評価となることもわかるが，この情報を利用して，より小さいシステム集合 $\mathcal{U}$ を新たに設定することも可能である．

2) 同様に，バネ・マス・ダンパが連成した柔軟構造物のように，数多くの共振周波数を持つシステムは

$$P(s) = \frac{k_0}{s^2} + \sum_{i=1}^{\infty} \frac{k_i \omega_i^2}{s^2 + 2\zeta_i \omega_i s + \omega_i^2}, \quad k_i > 0, \zeta_i > 0, \omega_i > 0$$

のように，小さな減衰係数 ζ_i を持つ 2 次線形システムの和としてモデリン

[†]　$I - \Delta$ や $I - \Delta P_n$ の逆作用素は存在すると仮定している．

[††]　H_∞ 制御では，W_1, W_2 は安定な線形時不変システムとし，**重み関数**と呼ばれる．また，Δ も安定（詳しくは有限ゲイン L_2 安定．付録参照）と仮定する．

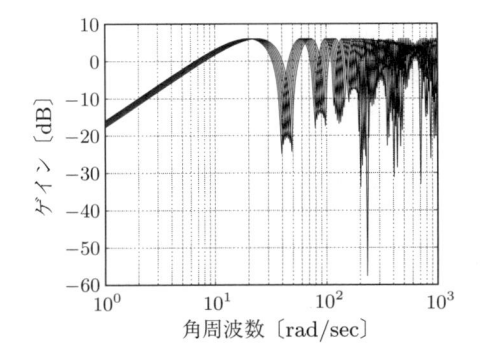

図 6.2 $\Delta(s)$ のゲイン線図
($L = 0.14 \sim 0.16$)

グされる場合がある．このようなシステムでは，ω_i が大きい高次モードになるほど k_i, ζ_i, ω_i を正確に定めることが難しいので，例えば剛体モード k_0/s^2 と数次程度の低次モードまでを公称サブシステム $P_n(s)$ とし，それ以外の高次モードを $\Delta(s)$ とするような加法的変動が用いられる．

3) 制御対象の入出力端では，しばしばアクチュエータやセンサなどの機器の物理的制約に由来する図 **6.3** (a) のような**静的**な[†]**飽和要素** $z = \Phi v$

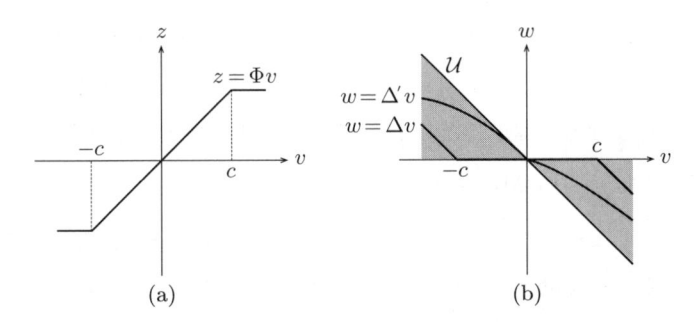

図 6.3 (a) 飽和要素 Φ，(b) ゲイン -1 以上 0 以下のセクタ型非線形システム集合 $\mathcal{U}$（網掛け部分）とそのいくつかの非線形要素（$w = \Delta v$ や $w = \Delta' v$）

[†] 出力値 $z(t)$ が時刻 t と t での入力値 $v(t)$ の二つで定まること．静的でない作用素を**記憶型**と呼ぶ．

$$\Phi v = \begin{cases} c, & c < v \text{ の場合} \\ v, & |v| \leqq c \text{ の場合} \\ -c, & v < -c \text{ の場合} \end{cases}$$

(ただし c は正定数) が存在する．Φ は非線形要素 $w = \Delta v$

$$\Delta v = \begin{cases} c - v, & c < v \text{ の場合} \\ 0, & |v| \leqq c \text{ の場合} \\ -c - v, & v < -c \text{ の場合} \end{cases}$$

と恒等作用素 I により，$\Phi = I + \Delta$ と加法的変動でモデル化される．したがって，例えば公称システム P_n の入力端に飽和要素 Φ が存在するシステムは，$P_n(I + \Delta)$ と乗法的変動でモデル化される．Δ が属する集合 $\mathcal{U}$ としては，i) 入出力関係が静的で原点を通り，ii) Δ 自身は入力値 v と時間 t に連続で，iii) 各時刻 t で $-1 \leqq d(\Delta v)/dv \leqq 0$ が成り立つ，という集合がしばしば想定される．特に，iii) のように各時刻で傾きに上下限制約を持つ連続時変な関数で与えられる入出力関係は**セクタ型非線形性**と呼ばれ，システム制御では重要である（図 **6.3** (b) と次節参照）．

4) システムの内部には，一般に状態変数からのフィードバック要素が存在する．モータの逆起電力や速度依存の摩擦などがその例である．線形システムを状態方程式 $\dot{x} = Ax + Bu$ で表した場合は，行列 A がそのゲイン行列と見なせる．簡単のため $B = I$ とし，A の要素が不確かで

$$\dot{x} = (A + W_1 \Delta W_2)x + u \tag{6.1}$$

と表せるとしよう．ここで，A, W_1, W_2 は定数行列であり，Δ はパラメータの不確かさや変動を表す行列である．例えば，変位を q で表した質量 m のバネ・マス・ダンパ系 $m\ddot{q} + d\dot{q} + kq = 0$ で，バネ，ダンパ係数がそれぞれ $k + \delta_1, d + \delta_2$ のような変動 $\delta_i \ (i = 1, 2)$ を持つとき，$x = [q \ \ \dot{q}]^T$ に対して

$$A = \begin{bmatrix} 0 & 1 \\ -k/m & -d/m \end{bmatrix}, W_1 = \begin{bmatrix} 0 \\ 1/m \end{bmatrix}, \Delta = [\delta_1 \ \ \delta_2], W_2 = -I$$

とおけば，この変動は式 (6.1) のように表せる．式 (6.1) はブロック線図で図 **6.4** のように表され，変動がない場合の u から x への伝達関数 $P_n(s) = (sI - A)^{-1}$ は，変動により $P_n(I - W_1 \Delta W_2 P_n)^{-1}$ とフィードバック型の不確かさとしてモデル化される．非線形摩擦のような δ_i が x に依存する場合は，Δ は時変行列と考えられる．Δ が属するシステム集合 $\mathcal{U}$ としては，あらかじめ与えられた定数行列 Δ_i （$i = 1, \cdots, r$）の凸結合として表す**ポリトープ型**

$$\mathcal{U} = \mathcal{U}_P := \mathrm{conv}\{\Delta_i\}_{i=1}^r$$
$$= \left\{ \Delta \,\middle|\, \Delta = \sum_{i=1}^r \alpha_i \Delta_i,\ \sum_{i=1}^r \alpha_i = 1,\ \alpha_i \geqq 0 \right\}$$

と，Δ を行列ノルムを用いて制限した**ノルム有界型**

$$\mathcal{U} = \mathcal{U}_N := \{\Delta|\ \|\Delta\| \leqq \rho\}$$

がしばしば用いられる．先のバネ・マス・ダンパ系で

$$\underline{\delta}_i \leqq \delta_i \leqq \overline{\delta}_i,\ i = 1, 2 \tag{6.2}$$

のように各パラメータ変動 δ_i の上・下限値 $\underline{\delta}_i, \overline{\delta}_i$ が既知のとき，端点行列を

$$\Delta_1 := [\overline{\delta}_1 \quad \overline{\delta}_2],\ \Delta_2 := [\underline{\delta}_1 \quad \overline{\delta}_2],\ \Delta_3 := [\overline{\delta}_1 \quad \underline{\delta}_2],\ \Delta_4 := [\underline{\delta}_1 \quad \underline{\delta}_2]$$

とおけば，不確かさ (6.2) はポリトープ型の $\mathcal{U}_P$ と一致する．一方，$\rho :=$

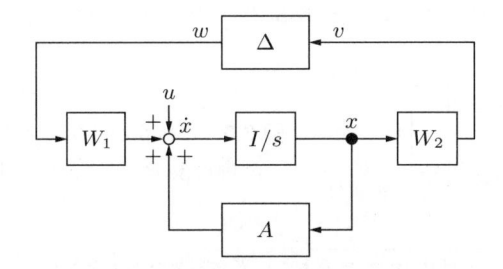

図 6.4 フィードバック要素 A の変動

$\sqrt{\max\{\overline{\delta}_1, -\underline{\delta}_2\}^2 + \max\{\overline{\delta}_2, -\underline{\delta}_2\}^2}$ とすれば,不確かさ (6.2) はノルム有界型の $\mathcal{U}_N$ にも含まれる[†]。

6.2 不確かさへの対処：ロバスト安定性

6.2.1 一般化制御対象

前節で,システムから不確かさ,非線形性などで取り扱いが困難なサブシステム Δ を抽出し,残りの確定した有限次元線形時不変なサブシステムから分離してモデル化するいくつかの例を述べた。対象とするシステムの動特性を詳細に扱う場合など,より一般には不確かなサブシステムは複数箇所から抽出されるので,$w_i = \Delta_i v_i \ (i = 1, \cdots, \ell)$ とする。これらをまとめてつぎのように表そう。

$$w = \Delta v, \quad \begin{cases} v = [\, v_1^T \ \cdots \ v_\ell^T \,]^T, \ w = [\, w_1^T \ \cdots \ w_\ell^T \,]^T, \\ \Delta := \text{block-diag}\{\Delta_1, \cdots, \Delta_\ell\} \in \mathcal{U} \end{cases}$$

一方,対象とするシステムへの入力を u,出力を y とすると,残りの確定した有限次元線形時不変サブシステムは,重み W_i も含めて

$$\begin{bmatrix} v \\ y \end{bmatrix} = P \begin{bmatrix} w \\ u \end{bmatrix}, \quad P = \begin{bmatrix} P_{11} & P_{12} \\ P_{21} & P_{22} \end{bmatrix} \tag{6.3}$$

と表せる[††]。このような不確かさ Δ を取り除いたシステム P は**一般化制御対象**と呼ばれ,もとのシステムは図 **6.5** の u から y で表される。

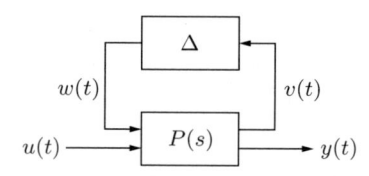

図 **6.5** 不確かなサブシステム Δ と一般化制御対象 $P(s)$ によるシステムの表現

[†] この場合の $\mathcal{U}_N$ には式 (6.2) に属さない考慮不要な不確かさも含まれることになるが,ポリトープ型に比べて計算の取り扱いが便利であることが知られている。

[††] 実際には,これ以外に外乱,制御量などの他の入出力も考えられるが,ロバスト安定性への Δ の影響の考察には不要なので,ここでは省略する。

このように表現された不確かさを伴うシステムに伝達関数 $K(s)$ の制御器によるフィードバック $u = Ky$ を施した閉ループ系の安定性を考える．システムの集合 $\mathcal{U}$ に属する任意の Δ に対してこの閉ループ系が安定であるとき，このフィードバック制御系は $\mathcal{U}$ に対して**ロバスト安定**であると呼ぶ．

このフィードバックと式 (6.3) から，w から v への関係はつぎの伝達関数 $G(s)$

$$v = Gw, \quad G = P_{11} + P_{12}K(I - P_{22}K)^{-1}P_{21}$$

で表される線形時不変システム G となり，制御系全体は図 **6.6** のように表される．ただし，$\mathcal{U}$ が $\Delta = 0$ を含んでも（すなわち不確かさがなくても）安定性が成立することが自然なので，$G(s)$ 自身は安定であることがロバスト安定性の必要条件であることに注意する．

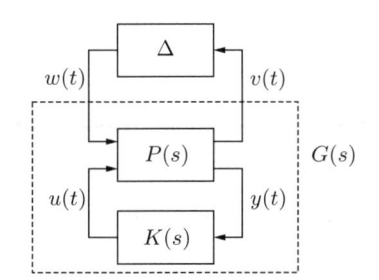

図 6.6 制御器 $K(s)$ と不確かさを伴うシステムのフィードバック制御系

したがって，図 **6.6** のブロック線図では，不安定化が起こるとしたら，G と Δ をつなぐループ上の v か w が収束しないことになる．逆に，任意の $\Delta \in \mathcal{U}$ と安定な $G(s)$ のフィードバック結合が安定であれば，この制御系はロバスト安定となる．このような設定のもとで有用なロバスト安定条件をつぎに述べる．

6.2.2 積分 2 次制約（**IQC**）によるロバスト安定条件

二つの作用素 G と Δ の正フィードバック結合

$$v = Gw + f, \quad w = \Delta v + e \tag{6.4}$$

からなる図 **6.7** の閉ループ系を (G, Δ) と表し，そのロバスト安定性について考察しよう．ただし，Δ は不確かさを表す作用素である．一方，G は有限次元線

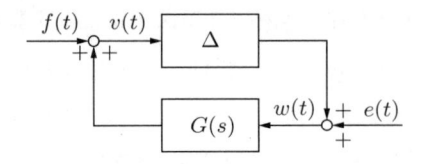

図 6.7 G と Δ の閉ループ系 (G, Δ)

形時不変とし，その伝達関数を $G(s)$ と書く。式 (6.4) により (v, w) から (e, f) への作用

$$f = v - Gw, \quad e = w - \Delta v \tag{6.5}$$

が定まる。ここでは閉ループ系の有限ゲイン L_2 安定性[†]を考察するが，それはループ外からの入力信号 $(e, f) \in L_{2e}$ の大きさに対して，有限な増幅度内に (v, w) が収まるかを問題とする。それには，まず式 (6.5) の逆向きの作用で (v, w) が一意に定まることが必要となる[††]。

【定義 6.1】 （閉ループ系の well-posedness）
任意の $(e, f) \in L_{2e}$ に対して式 (6.5) を満たす $(v, w) \in L_{2e}$ が因果的に一意に定まるとき，閉ループ系 (G, Δ) は **well-posed** であるという。

このように，well-posedness は閉ループ系の安定性を論ずるための前提である。

【定義 6.2】 （閉ループ系の有限ゲイン L_2 安定性）
閉ループ系 (G, Δ) が有限ゲイン L_2 安定とは，つぎの 2 条件を満たすことである。

　i)　(G, Δ) が well-posed である。
　ii)　ある $\gamma \geqq 0$ が存在して次式が成立する。

[†] 有限ゲイン L_2 安定性や L_{2e} 空間などの定義は付録を参照。
[††] 簡単な例として，$G = \Delta = 1$ という定数ゲインのとき，任意の (e, f) に対して (v, w) を定められない（連立方程式 (6.5) が解けない）ことが確かめられる。

$$\left\| P_T \begin{bmatrix} v \\ w \end{bmatrix} \right\|_{L_2} \leqq \gamma \left\| P_T \begin{bmatrix} e \\ f \end{bmatrix} \right\|_{L_2}, \quad \forall \begin{bmatrix} e \\ f \end{bmatrix} \in L_{2e}, \forall T \geqq 0$$

ただし，P_T は打切り作用素（付録参照）である．

つぎに示す二つの L_2 関数 $x(t), y(t)$ に対する積分制約条件は，x を入力，y を出力とする作用素（の集合）の入出力関係を記述するために用いられる．

【定義 6.3】 （**IQC**）

$\Pi(j\omega)$ は $\omega \in \mathbf{R}$ で有界なエルミート行列値関数とする．$x(t), y(t) \in L_2[0, \infty)$ のフーリエ変換 $\hat{x}(j\omega), \hat{y}(j\omega)$ に関する不等式

$$\sigma_\Pi(x, y) := \int_{-\infty}^{\infty} \begin{bmatrix} \hat{x}(j\omega) \\ \hat{y}(j\omega) \end{bmatrix}^* \Pi(j\omega) \begin{bmatrix} \hat{x}(j\omega) \\ \hat{y}(j\omega) \end{bmatrix} d\omega \geqq 0 \qquad (6.6)$$

を Π による**積分 2 次制約** (integral quadratic constraint; IQC) と呼ぶ．Π は**セパレータ**と呼ばれることがある．

例 6.2 1）　実行列 K_1, K_2 に対して，入出力関係 $y(t) = (\Delta x)(t)$ が

$$(y - K_1 x)^T (y - K_2 x) \leqq 0, \quad \forall t \geqq 0 \qquad (6.7)$$

を満たす[†]静的で非線形時変な作用素 Δ の集合 $\mathcal{U}$ を考える．特に x, y がスカラ信号なら $x \neq 0$ で $k_1 \leqq y/x \leqq k_2$ となり，(x, y) 平面上のこの扇形の制約領域は**セクタ** $[k_1, k_2]$ と記される．式 (6.7) は任意の $t \geqq 0$ につき

$$\begin{bmatrix} x(t) \\ y(t) \end{bmatrix}^T \Pi \begin{bmatrix} x(t) \\ y(t) \end{bmatrix} \geqq 0, \quad \Pi := \begin{bmatrix} -K_1^T K_2 - K_2^T K_1 & K_1 + K_2 \\ K_1^T + K_2^T & -2I \end{bmatrix}$$

と書き直せる．したがって，パーセバルの等式（付録参照）から

$$\sigma_\Pi(x, y) = 2\pi \int_0^\infty \begin{bmatrix} x(t) \\ y(t) \end{bmatrix}^T \Pi \begin{bmatrix} x(t) \\ y(t) \end{bmatrix} dt \geqq 0 \qquad (6.8)$$

[†] $z := y - (K_1 + K_2)x/2$ とおいて整理すれば，任意の x に対して式 (6.7) を満たす y が存在することがわかる．

で，この集合の元 Δ の入出力 v, w はこの Π による IQC を満たす。

2) 1) で特に $K_1 = -I$, $K_2 = I$ とした Π（の $1/2$ 倍）を考えると
$$\sigma_\Pi(x, y) = \int_{-\infty}^{\infty} \hat{x}^*\hat{x} - \hat{y}^*\hat{y} d\omega = 2\pi(\|x\|_{L_2} - \|y\|_{L_2}) \geqq 0$$
となる。したがって，この IQC は非拡大的なすべての因果的作用素 Δ の集合を特徴付ける。このような Δ には，時間積分の効果により，ある瞬間 t に $x(t)^T x(t) - y(t)^T y(t) < 0$ となる記憶型の（すなわち静的でない）作用素も含まれる。同様に，式 (6.8) を満たす Δ も $\forall t$ では式 (6.7) を満たさない。

特に，非拡大的な Δ を線形時不変に限れば，**系 4.2** からその伝達関数 $\hat{\Delta}(s)$ は $I - \hat{\Delta}^*(j\omega)\hat{\Delta}(j\omega) \succeq 0$ $(\forall \omega)$ を満たすので，$\hat{y} = \hat{\Delta}\hat{x}$ より任意の ω に対して $\hat{x}^*\hat{x} - \hat{y}^*\hat{y} \geqq 0$ である。したがって，$z(j\omega) \geqq 0$ なる任意のスカラ値関数を用いたつぎの IQC も満たすこともわかる。
$$\sigma_{\widetilde{\Pi}}(x, y) = \int_{-\infty}^{\infty} z(\hat{x}^*\hat{x} - \hat{y}^*\hat{y})d\omega \geqq 0, \ \widetilde{\Pi}(j\omega) := \begin{bmatrix} z(j\omega)I & 0 \\ 0 & -z(j\omega)I \end{bmatrix}$$

3) 1) で特に $K_1 = 0$, $K_2 = \alpha I$ $(\alpha \to +\infty)$ とした極限に対応する
$$\Pi := \begin{bmatrix} 0 & I \\ I & 0 \end{bmatrix}, \ \sigma_\Pi(x, y) = 2\int_{-\infty}^{\infty} \hat{x}^*\hat{y} d\omega = 4\pi \int_0^{\infty} x^T y dt \geqq 0$$
を考える。この IQC は受動的なすべての因果的作用素 Δ の集合を特徴付けていることがわかる。

【定理 6.1】 作用素 G と Δ はともに有限ゲイン L_2 安定で因果的とし，G は線形時不変とする。Δ の出力を τ 倍する作用素を $\tau\Delta$ と書く。つぎの 3 条件が成り立つとき，閉ループ系 (G, Δ) は有限ゲイン L_2 安定である。

　i) $(G, \tau\Delta)$ は任意の $\tau \in [0, 1]$ で well-posed である。

　ii) $\forall \tau \in [0, 1]$, $\forall x \in L_2$ に対して，x と $y := \tau\Delta x$ は Π による IQC を満たす。

iii) ある正実数 ϵ が存在し，次式を満たす．

$$\begin{bmatrix} G(j\omega) \\ I \end{bmatrix}^* \Pi(j\omega) \begin{bmatrix} G(j\omega) \\ I \end{bmatrix} \preceq -\epsilon I, \ \forall \omega \in \mathbf{R} \cup \{\infty\}$$

証明 式 (6.4) の第 2 式を第 1 式へ代入すると，$(I - G\Delta)v = Ge + f$ を得る（I は恒等作用素）．条件 i) より $I - G\Delta : L_{2e} \to L_{2e}$ は因果的な逆作用素を持ち

$$v = (I - G\Delta)^{-1}(Ge + f), \quad w = \Delta(I - G\Delta)^{-1}(Ge + f) + e$$

となる．よって，G, Δ の有限ゲイン L_2 安定性と因果性から $(e, f) \in L_{2e}$ に対して $(v, w) \in L_{2e}$ が因果的に定まることがわかる．したがって，$(I - G\Delta)^{-1}$ の有限ゲイン L_2 安定性を示せば，閉ループ系 (G, Δ) の安定性も帰結できる．

以降，$\tau \in [0, 1]$ とし，L_2 ノルム $\|\cdot\|_{L_2}$ を $\|\cdot\|$ と略記し，x, y の次元に合わせて 4 分割した $\Pi(j\omega)$ の部分ブロック行列を $\Pi_{kl}(j\omega)$ ($k, l \in \{1, 2\}$) と表す．パーセバルの等式と Π の有界性より $m_{kl} := 2\pi \sup_{\omega \in \mathbf{R}} \|\Pi_{kl}(j\omega)\|$ とおくと

$$\begin{aligned} |\sigma(x + z, y) - \sigma(x, y)| &= \left| \int_{-\infty}^{\infty} \hat{z}^* \Pi_{11} \hat{z} + 2\mathrm{Re}[\hat{z}^* \Pi_{11} \hat{x} + \hat{z}^* \Pi_{12} \hat{y}] d\omega \right| \\ &\leq m_{11} \|z\|^2 + 2\|z\|(m_{11}\|x\| + m_{12}\|y\|) \end{aligned} \quad (6.9)$$

が任意の $x, y, z \in L_2$ に対して成り立つ．G の L_2 ゲインを γ_G とし，$\forall x \in L_2$ に対して $y := \tau \Delta x \in L_2$ とおくと，まず条件 ii) を用い，つぎに条件 iii) と式 (6.9) を用いることで

$$\begin{aligned} 0 &\leq \sigma_\Pi(x, y) = \sigma_\Pi(Gy, y) + \sigma_\Pi(x, y) - \sigma_\Pi(Gy, y) \\ &\leq -2\pi\epsilon\|y\|^2 + m_{11}\|x - Gy\|^2 + 2(m_{11}\gamma_G + m_{12})\|y\|\|x - Gy\| \end{aligned}$$

となる．十分小さい $\mu > 0$ を用いて相加相乗平均不等式 $2\|y\|\|x - Gy\| \leq \mu\|y\|^2 + \|x - Gy\|^2/\mu$ を右辺第 3 項に適用して整理すると，ある $\nu > 0$ に対して次式を得る．

$$\|y\| \leq \nu\|x - Gy\| = \nu\|(I - \tau G\Delta)x\|$$

したがって，三角不等式とこの不等式から，$\forall x \in L_2$ について次式が成り立つ．

$$\|x\| \leq \|Gy\| + \|x - Gy\| \leq (\nu\gamma_G + 1)\|(I - \tau G\Delta)x\| \qquad (6.10)$$

つぎに，$\tau = \tau_0$ で $(I - \tau G\Delta)^{-1}$ が有限ゲイン L_2 安定と仮定したとき，$|\tau_1 - \tau_0|$ が

十分小さければ $\tau = \tau_1$ でも有限ゲイン L_2 安定となることを示す。$z \in L_{2e}$ に対して $(I - \tau_0 G\Delta)z \in L_{2e}$ なので, 仮定より $x := (I - \tau_0 G\Delta)^{-1} P_T (I - \tau_0 G\Delta)z \in L_2$ である。$(I - \tau_0 G\Delta)^{-1}$ の因果性から $P_T x = P_T z$ となることに注意すると

$$\begin{aligned}
\|P_T z\| &= \|P_T x\| \leqq \|x\| \leqq \kappa \|(I - \tau_0 G\Delta)x\| \quad (P_T \text{ の性質と式 (6.10) より}) \\
&= \kappa \|P_T (I - \tau_0 G\Delta)z\| \quad (x \text{ の定義より}) \\
&\leqq \kappa \|P_T (I - \tau_1 G\Delta)z\| + \kappa \gamma_{G\Delta} |\tau_1 - \tau_0| \|P_T z\|
\end{aligned}$$

を得る。ただし, $\kappa := \nu \gamma_G + 1$, $G\Delta$ の L_2 ゲインを $\gamma_{G\Delta}$ とした。したがって, $|\tau_1 - \tau_0| < 1/(\kappa \gamma_{G\Delta})$ なる τ_1 で上の不等式を整理すると, ある $\gamma > 0$ に対して

$$\|P_T z\| \leqq \gamma \|P_T u\|, \quad \text{ただし } u := (I - \tau_1 G\Delta)z$$

を得る。条件 i) より任意の $u \in L_{2e}$ に対して $z \in L_{2e}$ が定まるので, $(I - \tau_1 G\Delta)^{-1}$ も有限ゲイン L_2 安定である。

最後に, $1/(\kappa \gamma_{G\Delta})$ が τ に依存しないことから, 有限ゲイン L_2 安定であることが明らかな $\tau = 0$ のときからスタートして上記の議論を繰り返せば, 任意の $\tau \in [0, 1]$ で $(I - \tau G\Delta)^{-1}$ の有限ゲイン L_2 安定性が示される。 △

注1:この定理の条件 i) は多くの場合の (G, Δ) に対して成立すると考えられているが, これを実際に確認することは易しくない。i) の簡単な十分条件の一つに, $G(s)$ が厳密にプロパ (すなわち $G(\infty) = 0$) で Δ が適当な滑らかさを満たす[†]ことが挙げられる (**演習問題【1】**参照)。

注2:Π が特に定数行列のときは, $G(s)$ の安定性の仮定から, 最大値の原理により, 条件 iii) は $G(j\omega)$ を $G(s)$ ($s \in \mathbf{C}_{+e}$) としてもよい (**演習問題【2】**参照)。

例6.3 例6.2 について, **定理6.1** を適用してみよう。ただし, その条件 i) の成立は仮定しておく。以下, 有限ゲイン L_2 安定を単に「安定」と略記する。

1)～3) とも ii) は成り立つ。より一般に, Π の (2,2) ブロックが半負定

[†] 例えば Δ がリプシッツ連続なら well-posed となることが, 常微分方程式の解の一意存在性の証明と同様な方法で示される。より一般的な十分条件が文献37) で, Δ を線形時不変に限ったときの必要十分条件が文献38) で示されている。

6.2 不確かさへの対処：ロバスト安定性

値のとき，Δ が Π の IQC を満たせば $\tau\Delta$ ($\forall \tau \in [0,1]$) もその IQC を満たす．

iii) の条件は，まず 2) においては次式のように具体化される．

$$\exists \epsilon > 0, \quad \forall \omega \in \mathbf{R} \cup \{\infty\}, \quad I - G^*(j\omega)G(j\omega) \succeq \epsilon I$$

上述した注 2 より，この不等式は $s \in \mathbf{C}_{+e}$ でも成り立ち，$G(s)$ は強有界実となる．すなわち「任意の非拡大的な Δ に対して $G(s)$ が強有界実なら，well-posedness 条件のもとで閉ループ系 (G, Δ) は安定」である．この事実は**スモールゲイン定理**[39)〜41)] と呼ばれる結果の一部である．

つぎに 3) では，条件 iii) は，1) と同様の考察から $-G(s)$ が強正実，つまり

$$\exists \epsilon > 0, \quad \forall s \in \mathbf{C}_{+e}, \quad G^*(s) + G(s) \preceq -\epsilon I$$

となることを要請する．したがって「$-G(s)$ が強正実な $G(s)$ と受動的な Δ の閉ループ系 (G, Δ) は，well-posed なら安定」である[†]．この事実は**受動定理**[40), 41)] と呼ばれる結果の一部である．

最後に，1) ではナイキスト軌跡との関係を見るために，特に単入出力の $G(s)$ と Δ を考える．iii) の条件は，ある正数 ϵ が存在し任意の $\omega \in \mathbf{R} \cup \{\infty\}$ に対して次式が成り立つことと変形できる．

$$2k_1 k_2 |G(j\omega)|^2 - (k_1 + k_2)\left(\overline{G(j\omega)} + G(j\omega)\right) + 2 \geqq \epsilon$$

この不等式は，1), 2) と同様，$G(s)$ の安定性から $s \in \mathbf{C}_{+e}$ でも成り立つ．すなわち，積 $k_1 k_2$ が正，零，負の場合に応じて，ナイキスト軌跡 $G(j\omega)$ で囲まれる領域が k_1, k_2 で定まる複素平面上の円の外部，開半平面，円の内部にそれぞれ拘束されることを示す．例えば，$k_1 k_2 > 0$ のときは

$$\forall s \in \mathbf{C}_{+e}, \quad \left| G(s) - \frac{1}{2}\left(\frac{1}{k_1} + \frac{1}{k_2}\right) \right|^2 \geqq \frac{1}{4}\left(\frac{1}{k_1} - \frac{1}{k_2}\right)^2 + \epsilon \frac{1}{2k_1 k_2}$$

[†] 図 6.7 で負閉ループ系を考えると，「$-G(s)$ が」は不要となる．

で表される。これは $G(s)$ が実軸上の点 $(1/k_1 + 1/k_2)/2$ を中心とし，半径 $|1/k_1 - 1/k_2|/2$ の円の外部に拘束されることを示している。$k_1 k_2 < 0$ のときは不等号は逆になり，円の内部である。$k_1 = 0 < k_2$ または $k_1 < k_2 = 0$ のときは，それぞれ $\text{Re}G(s) < 1/k_2$，$\text{Re}G(s) > 1/k_1$ となり，$G(s)$ は開半平面内に拘束される[†]。したがって，「ナイキスト線図 $G(j\omega)$ の囲む領域がそれぞれのケースに応じた領域に拘束されていれば，(G, Δ) は well-posedness のもとで安定」である。これは**円板定理**[40),41)] と呼ばれる結果である。

上の例では，不確かな入出力関係を IQC で記述することで，その関係を満たすシステム集合 $\mathcal{U}$ の任意の元 Δ と線形時不変な G の閉ループ系 (G, Δ) のロバスト安定性が，従来の主要な結果を含む形で統一的に扱えることを示した。

IQC を用いたロバスト安定条件の利点は，Δ と複数の Π_i $(i=1, \cdots, q)$ が**定理 6.1** の i) と ii) を満たすことが既知（すなわち，不確かさに関する情報が複数ある）である場合に，G に要求される安定条件が緩和されることである。なぜなら，ii) が各 Π_i について成り立てば，それらの非負結合

$$\Pi = \sum_{i=1}^{q} x_i \Pi_i, \quad x_i \geqq 0 \tag{6.11}$$

で表される任意の Π についても ii) が成り立つので，「G は式 (6.11) のような Π のどれか一つについて**定理 6.1** の iii) を満たせばよい」からである。

また，iii) の条件は 4.2 節で解説した消散性（KYP 補題）を介して LMI に帰着される。ただし，ある実有理関数行列 $\Lambda_i(s)$ と定数エルミート行列 N_i が存在し

$$\Pi_i(j\omega) = \Lambda_i^*(j\omega) N_i \Lambda_i(j\omega), \quad N_i = N_i^*, \quad i = 1, \cdots, q \tag{6.12}$$

と仮定する。すると，$\Pi(j\omega)$ の有界性の仮定から，$\Lambda_i(s)$ は虚軸上に極を持た

[†] 2) と同様に**図 6.7** が負閉ループ系の場合は，k_1, k_2 に負符号を付け，さらに開半平面は不等号も反転させることになる。

ない。これより，$G(s)$ と $\Lambda_i(s)$ すべてに共通なある可制御対 (A,B) とある C_i, D_i が存在し（ただし，A は純虚数の固有値を持たない）

$$\Lambda_i(s)\begin{bmatrix} G(s) \\ I \end{bmatrix} = D_i + C_i(sI-A)^{-1}B \tag{6.13}$$

とできる。これらを用いて，ここで述べたことは，つぎのようにまとめられる。

【系 6.1】 不確かな Δ，線形時不変な G，式 (6.12) と式 (6.13) で与えられるセパレータ Π_i $(i=1,\cdots,q)$ が，**定理 6.1** の iii) 以外の条件を満たすとする。このとき，$X = X^*$ と x_i に関する 次の LMI が可解なら閉ループ系 (G,Δ) は有限ゲイン L_2 安定である。

$$\begin{bmatrix} A^TX + XA & XB \\ B^TX & 0 \end{bmatrix} + \sum_{i=1}^{q} x_i M_i \prec 0, \quad x_i \geqq 0,\ i=1,\cdots,q$$

ただし，$M_i = [C_i \ \ D_i]^T N_i [C_i \ \ D_i]$ $(i=1,\cdots,q)$ である。

証明 上の LMI が可解なとき，**定理 5.5** から $\forall \omega \in \mathbf{R} \cup \{\infty\}$ に対して

$$\begin{bmatrix} G(j\omega) \\ I \end{bmatrix}^* \sum_{i=1}^{q} x_i \Lambda_i^*(j\omega) N_i \Lambda_i(j\omega) \begin{bmatrix} G(j\omega) \\ I \end{bmatrix}$$
$$= -\begin{bmatrix} (j\omega I - A)^{-1}B \\ I \end{bmatrix}^* \sum_{i=1}^{q} x_i M_i \begin{bmatrix} (j\omega I - A)^{-1}B \\ I \end{bmatrix} \preceq -\epsilon I \prec 0$$

を満たす正数 ϵ が存在する。したがって，$\Pi(j\omega) = \displaystyle\sum_{i=1}^{q} x_i \Pi_i(j\omega)$ について**定理 6.1** の iii) が成り立つ。　△

系 6.1 の例を挙げる。

例 6.4 1) **例 6.1** の 3) の飽和要素のようなセクタ条件 $[0, k]$ $(k > 0)$ を満たす時不変な非線形要素 Φ と厳密にプロパな $G(s)$ の閉ループ系 $(-G, \Phi)$ を考える。$y(t) = (\Phi x)(t)$ は，**例 6.2** の 1) より

$$\Pi_1 := \begin{bmatrix} 0 & k \\ k & -2 \end{bmatrix}$$

による IQC を満たす．また，特に $x(0) = 0$ かつ $\dot{x} \in L_2$ である x に対しては

$$\int_0^\infty \dot{x}(t)y(t)dt = \lim_{T\to\infty} \int_{x(0)}^{x(T)} ydx \geqq 0$$

となるので

$$\Pi_2 := \begin{bmatrix} 0 & -j\omega \\ j\omega & 0 \end{bmatrix}$$

による IQC も満たすが，残念ながら Π_2 は虚軸上で有界でない．そこで，$M(s) = s+1$ とし，これを挿入した図 **6.8** のような閉ループ系 $(-P, \Delta)$，$P = MG, \ \Delta = \Phi M^{-1}$ の安定性を考える．仮定より P と Δ は因果的かつ L_2 安定で，$y(t) = (\Delta u)(t)$ の状態方程式は，初期値を 0 とすると

$$y = \Phi(x), \quad \dot{x} = -x + u, \quad x(0) = 0$$

なので，上記の考察より Δ は $u, y \in L_2$ に対して

$$\widetilde{\Pi}_1 := \begin{bmatrix} 0 & \dfrac{k}{-j\omega + 1} \\ \dfrac{k}{j\omega + 1} & -2 \end{bmatrix}, \quad \widetilde{\Pi}_2 := \begin{bmatrix} 0 & \dfrac{-j\omega}{-j\omega + 1} \\ \dfrac{j\omega}{j\omega + 1} & 0 \end{bmatrix}$$

による IQC を満たす．図で $v' \in L_{2e}$ なら $v \in L_{2e}$ なので，$(-P, \Delta)$ が**定義 6.2** の意味で安定なら，$(-G, \Phi)$ もやや制約された意味で[†]安定となる．

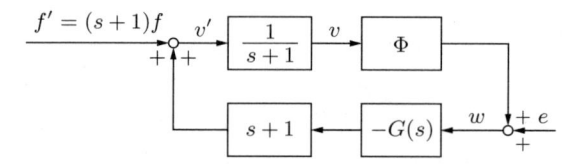

図 **6.8** $M(s) = s+1$ と $M^{-1}(s)$ が挿入された閉ループ系 $(-G, \Phi)$

[†] $f' \in L_{2e}$ を要請するので，$f \in L_{2e}$ に加えて $\dot{f} \in L_{2e}$ の条件も付加される．

$\Pi = x_1 \widetilde{\Pi}_1 + x_2 \widetilde{\Pi}_2$ $(x_1 > 0, x_2 \geqq 0)$ として $(-P, \Delta)$ に**定理 6.1** を適用すると，条件 iii) はある $\epsilon > 0$ と $q := x_2/(x_1 k) \geqq 0$ が存在して

$$\mathrm{Re}[(1+j\omega q)G(j\omega)] + \frac{1}{k} \geqq \epsilon, \quad \forall \omega \in \mathbf{R} \cup \{\infty\}$$

となる．これは**ポポフ条件**と呼ばれ，セクタ条件を表す $\widetilde{\Pi}_1$ の IQC のみから得られる安定条件より一般に精密になる[40),41)]．また，このような目的のために閉ループに挿入される M を**マルチプライヤ**と呼ぶ．

2) **例 6.1** の 4) で述べたように，状態方程式の係数行列に変動 Δ を持つシステムは，フィードバック型の不確かさとして扱える（**図 6.4** 参照）．$G(s) := W_2(sI - A)^{-1}W_1$ で A は安定であること，および，$\Delta(t)$ は時変でポリトープ型変動

$$\forall t, \Delta(t) \in \mathcal{U}_P := \mathrm{conv}\{\Delta_i\}_{i=1}^r$$

に属しかつ $0 \in \mathcal{U}_P$ であることを仮定して，状態方程式 $\dot{x} = (A + W_1 \Delta W_2)x$ のロバスト安定条件を IQC で求めよう．$\Delta(t)$ には例えば区分的連続性を仮定しておくと，well-posedness は満たされる．Π を実定数行列に限定すると，**定理 6.1** の ii) が成り立つには次式が満たされればよい．

$$\forall \tau \in [0, 1], \forall \Delta(t) \in \mathcal{U}_P, \quad \begin{bmatrix} I \\ \tau \Delta(t) \end{bmatrix}^T \Pi \begin{bmatrix} I \\ \tau \Delta(t) \end{bmatrix} \succeq 0 \quad (6.14)$$

また，**定理 6.1** の iii) は**系 6.1** の LMI 条件，すなわち，ある $X = X^T$ に対して

$$\begin{bmatrix} A^T X + XA & XW_1 \\ W_1^T X & 0 \end{bmatrix} + \begin{bmatrix} W_2 & 0 \\ 0 & I \end{bmatrix}^T \Pi \begin{bmatrix} W_2 & 0 \\ 0 & I \end{bmatrix} \prec 0 \quad (6.15)$$

となれば十分である．つまり，式 (6.14), (6.15) を満たす $\Pi = \Pi^T$ が存在すれば，ロバスト安定である．式 (6.15) から，ただちに Π の (2,2) 部分ブロック行列 Π_{22} は負定値となる．一方，$\mathcal{U}_P$ は零行列を含むポリトープ型と仮定したので，$\Pi_{22} \prec 0$ と合わせると，式 (6.14) はポリトープの端点 Δ_i

だけでの評価

$$\Pi_{11} + \Pi_{12}\Delta_i + \Delta_i^T \Pi_{12}^T + \Delta_i^T \Pi_{22}\Delta_i \succeq 0, \quad i=1,\cdots,r \quad (6.16)$$

と同値であることを示すことができる（**演習問題【3】**参照）。

けっきょく IQC から導かれるロバスト安定条件は，式 (6.15) と式 (6.16) の連立 LMI を満たす対称行列 X と Π が存在することであり，Π の探索に**系 6.1** と同様，LMI を用いることができる。じつは，これらの条件は

$$\forall \Delta(t) \in \mathcal{U}_P, \ (A + W_1\Delta(t)W_2)^T X + X(A + W_1\Delta(t)W_2) \prec 0 \quad (6.17)$$

を満たす $X \succ 0$ が存在することと同値となる（**演習問題【4】**参照）。式 (6.17) が成り立つとき，状態方程式 $\dot{x} = (A + W_1\Delta W_2)x$ は **2 次安定** (quadratically stable) と呼ばれ，$V(x) = x^T X x$ が Δ によらない共通な 2 次リアプノフ関数になるという特徴を持つ。

一般に 2 次安定性はロバスト安定性のための十分条件であるが，X が定数行列であることから安定解析が簡単になるため，しばしば用いられる。例えば，式 (6.17) は，連立 LMI

$$(A + W_1\Delta_i W_2)^T X + X(A + W_1\Delta_i W_2) \prec 0, \ i=1,\cdots,r \quad (6.18)$$

を満たす $X \succ 0$ の存在とも同値である（**演習問題【5】**参照）。一方，ロバスト安定条件として，十分性が強すぎる場合もある[†]点は注意を要する。

6.3 システムの性能のロバスト性

6.2 節で解説した IQC によるロバスト安定条件は，システムのさまざまな箇所に現れる不確かな Δ_i をまとめて図 6.5 のように $w = \Delta v$ と抽出し，制御器 $K(s)$ を図 6.6 のように接続した制御系のロバスト安定解析に役立つ。

[†] $V(x) = x^T X x$ で，X は Δ に依存してもよいし，2 次関数に限る必要もない。

6.3 システムの性能のロバスト性

しかし,この章の最初に述べたように,制御系設計で考慮すべきシステムの性質(性能)は,まず安定性が保証されることが必要であり,その上で過渡応答波形や外乱抑制性能など,さまざまである.さらに,これらも不確かさによらず"ロバストに"成り立つこと,すなわち,**ロバスト性能**(robust performance)であることが望ましい.

不確かさのない場合のこれらの一つ一つの性能の多くは,システム制御において蓄積されてきた研究により,4章の各節で解説してきた極,H_2 ノルム,H_∞ ノルム(有界実性)といった,LMI で記述できる性能で代替的・近似的に表せるようになっている.しかし,これらをロバスト安定性と同時に考慮してロバスト性能とすることは,一般に難しい問題である.

不確かさが係数行列の変動に起因するとき,この問題の"容易な"解決策の一つとしてしばしば用いられる考え方は,例 **6.4** の 2) で述べた 2 次安定化と同様に,不確かさによらない共通の LMI の解を用いることである[†].例を用いて簡単に説明する.

例 6.5 時変な変動 $\Delta(t) \in \mathcal{U}$(以後 (t) は省略)を持つつぎの状態方程式を考える.

$$\begin{bmatrix} \dot{x} \\ y \end{bmatrix} = \begin{bmatrix} A(\Delta) & B(\Delta) \\ C(\Delta) & D(\Delta) \end{bmatrix} \begin{bmatrix} x \\ u \end{bmatrix} \tag{6.19}$$

簡単のため,制御器がすでに組み込まれた閉ループ系の状態方程式と想定し,u, y は制御系の性能を評価する入出力と考えよう.ただし,係数行列は E_i, H_j を変動の構造を表す定数行列として

$$\begin{bmatrix} A(\Delta) & B(\Delta) \\ C(\Delta) & D(\Delta) \end{bmatrix} = \begin{bmatrix} A & B \\ C & D \end{bmatrix} + \begin{bmatrix} H_1 \\ H_2 \end{bmatrix} \Delta \begin{bmatrix} E_1 & E_2 \end{bmatrix}$$

と表されているとする.

この時変システムの u から y への L_2 ゲインが 1 未満である十分条件と

[†] そのほかに **μ 設計**[42]と呼ばれるものがある.

して，系 4.4 と同様な結果が導ける†。例えばその一つは，Δ に依存しない定数解 $X \succ 0$ が存在し，次式が成り立つことである。

$$\forall \Delta \in \mathcal{U}, \quad \begin{bmatrix} XA(\Delta) + A(\Delta)^T X & XB(\Delta) & C(\Delta)^T \\ B(\Delta)^T X & -I & D(\Delta)^T \\ C(\Delta) & D(\Delta) & -I \end{bmatrix} \prec 0 \quad (6.20)$$

$V(x) = x^T X x$ がこの場合の蓄積関数である。(1,1) ブロックに注意すれば 2 次安定条件も含まれていることがわかり，ロバスト安定にもなっている。

$\mathcal{U}$ がポリトープ型なら，例 6.4 の 2) と同様，式 (6.20) は端点行列 Δ_i を用いた有限個の LMI に同値である。より一般には，定理 5.2 で解説したロバスト行列不等式の結果を適用すれば，さまざまな不確かさ $\mathcal{U}$ に対して，式 (6.20) は Δ を消去した行列不等式の条件に同値な変形が可能である。実際，式 (5.15) で

$$Y := - \begin{bmatrix} XA + A^T X & XB & C^T \\ B^T X & -I & D^T \\ C & D & -I \end{bmatrix}, \quad S := - \begin{bmatrix} X & 0 \\ 0 & 0 \\ 0 & I \end{bmatrix} \begin{bmatrix} H_1 \\ H_2 \end{bmatrix},$$

$$T := \begin{bmatrix} E_1 & E_2 \end{bmatrix} \begin{bmatrix} I & 0 & 0 \\ 0 & I & 0 \end{bmatrix}, \quad D = 0$$

とすれば式 (6.20) が得られるので，例えば $\mathcal{U}$ がノルム有界型 $\mathcal{U}_N := \{\Delta | \, \|\Delta\| \leqq \rho\}$ ならば，対応する式 (5.16) によって Δ を消去した LMI が得られる。

ただし，2 次安定性の解説で注意したのと同様に，定数解を導入することで，計算のしやすさと引き替えに十分性の強い条件となりがちであることが難点である。この点は，後のゲインスケジュールド制御でも言及する。

---

† 系 4.4 の 4) ⇒ 1) の証明と同様に考えればよい。

6.4 (多目的) フィードバック制御器の LMI による設計

6.4.1 閉ループ系の実現から導かれる非線形行列不等式

w を外生入力,u を制御入力,y を測定出力,v を制御出力,x を状態変数とする一般化制御対象 $P(s)$ を考え,その状態方程式を

$$\begin{bmatrix} \dot{x} \\ v \\ y \end{bmatrix} = \begin{bmatrix} A & B_1 & B_2 \\ C_1 & D_{11} & D_{12} \\ C_2 & D_{21} & D_{22} \end{bmatrix} \begin{bmatrix} x \\ w \\ u \end{bmatrix} \tag{6.21}$$

とする。これに y を入力,u を出力,x_K を状態変数とする制御器 $K(s)$

$$\begin{bmatrix} \dot{x}_K \\ u \end{bmatrix} = \mathcal{K} \begin{bmatrix} x_K \\ y \end{bmatrix}, \quad \mathcal{K} = \begin{bmatrix} A_K & B_K \\ C_K & D_K \end{bmatrix} \tag{6.22}$$

を接続した閉ループ系(**図 6.9** 参照)を考える(なお,状態変数が測定できて定数の状態フィードバックゲイン K を用いる場合,すなわち $C_2 = I$,$D_{21} = 0$,$D_{22} = 0$ で $y = x$,$u = Kx$ とする場合の K の設計は,**演習問題【6】**を参照)。

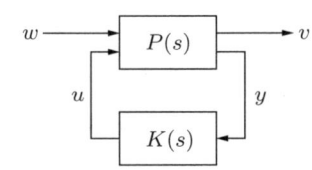

図 6.9 一般化制御対象 $P(s)$ と制御器 $K(s)$ のフィードバック結合による閉ループ系

簡単のため $D_{22} = 0$ とする。閉ループ系の状態変数は $x_\mathrm{cl} = \begin{bmatrix} x^T & x_K^T \end{bmatrix}^T$ なので,w を入力,v を出力とする閉ループ系の実現は,つぎのように表される。

$$\begin{bmatrix} \dot{x}_\mathrm{cl} \\ v \end{bmatrix} = \begin{bmatrix} A_\mathrm{cl} & B_\mathrm{cl} \\ C_\mathrm{cl} & D_\mathrm{cl} \end{bmatrix} \begin{bmatrix} x_\mathrm{cl} \\ w \end{bmatrix} \tag{6.23}$$

ただし

$$\begin{bmatrix} A_\mathrm{cl} & B_\mathrm{cl} \\ C_\mathrm{cl} & D_\mathrm{cl} \end{bmatrix} = \begin{bmatrix} \mathcal{A} & \mathcal{B}_1 \\ \mathcal{C}_1 & \mathcal{D}_{11} \end{bmatrix} + \begin{bmatrix} \mathcal{B}_2 \\ \mathcal{D}_{12} \end{bmatrix} \mathcal{K} \begin{bmatrix} \mathcal{C}_2 & \mathcal{D}_{21} \end{bmatrix}, \tag{6.24}$$

$$
\begin{bmatrix} \mathcal{A} & \mathcal{B}_1 & \mathcal{B}_2 \\ \mathcal{C}_1 & \mathcal{D}_{11} & \mathcal{D}_{12} \\ \mathcal{C}_2 & \mathcal{D}_{21} & 0 \end{bmatrix} = \left[\begin{array}{cc|cc} A & 0 & B_1 & 0 & B_2 \\ 0 & 0 & 0 & I & 0 \\ \hline C_1 & 0 & D_{11} & 0 & D_{12} \\ 0 & I & 0 & 0 & 0 \\ C_2 & 0 & D_{21} & 0 & 0 \end{array} \right]
$$

である．制御系において w は参照信号，外乱などの外生入力や，6.2 節で述べたような不確かなサブシステム Δ からの入力を表す信号である．一方，v は制御したい信号や Δ への出力を表す信号である．したがって，応答の収束の速さや（ロバスト）安定性などの制御系の性能は，式 (6.23) で表される閉ループ系の性質として表される．例えば，ひとまず制御系の安定化のみを考慮するなら

$$A_{\rm cl}^T X_{\rm cl} + X_{\rm cl} A_{\rm cl} = (\mathcal{A} + \mathcal{B}_2 \mathcal{K} \mathcal{C}_2)^T X_{\rm cl} + X_{\rm cl}(\mathcal{A} + \mathcal{B}_2 \mathcal{K} \mathcal{C}_2) \prec 0, \ X_{\rm cl} \succ 0$$

が成り立つような $X_{\rm cl}$ と制御器 $\mathcal{K}$ を求めれば原理的にはよいことになる．

ところが，この不等式は変数がリアプノフ不等式解 $X_{\rm cl}$ と制御器の実現 $\mathcal{K}$ であり，$X_{\rm cl}$ と $\mathcal{K}$ の要素同士の積が現れる非線形な行列不等式である．この安定化の例のように，制御器の実現 $\mathcal{K}$ をそのまま変数に用いて閉ループ系を表し，システムの性質（＝制御仕様）を表す LMI に代入しても，「得られる制御器設計の行列不等式は $\mathcal{K}$ や他の変数の LMI ではなく，したがって容易に求解できる保証がない」という困難がある．

6.4.2 変数変換を用いた LMI への変形

上記のような困難を回避するために，変数の変換により設計用不等式を LMI に変形する方法と，この方法により扱える閉ループ系の性質を紹介する．本書では便宜的に，この性質を総称してクラス $\mathcal{L}$ の性質[43],[44] と呼んでおく．

【定義 6.4】　（クラス $\mathcal{L}$ の性質）
$$\begin{bmatrix} \dot{x} \\ y \end{bmatrix} = \begin{bmatrix} A & B \\ C & D \end{bmatrix} \begin{bmatrix} x \\ u \end{bmatrix}$$

で表される状態方程式を有する線形時不変システムに対し，以下の i), ii) を満たすエルミート行列 Φ を考える。

i) 変数 $X = X^* \succ 0$ と XA, XB, C, D とそれらの共役転置[†]（さらに補助変数 Z が複数加わることもある）に対しアファインである。

ii) i) を満たす行列を $\Phi(X, XA, XB, C, D, Z)$ と表したとき，任意の正則行列 T で変換された $\tilde{X}, \tilde{A}, \tilde{B}, \tilde{C}, \tilde{D}$

$$\tilde{X} = T^*XT, \ \tilde{A} = T^{-1}AT, \ \tilde{B} = T^{-1}B, \ \tilde{C} = CT, \ \tilde{D} = D$$

に対し，ある正則行列 $\tilde{T}$（と補助変数 $\tilde{Z}$）が存在し

$$\tilde{T}\Phi(X, XA, XB, C, D, Z)\tilde{T}^* = \Phi(\tilde{X}, \tilde{X}\tilde{A}, \tilde{X}\tilde{B}, \tilde{C}, \tilde{D}, \tilde{Z})$$

となる。

このとき，i), ii) を満たすある Φ に対し，行列不等式

$$\Phi(X, XA, XB, C, D) \succ 0 \ \ \text{または} \ \ \Phi(X, XA, XB, C, D, Z) \succ 0 \tag{6.25}$$

の成立が必要十分条件となるようなシステムの性質を，**クラス $\mathcal{L}$** と呼ぶ。

注：ii) より，クラス $\mathcal{L}$ の性質は状態空間の基底変換で不変であり，システムの実現に依存しない。この性質は**定理 6.2** の証明で重要となる。

例 6.6　4 章で調べたシステムの性質で重要なものは，クラス $\mathcal{L}$ に属する。

- システムの極（A の固有値）がある領域内に存在する性質のうち**例 4.1**

[†] 4 章の冒頭で述べた命題より，AX, B, CX, D とそれらの共役転置でもよい。

で挙げたものは，対応する LMI がある行列 $X = X^T \succ 0$ と XA および その転置 $A^T X$ にアファインな行列不等式で表されているので，クラス $\mathcal{L}$ である．しかし，**定理 4.1** で与えられるより一般的な領域については，$(A^T)^k X A^l$ などが現れるので任意の k, l に対してクラス $\mathcal{L}$ とは限らない．

- H_2 ノルムが γ 未満となる性質は，**定理 4.5** のように $X = X^T \succ 0$, XA, XB, C および補助変数 S にアファインな行列不等式の連立条件なので，クラス $\mathcal{L}$ である．

- 消散性については，厳密な不等号を扱った 4.2.3 項の結果について述べる．まず強正実性と強有界実性は，**系 4.3** の 3) と**系 4.4** の 4) で直接示したように，クラス $\mathcal{L}$ の性質であることがわかる．より一般には，式 (4.8) で供給率を定める行列 M の (1,1) ブロックが半負定値 ($M_{11} \preceq 0$) であるような消散性は，シュール補元を用いた同様な変形により，クラス $\mathcal{L}$ の性質であることを示せる．

- このクラス $\mathcal{L}$ の性質で考えることの利点は，対応する LMI の解として共通なものを用いることで，システムの 複数の性質・仕様 をある程度扱えることにある．例えば 4 章の結果から，L_2 ゲイン (H_∞ ノルム) が γ 未満であり，すべての極の実部が a 未満であるという二つの性質を同時に満たすための必要十分条件は，状態方程式の係数行列 (A, B, C, D) が連立 LMI

$$\exists X \succ 0, \quad \begin{bmatrix} XA + A^T X & XB & C^T \\ B^T X & -\gamma I & D^T \\ C & D & -\gamma I \end{bmatrix} \prec 0 \qquad (6.26)$$

$$\exists Y \succ 0, \quad A^T Y + YA - 2aY \prec 0 \qquad (6.27)$$

を満たすことであった．しかし，これらを閉ループ系の仕様として実現する制御器 $\mathcal{K}$ の設計を考えると，先に述べた「$\mathcal{K}$ に関して LMI にな

6.4 (多目的) フィードバック制御器の LMI による設計

らない」という困難に加え,「一つの制御器 $\mathcal{K}$ で式 (6.26) と式 (6.27) を満たす」という連立条件が加わり,より一層複雑で困難なものとなる。ところが,式 (6.26), (6.27) で独立な解 X と Y をあきらめ,共通解 $X = Y$ を用いてクラス $\mathcal{L}$ の性質に限定する(連立不等式でも構わない)ことで,十分条件とはなるものの,以降で解説されるように複数の閉ループ系の性質・仕様達成する制御器が設計できる[†]。

前項の最後に述べた困難を回避するのが,つぎの変数変換である。

変数変換

まず,$P_f \succ P_g^{-1} \succ 0$ を満たすある正定値行列 P_f と P_g を用いて式 (6.22) の制御器の実現 (A_K, B_K, C_K, D_K) のつぎのような変数変換を考える。

変換 A $(A_K, B_K, C_K, D_K) \mapsto (W_f, W_g, W_h, L)$:

$$\begin{bmatrix} W_h & W_f \\ W_g & L \end{bmatrix} = \begin{bmatrix} I & 0 \\ P_g B_2 & -P_g \end{bmatrix} \begin{bmatrix} D_K & C_K \\ B_K & A_K \end{bmatrix} \begin{bmatrix} I & C_2 P_f \\ 0 & S \end{bmatrix} + \begin{bmatrix} 0 & 0 \\ 0 & P_g A P_f \end{bmatrix}$$

ただし,$S := P_f - P_g^{-1} \succ 0$

変換 B (変換 A の逆変換) $(W_f, W_g, W_h, L) \mapsto (A_K, B_K, C_K, D_K)$:

$$\begin{bmatrix} D_K & C_K \\ B_K & A_K \end{bmatrix} = \begin{bmatrix} I & 0 \\ B_2 & -P_g^{-1} \end{bmatrix} \begin{bmatrix} W_h & W_f \\ W_g & L - P_g A P_f \end{bmatrix} \begin{bmatrix} I & -C_2 P_f S^{-1} \\ 0 & S^{-1} \end{bmatrix} \quad (6.28)$$

つぎに,記号の簡略化のため,$(P_f, P_g, W_f, W_g, W_h, L)$ に関してアファインな行列の組 $(M_X, M_A, M_B, M_C, M_D)$ を用意しておく。

$$M_X := \begin{bmatrix} P_f & I \\ I & P_g \end{bmatrix} \succ 0$$

[†] 本書でつぎに解説する方法は,LMI の解 X_{cl} に依存する変数変換なので,共通解を用いる点は本質的である。これを部分的に解決し,十分性を緩和する結果も得られている[45]。

$$\begin{bmatrix} M_A & M_B \\ M_C & M_D \end{bmatrix} := \left[\begin{array}{cc|c} AP_f + B_2 W_f & A + B_2 W_h C_2 & B_1 + B_2 W_h D_{21} \\ L & P_g A + W_g C_2 & P_g B_1 + W_g D_{21} \\ \hline C_1 P_f + D_{12} W_f & C_1 + D_{12} W_h C_2 & D_{11} + D_{12} W_h D_{21} \end{array}\right]$$

以上の準備のもとで，閉ループ系がクラス $\mathcal{L}$ の性質を持つために制御器が満たすべき必要十分条件が，つぎのように LMI で表される[43),44),46)]。

【定理 6.2】 閉ループ系 (6.23) に対してクラス $\mathcal{L}$ に属するある性質を (P) と表す。まず，(P) に対応する行列不等式を

$$\Phi(X_{\mathrm{cl}}, X_{\mathrm{cl}} A_{\mathrm{cl}}, X_{\mathrm{cl}} B_{\mathrm{cl}}, C_{\mathrm{cl}}, D_{\mathrm{cl}}) \succ 0, \quad X_{\mathrm{cl}} \succ 0 \tag{6.29}$$

とする。一方，式 (6.24) を用い $A_{\mathrm{cl}}, B_{\mathrm{cl}}, C_{\mathrm{cl}}, D_{\mathrm{cl}}$ を $\mathcal{K}$ で表して Φ へ代入し，真の変数 $(X_{\mathrm{cl}}, \mathcal{K})$ に関して記された行列不等式を

$$\Phi_N(X_{\mathrm{cl}}, \mathcal{K}) = \Phi(X_{\mathrm{cl}}, X_{\mathrm{cl}} A_{\mathrm{cl}}, X_{\mathrm{cl}} B_{\mathrm{cl}}, C_{\mathrm{cl}}, D_{\mathrm{cl}}) \succ 0$$

とする。このときつぎの条件は同値である。

1) 閉ループ系 (6.23) が性質 (P) を満たすような制御器 $\mathcal{K}$ が存在する，すなわち，$\Phi_N(X_{\mathrm{cl}}, \mathcal{K}) \succ 0$ を満たす解 $(X_{\mathrm{cl}}, \mathcal{K})$, $X_{\mathrm{cl}} \succ 0$ が存在する。

2) 行列変数 $(P_f, P_g, W_f, W_g, W_h, L)$ に関する LMI

$$\Phi(M_X, M_A, M_B, M_C, M_D) \succ 0, \quad M_X \succ 0 \tag{6.30}$$

の解が存在する。

この定理の証明には，適当な基底変換により X_{cl} をつぎのように限定できることが鍵となる。

6.4 （多目的）フィードバック制御器の LMI による設計

【補題 6.1】 定理の条件 1) が成立するとき，解 $(X_{\mathrm{cl}}, \mathcal{K})$ のうちで特に

$$X_{\mathrm{cl}}^{-1} = \begin{bmatrix} P_f & S \\ S & S \end{bmatrix} \succ 0$$

となるものが存在する。

証明 $(X_{\mathrm{cl}}, \mathcal{K})$ を $\Phi_N(X_{\mathrm{cl}}, \mathcal{K}) \succ 0$ のある解として

$$X_{\mathrm{cl}}^{-1} = \begin{bmatrix} X_1 & X_2 \\ X_2^T & X_3 \end{bmatrix} \succ 0, \quad \mathcal{K} = \begin{bmatrix} A_K & B_K \\ C_K & D_K \end{bmatrix}$$

とする。ここで，一般性を失わず $\det X_2 \neq 0$ と考えてよい。よって，$T_K = X_2 X_3^{-1}$ も正則になり，閉ループ系の状態変数のうち制御器の部分のみを

$$\bar{x}_{\mathrm{cl}} = \begin{bmatrix} x \\ T_K x_K \end{bmatrix} = T x_{\mathrm{cl}}, \quad T = \begin{bmatrix} I & 0 \\ 0 & T_K \end{bmatrix}$$

のように基底変換すると，X_{cl}^{-1}, $(A_{\mathrm{cl}}, B_{\mathrm{cl}}, C_{\mathrm{cl}}, D_{\mathrm{cl}})$, $\mathcal{K}$ はそれぞれ

$$\bar{X}_{\mathrm{cl}}^{-1} = T X_{\mathrm{cl}}^{-1} T^T = \begin{bmatrix} P_f & S \\ S & S \end{bmatrix} \succ 0$$

$$(P_f = X_1 \succ 0, \ S = X_2 X_3^{-1} X_2^T \succ 0)$$

$$\begin{bmatrix} \bar{A}_{\mathrm{cl}} & \bar{B}_{\mathrm{cl}} \\ \bar{C}_{\mathrm{cl}} & \bar{D}_{\mathrm{cl}} \end{bmatrix} = \begin{bmatrix} T & 0 \\ 0 & I \end{bmatrix} \begin{bmatrix} A_{\mathrm{cl}} & B_{\mathrm{cl}} \\ C_{\mathrm{cl}} & D_{\mathrm{cl}} \end{bmatrix} \begin{bmatrix} T^{-1} & 0 \\ 0 & I \end{bmatrix}$$

$$\bar{\mathcal{K}} = \begin{bmatrix} \bar{A}_K & \bar{B}_K \\ \bar{C}_K & \bar{D}_K \end{bmatrix} = \begin{bmatrix} T_K & 0 \\ 0 & I \end{bmatrix} \mathcal{K} \begin{bmatrix} T_K^{-1} & 0 \\ 0 & I \end{bmatrix}$$

と変換される。この $(\bar{X}_{\mathrm{cl}}, \bar{\mathcal{K}})$ を新しく $(X_{\mathrm{cl}}, \mathcal{K})$ とすればよい。 △

この補題を用いて，**定理 6.2** はつぎのように示される。

証明 1) $\Rightarrow$ 2)：補題より

$$X_{\mathrm{cl}}^{-1} = \begin{bmatrix} P_f & S \\ S & S \end{bmatrix} \succ 0$$

としてよい。$X_{\mathrm{cl}}^{-1} \succ 0 \Leftrightarrow P_f \succ S \succ 0$ なので

$$P_g = (P_f - S)^{-1} \succ 0$$

が定義でき

$$X_{\mathrm{cl}} = \begin{bmatrix} P_g & -P_g \\ -P_g & S^{-1}P_f P_g \end{bmatrix} \succ 0$$

と書ける。

$$U_g = \begin{bmatrix} I & 0 \\ P_g & -P_g \end{bmatrix}, \quad U_f = \begin{bmatrix} P_f & I \\ S & 0 \end{bmatrix}$$

と定義すると，これらは正則である。$U_f^T X_{\mathrm{cl}} = U_g$ の関係に注意すると

$$U_f^T X_{\mathrm{cl}} U_f = U_g U_f = M_X \succ 0 \tag{6.31}$$

$$\begin{bmatrix} U_f & 0 \\ 0 & I \end{bmatrix}^T \begin{bmatrix} X_{\mathrm{cl}} A_{\mathrm{cl}} & X_{\mathrm{cl}} B_{\mathrm{cl}} \\ C_{\mathrm{cl}} & D_{\mathrm{cl}} \end{bmatrix} \begin{bmatrix} U_f & 0 \\ 0 & I \end{bmatrix}$$
$$= \begin{bmatrix} U_g & 0 \\ 0 & I \end{bmatrix} \begin{bmatrix} A_{\mathrm{cl}} & B_{\mathrm{cl}} \\ C_{\mathrm{cl}} & D_{\mathrm{cl}} \end{bmatrix} \begin{bmatrix} U_f & 0 \\ 0 & I \end{bmatrix} = \begin{bmatrix} M_A & M_B \\ M_C & M_D \end{bmatrix} \tag{6.32}$$

が式 (6.24) と変換 A から得られる。2) ⇒ 1) は，上の計算を逆にたどればよい。 △

注 1： 式 (6.31), (6.32) は，$(X_{\mathrm{cl}}, X_{\mathrm{cl}} A_{\mathrm{cl}}, X_{\mathrm{cl}} B_{\mathrm{cl}}, C_{\mathrm{cl}}, D_{\mathrm{cl}})$ が基底変換 $\tilde{x}_{\mathrm{cl}} = U_f^{-1} x_{\mathrm{cl}}$ により $(M_X, M_A, M_B, M_C, M_D)$ に対応することを意味する。すなわち，閉ループ系 (6.23) に関するクラス $\mathcal{L}$ の性質を表す行列不等式 (6.29) の引数を

$$X_{\mathrm{cl}} \to M_X, \quad \begin{bmatrix} X_{\mathrm{cl}} A_{\mathrm{cl}} & X_{\mathrm{cl}} B_{\mathrm{cl}} \\ C_{\mathrm{cl}} & D_{\mathrm{cl}} \end{bmatrix} \to \begin{bmatrix} M_A & M_B \\ M_C & M_D \end{bmatrix}$$

と置き換えるだけで，$(P_f, P_g, W_f, W_g, W_h, L)$ に関する LMI (6.30) が得られる。この LMI が成り立つとき，コントローラ $\mathcal{K}$ の一つは $(P_f, P_g, W_f, W_g, W_h, L)$ を用いて式 (6.28) のように表されることになる。

注 2：$Y_{\mathrm{cl}} = X_{\mathrm{cl}}^{-1}$ とおくと，式 (6.31), (6.32) に双対な関係

$$U_g Y_{\mathrm{cl}} U_g^T = U_g U_f = M_X \succ 0$$

$$\begin{bmatrix} U_g & 0 \\ 0 & I \end{bmatrix} \begin{bmatrix} A_{\mathrm{cl}} Y_{\mathrm{cl}} & B_{\mathrm{cl}} \\ C_{\mathrm{cl}} Y_{\mathrm{cl}} & D_{\mathrm{cl}} \end{bmatrix} \begin{bmatrix} U_g & 0 \\ 0 & I \end{bmatrix}^T = \begin{bmatrix} M_A & M_B \\ M_C & M_D \end{bmatrix}$$

が成立することがわかる。したがって，クラス $\mathcal{L}$ の性質を式 (6.25) と双対な

LMI

$$\Phi(P, AP, B, CP, D) \succ 0$$

と定義してもよい。

注3：同様に，$X = P_g$, $Y = P_f$ として，$I - XY = NM^T$ を満たす M, N による分解を用いて制御器を構成する方法が提案されている[23),46)]。本節の方法では，自明な分解 $M^T = S = P_f - P_g^{-1}$, $N = -P_g$ を用いていることになる。

6.5 多目的制御器設計の数値例

前節に示した制御器設計の一例として，ゲイン・位相の同時変動に対するIQCによるロバスト安定化に加えて，閉ループ極の領域指定も考慮した複数の仕様を満たす制御系設計を紹介する。一般化としての多重ループでのゲイン・位相同時変動の扱いに関しては，文献47) を参照されたい。古典的なゲイン余裕や位相余裕では，同時変動や多重ループの場合は容易には扱えないことに注意しよう。

ここでは，前節までの考え方に基づき，開ループ中のゲイン・位相変動に対して**定理6.1** の条件 ii) を満たす定数行列のセパレータ Π の設定，複数のセパレータに起因する非凸計画問題への対応，および数値実験結果について述べる。

6.5.1 制御対象と問題の設定

つぎのような状態方程式で表される1入出力伝達関数 $P_n(s)$

$$P_n(s) \begin{cases} \dot{x} = \begin{bmatrix} -3 & -2 \\ 1 & 0 \end{bmatrix} x + \begin{bmatrix} 1 \\ 0 \end{bmatrix} u \\ y = \begin{bmatrix} 0 & 1 \end{bmatrix} x \end{cases} \tag{6.33}$$

の入力端に，以下のゲイン・位相同時変動 $\tilde{\Delta}$

$$\tilde{\Delta} = ke^{-j\phi}, \quad k_{\min} \leqq k \leqq k_{\max}, \quad \phi_{\min} \leqq \phi \leqq \phi_{\max} \tag{6.34}$$

を持つ不確かな制御対象をロバスト安定化し，$k=1$, $\phi=0$ の（すなわちノミナルな）場合の閉ループ極の実部がすべて σ 以下となるようなフィードバック制御器 $K(s)$ の設計を考える．

この閉ループ系を図 **6.10** のように等価変換し，$G(s) = -K(s)P_n(s)(1+K(s)P_n(s))^{-1}$, $\Delta = \tilde{\Delta} - 1$ として†，閉ループ系 (G, Δ) に対して IQC によるロバスト安定条件を適用する．

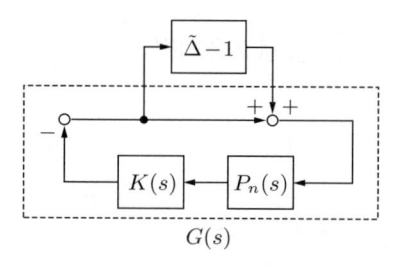

図 **6.10** ゲイン・位相同時変動のための閉ループ系の等価変換

この $G(s)$ を図 **6.9** の一般化制御対象 $P(s)$ の閉ループ系（$w \to v$）と見なすためには，式 (6.21) の実現を持つ $P(s)$ として，つぎのようなものを考えればよい．

$$\begin{bmatrix} v \\ y \end{bmatrix} = P(s) \begin{bmatrix} w \\ u \end{bmatrix}, \quad P(s) = \begin{bmatrix} 0 & -1 \\ P_n(s) & -P_n(s) \end{bmatrix}$$

得られる閉ループ系 $G(s)$ の実現 (6.23) を $A_{\text{cl}}, B_{\text{cl}}, C_{\text{cl}}, D_{\text{cl}}$ と表す．$P_n(s)$ は厳密にプロパなので，$G(s)$ も厳密にプロパであり，$G(\infty) = 0$（すなわち $D_{\text{cl}} = 0$）となり，**定理 6.1** の i) の条件は成立する（定理の注 1 参照）．

つぎに，記述を簡単にするために

$$k_{\min} \leqq 1 \leqq k_{\max}, \quad \phi_{\min} \leqq 0 \leqq \phi_{\max} \tag{6.35}$$

としておく．式 (6.35) が成立しない場合でも，適当な（複素）定数ゲインを $P_n(s)$

---

† $G(s)$ は**相補感度関数**と呼ばれる．

にかけておくことで，つねに成立させることができる．これにより，$\Delta = ke^{-j\phi}-1$ の変動領域はあらかじめ原点を含むようになる．この仮定のもとで，任意の $\tau\Delta$ ($0 \leqq \tau \leqq 1$) について成立する定数行列のセパレータ Π_i ($i = 1, \cdots, q$) を構成する．

6.5.2 セパレータ Π の構成

$\tau\Delta$ はスカラ入出力なので，例えば $k_{\min} = 1$，$\phi_{\min} = 0$ の場合，$\tau\Delta$ の変動領域は図 **6.11** の複素平面上で網掛けの領域になる．この領域に属する任意の $\tau\Delta$ に対して定理 **6.1** の ii) の IQC 条件を満たす 2×2 の定数セパレータ Π として，上三角行列 $W = \begin{bmatrix} w_1 & w_2 \\ 0 & w_3 \end{bmatrix}$ で

$$\Pi = \begin{bmatrix} \pi_1 & \pi_2 \\ \overline{\pi}_2 & \pi_3 \end{bmatrix} = W^* \begin{bmatrix} 1 & 0 \\ 0 & -1 \end{bmatrix} W \tag{6.36}$$

と分解できるものに限定する（理由は後述する）．その必要十分な条件は，シュール補元を用いれば，$\pi_1 > 0$ かつ $\det \Pi < 0$ であることがわかる．

定数 $\tau\Delta$ は線形時不変なので，定理 **6.1** の ii) は

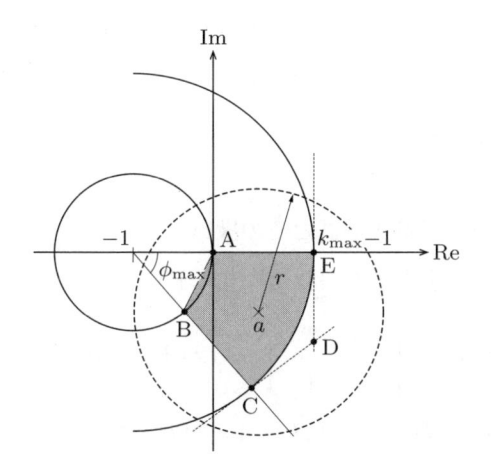

図 **6.11** $\tau\delta$ の変動領域（網掛け部分）と IQC により安定性が保証された領域（破線の円内）

$$\begin{bmatrix} 1 \\ \tau\Delta \end{bmatrix}^* \begin{bmatrix} \pi_1 & \pi_2 \\ \overline{\pi}_2 & \pi_3 \end{bmatrix} \begin{bmatrix} 1 \\ \tau\Delta \end{bmatrix} \geqq 0, \quad 0 \leqq \tau \leqq 1 \tag{6.37}$$

と同値である．式 (6.37) において，$\pi_3 > 0$，$\pi_3 = 0$，$\pi_3 < 0$ のそれぞれに対して，$\tau\Delta$ の変動領域は円の（境界も含めて）外部，半平面，内部を表す．しかし，$G(\infty) = 0$ なので，**定理6.1** の iii) を考慮し，簡単のためすべての Π_i について $\pi_3 < 0$，すなわち式 (6.37) の Π_i が定義する変動領域は円周とその内部を表しているとする†．このとき，$\pi_3 = -1$ と規格化しておくと，中心 a，半径 r の円周とその内部は，式 (6.37) で

$$\pi_1 = r^2 - |a|^2, \quad \pi_2 = \overline{a} \tag{6.38}$$

とすることに対応する．したがって，この円の内部に原点 A を含むことと Π が式 (6.36) の形に分解できることは同値となる．

以上の考察のもと，所望の Π_i $(i = 1, \cdots, q)$ を得るために，$\tau\Delta$ の変動領域を含む円を，例えば図 **6.11** の点 A～E（それぞれの値を z_1～z_5 とする）を含むように構成する．そのためには，$\mathrm{Re}[a], \mathrm{Im}[a], r^2$ に関する連立 LMI

$$\begin{bmatrix} r^2 & \mathrm{Re}[z_i] - \mathrm{Re}[a] & \mathrm{Im}[z_i] - \mathrm{Im}[a] \\ \mathrm{Re}[z_i] - \mathrm{Re}[a] & 1 & 0 \\ \mathrm{Im}[z_i] - \mathrm{Im}[a] & 0 & 1 \end{bmatrix} \succeq 0, \quad i = 1, \cdots, 5$$

の共通な実行可能解 (a, r) を q 組求めればよい．

6.5.3 設計条件として得られる非凸行列不等式とその扱い

式 (6.36) の形に限定してこのように選んだ Π_i は，式 (6.12) で

$$N_i = \begin{bmatrix} 1 & 0 \\ 0 & -1 \end{bmatrix}, \quad \Lambda_i(s) = W_i = \begin{bmatrix} w_{i1} & w_{i2} \\ 0 & w_{i3} \end{bmatrix}, \quad i = 1, \cdots, q$$

とすることに対応する．また，$G(s) = D_{\mathrm{cl}} + C_{\mathrm{cl}}(sI - A_{\mathrm{cl}})^{-1}B_{\mathrm{cl}}$ より

---

† あとで Π_i の非負結合を用いるので，実際はその (2,2) 要素が負になるだけでよい．

$$W_i \begin{bmatrix} G(s) \\ 1 \end{bmatrix} = W_i \begin{bmatrix} C_{\mathrm{cl}} & D_{\mathrm{cl}} \\ 0 & 1 \end{bmatrix} \begin{bmatrix} (sI - A_{\mathrm{cl}})^{-1} B_{\mathrm{cl}} \\ 1 \end{bmatrix}$$

なので,この例では,$D_{\mathrm{cl}} = 0$ と併せて,式 (6.13) の A, B, C_i, D_i は具体的に

$$A = A_{\mathrm{cl}}, \quad B = B_{\mathrm{cl}}, \quad C_i = W_i \begin{bmatrix} C_{\mathrm{cl}} \\ 0 \end{bmatrix}, \quad D_i = W_i \begin{bmatrix} 0 \\ 1 \end{bmatrix}$$

となる.よって,**系 6.1** とそこに示した M_i を用いると,行列不等式

$$\begin{bmatrix} A_{\mathrm{cl}}^T X_{\mathrm{cl}} + X_{\mathrm{cl}} A_{\mathrm{cl}} & X_{\mathrm{cl}} B_{\mathrm{cl}} \\ B_{\mathrm{cl}}^T X_{\mathrm{cl}} & 0 \end{bmatrix} + \sum_{i=1}^{q} x_i M_i \prec 0, \; x_i \geqq 0, \; i = 1, \cdots, q \quad (6.39)$$

が,変数である式 (6.22) の制御器 $\mathcal{K}$† と $X_{\mathrm{cl}} = X_{\mathrm{cl}}^*$ と x_i について可解なら,ゲイン・位相変動に対して $\mathcal{K}$ でロバスト安定化可能である.

また,閉ループ極の実部がすべて σ 以下となるには,クラス $\mathcal{L}$ の行列不等式

$$A_{\mathrm{cl}}^T X_{\mathrm{cl}} + X_{\mathrm{cl}} A_{\mathrm{cl}} + 2\sigma X_{\mathrm{cl}} \prec 0, \quad X_{\mathrm{cl}} \succ 0 \quad (6.40)$$

を満たす制御器 $\mathcal{K}$ と $X_{\mathrm{cl}} = X_{\mathrm{cl}}^*$ が存在することが必要十分である.

式 (6.39) の行列不等式で左辺第 1 項はクラス $\mathcal{L}$ に属するが,第 2 項はそうではない.しかし,Π を式 (6.36) の形に限定したので

$$\begin{bmatrix} C_i & D_i \end{bmatrix} = \begin{bmatrix} Y_i \\ U_i \end{bmatrix}, \quad Y_i = \begin{bmatrix} w_{i1} C_{\mathrm{cl}} & w_{i2} \end{bmatrix}, \; U_i = \begin{bmatrix} 0 & w_{i3} \end{bmatrix}$$

となることに注意すると

$$M_i = \begin{bmatrix} C_i & D_i \end{bmatrix}^* N_i \begin{bmatrix} C_i & D_i \end{bmatrix} = \begin{bmatrix} Y_i \\ U_i \end{bmatrix}^* \begin{bmatrix} 1 & 0 \\ 0 & -1 \end{bmatrix} \begin{bmatrix} Y_i \\ U_i \end{bmatrix}$$

と表せる.これを式 (6.39) に代入し,シュール補元を用いて変形すると

$$\Phi_{\mathrm{IQC}}(X_{\mathrm{cl}}, X_{\mathrm{cl}} A_{\mathrm{cl}}, X_{\mathrm{cl}} B_{\mathrm{cl}}, C_{\mathrm{cl}}, x) = \begin{bmatrix} \Phi_{11} & \Phi_{21}^* \\ \Phi_{21} & -\Phi_{22} \end{bmatrix} \prec 0, \quad (6.41)$$

$$X_{\mathrm{cl}} = X_{\mathrm{cl}}^*, \quad x_i > 0, \quad i = 1, \cdots, q \quad (6.42)$$

ただし

---

† 設計問題なので,前節のように $A_{\mathrm{cl}}, B_{\mathrm{cl}}, C_{\mathrm{cl}}$ は $\mathcal{K}$ に依存していることに注意しよう.

$$\Phi_{11} = \begin{bmatrix} X_{\rm cl}A_{\rm cl} + A_{\rm cl}^T X_{\rm cl} & X_{\rm cl}B_{\rm cl} \\ B_{\rm cl}^T X_{\rm cl} & 0 \end{bmatrix} - \sum_{i=1}^{q} x_i U_i^* U_i,$$

$$\Phi_{21} = \begin{bmatrix} Y_1 \\ \vdots \\ Y_q \end{bmatrix}, \quad \Phi_{22} = \begin{bmatrix} 1/x_1 & \cdots & 0 \\ \vdots & \ddots & \vdots \\ 0 & \cdots & 1/x_q \end{bmatrix}, \quad x = \begin{bmatrix} x_1 & \cdots & x_q \end{bmatrix}^T$$

が得られ[†]，Y_i に含まれる $C_{\rm cl}$ に関しても線形となる．したがって，式 (6.41) は (2,2) ブロックの Φ_{22} に現れる非線形な $1/x_i$ 以外は，クラス $\mathcal{L}$ に属する．

そこで，式 (6.41) を近似的にクラス $\mathcal{L}$ の LMI で解くことにし，Φ_{22} の $1/x_i$ を独立な変数 y_i で $y_i = 1/x_i$ と置き直して y も変数に加えたクラス $\mathcal{L}$ の LMI

$$\tilde{\Phi}_{\rm IQC}(X_{\rm cl}, X_{\rm cl}A_{\rm cl}, X_{\rm cl}B_{\rm cl}, C_{\rm cl}, x, y) = \begin{bmatrix} \Phi_{11} & \Phi_{21}^* \\ \Phi_{21} & -\tilde{\Phi}_{22} \end{bmatrix} \prec 0 \quad (6.43)$$

ただし，$\tilde{\Phi}_{22} = {\rm diag}\{y_1, \cdots, y_q\}, \quad y = \begin{bmatrix} y_1 & \cdots & y_q \end{bmatrix}^T$

を考えよう．すると，$U_i^* U_i \succeq 0$ なので，まず，式 (6.43) が集合

$$\mathcal{D}_i = \{(x_i, y_i) | x_i > 0, \ y_i > 0, \ 1 \geqq x_i y_i\}, \quad i = 1, \cdots, q$$

で可解なら式 (6.41) も可解であることが，半正定値性の定義から示される．この集合 $\mathcal{D}_1 = \cdots = \mathcal{D}_q$ は非凸であるが，LMI で扱えるような凸集合，例えば $\alpha > 0$ で定まり $x_i y_i = 1$ の双曲線に接する第 1 象限の三角形内部（図 **6.12** 参照）

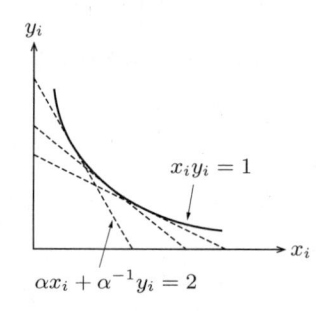

図 **6.12** 第 1 象限の非凸集合 $\mathcal{D}_i$ の三角形 $\mathcal{T}_\alpha$ の和集合による近似

[†] ここで，$x_i \geqq 0$ の条件を $x_i > 0$ に強めた．

$$\mathcal{T}_\alpha = \{(x_i, y_i) | x_i > 0, \ y_i > 0, \ 2 \geqq \alpha x_i + \alpha^{-1} y_i\}$$

を r 個選んで作った和集合 $\bigcup_{k=1}^{r} \mathcal{T}_{\alpha_k}$ は，$\mathcal{D}_i$ に含まれ，r を多くとれば $\mathcal{D}_i$ をいくらでも精度良く内部から近似できる（ただし $\alpha_1, \cdots, \alpha_r$ は相異なるとする）．

したがって，このような近似を q 個の各 $\mathcal{D}_i$ について行い，i に依存したあるパラメータ $\alpha_k(i)$ $(i=1, \cdots, q)$ が存在して，クラス $\mathcal{L}$ の LMI (6.43) が

$$(x_i, y_i) \in \mathcal{T}_{\alpha_k(i)} \subset \mathcal{D}_i, \quad i = 1, \cdots, q \tag{6.44}$$

で可解なら，式 (6.41) と式 (6.42) も可解であり，IQC により安定化できることになる．ただし，このような $\alpha_k(i)$ を見つけるためには，(i,k) の組合せに応じた制約領域で，IQC に関わる式 (6.43) と閉ループ極に関わる式 (6.40) の連立 LMI を最悪の場合 q^r 回解く必要があり，q や r を多くとることは現実的ではない．この点に注意を払えば，ロバスト制御の他の問題にもしばしば現れるこの形の行列不等式に帰着される非凸計画問題は，容易な方法と実用的な計算量で解を得ることができる[†]．

6.5.4 計算結果

制御対象 (6.33) の制御系の満たすべき仕様として，具体的につぎの設計仕様を考える．

1. 式 (6.34) のゲイン・位相同時変動

$$k_{\min} = 1, \ k_{\max} = 2, \quad \phi_{\min} = 0, \ \phi_{\max} = \pi/6 \tag{6.45}$$

に対してロバスト安定である．

2. ノミナル閉ループ系 $(k=1, \phi=0)$ の極の実部が σ より左に存在する $(\sigma = -10, -30, -40)$．

セパレータ Π_i は，図 **6.11** の A～E の 5 点を含み中心がそれぞれ四つの象限

[†] このアルゴリズムはカバリング法の一つであり，H_∞ 制御の定数スケーリングに関わる問題に対する手法として提案された[48]．ここでもこの問題に帰着させていることになる．

に属して半径が最小となる円に対応するものを四つ選んだ．また，X_{cl} は実対称に限定した．

それぞれの場合の導出されたコントローラは省略するが，設計した閉ループ系の複素平面上での実際の安定領域を図 **6.13**，図 **6.14**，図 **6.15** に示す．実線の円は最初に選んだ $\Pi_1, \cdots, \Pi_4$ に対応する円であり，破線の円はそれぞれの場合に設計計算により得られた $\Pi = \sum_{i=1}^{4} x_i \Pi_i$ に対応する円である．原点付近の台形に近い図形は $\tau\Delta$ の変動領域を示し，一番外側の実線の図形の内部は閉ループ系が実際に安定性を保証する領域を示している．

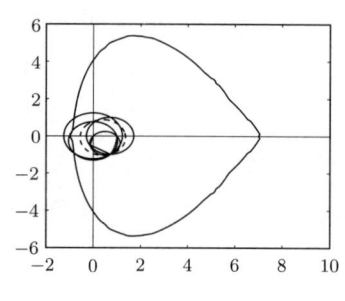

図 **6.13** 最適化で得られた Π（破線の円）と実際の安定領域（実線）（$\sigma = -10$）

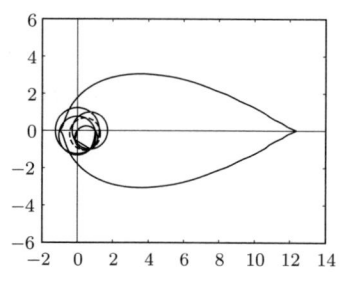

図 **6.14** 同上（$\sigma = -30$）

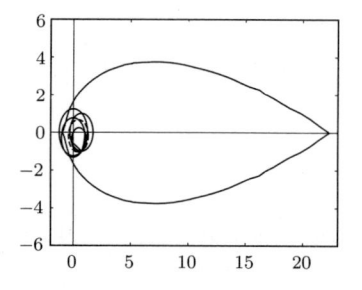

図 **6.15** 同上（$\sigma = -40$）

安定領域は極配置制約が厳しくなるほど長細い形に変形し，$\tau\Delta$ の変動領域に対する上下の余裕が小さくなるが，ロバスト安定性の仕様は保たれている。

この数値例では，各 $\mathcal{D}_i$ ($i = 1, 2, 3$) (x_4 は 1 に固定) は図 **6.12** のように三つの三角形で近似したので，LMI を最大 27 回解いている。三角形の選び方にもよるが，ここで用いたものでは，σ は -40 程度まで最小化された。

********** 演 習 問 題 **********

【1】 区間 $\mathcal{I} := [t_1, t_2]$ 上の連続関数 $x(t)$ 全体を $\mathcal{X}$ で表し，$\|x\|_{\mathcal{I}} := \max_{t \in \mathcal{I}} \|x(t)\|$ とする。$\mathcal{X}$ から $\mathcal{X}$ への写像 H が，ある $\rho < 1$ に対し

$$\forall x, \tilde{x} \in \mathcal{X}, \quad \|Hx - H\tilde{x}\|_{\mathcal{I}} \leqq \rho \|x - \tilde{x}\|_{\mathcal{I}}$$

ならば，$x^* = Hx^*$ を満たす $x^* \in \mathcal{X}$ が一意に存在する（縮小写像定理）[41]。この定理を用いて，図 **6.7** の閉ループ系 (G, Δ) は区分的連続†な L_{2e} 関数 $e(t)$, $f(t)$ に対して well-posed であることを示せ。ただし，$G(s)$ は厳密にプロパ（すなわち $G(\infty) = 0$）であり，任意の区間 $\mathcal{I}$ で Δ の入力 $v(t)$ が区分的連続なら出力 $(\Delta v)(t)$ も区分的連続で，ある正数 κ が存在しつぎの不等式が成立すると仮定する。

$$\|\Delta v_1 - \Delta v_2\|_{\mathcal{I}} \leqq \kappa \|v_1 - v_2\|_{\mathcal{I}}$$

【2】 IQC を定める Π が定数行列のとき，**定理 6.1** の条件 iii) は，それが成立すれば条件中の $G(j\omega)$ を $G(s)$ ($s \in \mathbf{C}_{+e}$) と置き換えても成り立つことを，つぎの最大値の原理を用いて示せ。
最大値の原理：複素関数 $f(z)$ が有界領域 $\mathcal{D}$ で正則で，その境界 bd$\mathcal{D}$ で連続なら，$|f(z)|$ は閉包 cl$\mathcal{D}$ での最大値を bd$\mathcal{D}$ 上でとる。

【3】 例 **6.4** の 2) において，$0 \in \mathcal{U}_P$ かつ $\Pi_{22} \prec 0$ のとき，式 (6.14) と式 (6.16) が同値となることを示せ。

【4】 例 **6.4** の 2) において，IQC から導かれるロバスト安定条件 (6.15), (6.16) が 2 次安定性を保証するリアプノフ不等式 (6.17) と同値であることを示せ。

---

† ここでは，任意の有界な時間区間上に，1) 不連続点は有限個でそこでは有限値をとり，2) 不連続点以外では一様連続（すなわち有界），である関数とする。

【5】 例 6.4 の 2) において，ポリトープ型変動に対する 2 次安定条件 (6.17) がポリトープの端点のみでの 2 次安定条件 (6.18) と同値であることを示せ．

【6】 式 (6.22) の動的制御器の代わりに定数状態フィードバック $u = Kx$ を用いるとする．このとき，**定理 6.2** に対応する結果として，閉ループ系においてクラス $\mathcal{L}$ の性質を表す行列不等式は，$K = WX_{\mathrm{cl}}^{-1}$, $X_{\mathrm{cl}} = X_{\mathrm{cl}}^T$ の変数変換で，X_{cl} と W の LMI に変形できることを示せ．

7

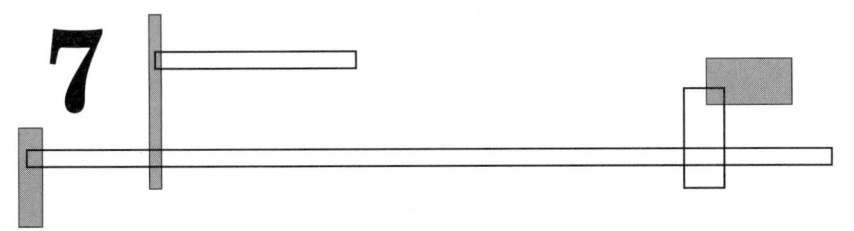

ゲインスケジュールド制御

ゲインスケジュールド制御（以下 GS 制御）は，制御対象の動作状況や動特性を表すパラメータの変動に合わせて制御器の動特性も変化させ，制御系の性能向上を目指す手法である．うまく制御器を変化させることができれば，固定制御器で制御するより性能がずっと良くなることが期待される．実際，比較的簡単な GS 制御でも，産業界ではその有効性が古くから経験則として知られ，報告されてきた．他方，一般的な設定での非線形システムに対する GS 制御系の性能解析や設計に関する理論的な研究は，80 年代後半まであまり活発ではなかったようである．このあたりの経緯や成果は文献49) に詳しい．

線形時不変システムに対するロバスト制御の発展と，CPU 性能の向上により複雑な制御則の実装が可能になってきたことを背景に，線形パラメータ変動 (linear parameter varying) システム（以下，LPV システム）と呼ばれるシステムの表現形式が提案された[50])．このモデルをもとにして，GS 制御系の性能解析，設計に関する研究が数多く進められ，現在では，いくつかの条件が整えば，膨大なシミュレーションをせずとも制御系の性能を理論的に保証することが可能となっている†．

この章では，理論的に取り扱いやすく，応用上も実用的なレベルに到達しつつある「LPV システムに基づくゲインスケジュールド制御」を中心に，その基礎的な仕組みや考え方を解説する．LMI を計算手段として用いると便利だが，

---

† 制御対象が LPV システムとして表せるかどうかは別問題である．

原理的には他の線形ロバスト制御の方法でも適用できる。

GS 制御については，文献49),50) のほか，各種の制御関連の学術誌に多くのサーベイや解説記事を見ることができる[51]〜[55]。

7.1 ゲインスケジュールド制御とは

7.1.1 基本的な考え方

動特性があるパラメータ θ に依存したシステム $P(\theta)$ を考えよう。例えば単振り子で糸の長さをパラメータとして，その微分方程式を想定すればよい。工業製品でも，温度に依存してダイナミクスが変化する油圧サーボ，回転角速度に依存するモータ，高度や速度によって空力特性が変化する航空機などさまざまな例がある。

θ の変動範囲が既知ならば，これを動特性の不確かさと見なして対処する方法がロバスト制御である。しかし，変動範囲が大きすぎると対応できない場合もある。以下では，この θ は時変だが実時間で測定可能であると仮定する。

GS 制御は，図 7.1 のように制御対象 $P(\theta)$ の観測出力 y だけでなく θ も積極的に利用し，θ によって動特性が変化する制御器 $K(\theta)$ を用いて制御を行う方法である。このとき，θ は**スケジューリング変数**と呼ばれる。もちろん，θ も観測出力の一部と考えれば，図 7.1 は一般には非線形制御対象に非線形制御器を接続したフィードバック系である。しかし，θ を使えば制御性能[†]が上がることがわかっていても，その非線形制御系の解析設計は多くの場合難しい。

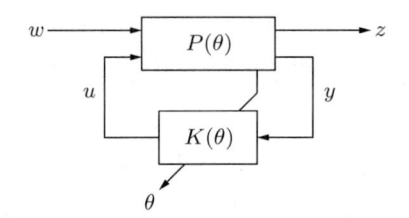

図 7.1 ゲインスケジュールド制御系

[†] 後に述べるが，おもに安定性と L_2 ゲインを考えることが多い。

多くの GS 制御では，つぎの条件を満たすスケジューリング変数 θ が存在することを仮定する。

i) θ が固定されたときの $P(\theta)$（**パラメータ凍結**（parameter frozen）**システム**と呼ばれる）は，（近似的に）線形時不変システムと見なせる。

ii) θ は実時間で測定可能であり，制御器が利用できる（再掲）。

この仮定により，さまざまな解析設計の理論やツールが整備されている線形システムのロバスト制御の結果を，パラメータ凍結システム $P(\theta)$ に対して各 θ ごとに援用できる。この θ ごとの制御則を集めたものが，GS 制御器 $K(\theta)$ である。

GS 制御は生物の適応・学習機能ほど柔軟でないが，失敗による学習が許されないような状況では理論的に性能を保証しながら制御系設計を進められることが利点である。

ここで述べたような GS 制御のおもな特徴は，以下のようになる。

- 制御対象を θ で定まる線形システムの集合と見なすことで，あるクラスの非線形時変システムの制御に適用できる。
- 固定制御器に比べて，制御対象のより広い動作領域や非線形性をカバーできる。
- 制御系設計において線形制御の知見を活かし，性能を理論的に保証できる。

すなわち，GS 制御は，後述するように基本的には係数パラメータが変化する線形システムをパラメータの変化情報も用いて制御する手法である。

7.1.2 注意点：スケジューリング変数変化速度の考慮

GS 制御系の設計は，システム $P(\theta)$ に対して性能を保証する制御器 $K(\theta)$ を各 θ で求めるだけではすまない。つぎの簡単な数値例をもとに考えてみる。

例 7.1 パラメータ $\theta = [\theta_1 \ \theta_2]^T$ に依存したつぎのようなシステムを考える。

7. ゲインスケジュールド制御

$$\dot{x} = A(\theta)x, \quad A(\theta) = \begin{bmatrix} -1 + \alpha\theta_1^2 & 1 - \alpha\theta_1\theta_2 \\ -1 - \alpha\theta_1\theta_2 & -1 + \alpha\theta_2^2 \end{bmatrix}, \quad \theta_1^2 + \theta_2^2 \leqq 1$$

このシステムは θ が固定されている場合は線形時不変 (linear time invariant; LTI) となり，$\det(sI - A(\theta)) = s^2 + (2 - \alpha(\theta_1^2 + \theta_2^2)) + 2 - \alpha(\theta_1^2 + \theta_2^2)$ より，$\alpha < 2$ なら安定であることがわかる．

しかし，$\theta_1(t) = \cos\omega t$，$\theta_2(t) = \sin\omega t$ の線形時変 (linear time varying; LTV) システムを考えると，この微分方程式の基本解行列 $\Phi(t, 0)$ が

$$\Phi(t, 0) = \begin{bmatrix} \cos\omega t & \sin\omega t \\ -\sin\omega t & \cos\omega t \end{bmatrix} \exp(Bt), \quad B = \begin{bmatrix} -1 + \alpha & 1 - \omega \\ -1 + \omega & -1 \end{bmatrix}$$

と表される[56)] ので，解は $x(t) = \Phi(t, 0)x(0)$ と書ける．よって，原点が安定であるための必要十分条件は，B の固有値の実部が負，すなわち

$$\alpha < 2 \quad \text{かつ} \quad 1 - \alpha + (1 - \omega)^2 > 0 \tag{7.1}$$

である．したがって，$\alpha < 2$（すなわち LTI システムとして安定）に加えて，式 (7.1) の 2 番目の条件が成立しなければ，LTV システムとして安定でない．

この例のシステムがもし GS 制御系の閉ループ系だと考えれば，つぎのことが結論できる．

> 固定された θ の各点で制御対象 $P(\theta)$ を安定化する制御器 $K(\theta)$ が得られても，一般の時変な信号 $\theta(t)$ に対して $P(\theta)$ と $K(\theta)$ からなる GS 制御系は必ずしも安定とは限らない．

また，この事実は，安定性以外の他の性能についても一般に成立する．

では，どのような条件を考慮すれば，固定した各点 θ に対して保証された時不変系の制御性能が，θ の変動する GS 制御系にも受け継がれるだろうか．

例 7.2 例 7.1 の LTV システムが任意の ω に対して安定であるためには，式 (7.1) より $\alpha < 1$ が必要であるが，θ の動きが十分遅く（$|\omega| \ll 1$），ほぼ LTI システムと見なせる場合を考えてみよう．

7.1 ゲインスケジュールド制御とは

この場合は，$1 \leqq \alpha < 2$ でも，$|\omega|$ の上限に応じて式 (7.1) の 2 番目の条件も成立し，LTV システムとしても安定となる α が存在することがわかる．このシステムの $A(\theta)$ は

$$A(\theta) = A_0 + \alpha \begin{bmatrix} \theta_1^2 & -\theta_1\theta_2 \\ -\theta_1\theta_2 & \theta_2^2 \end{bmatrix}, \quad A_0 = \begin{bmatrix} -1 & 1 \\ -1 & -1 \end{bmatrix}$$

とも書け，$\theta_1 = \theta_2 = 0$ に対応する A_0 は安定な行列である．安定性は，一般にその要素の微少な時変変動に対してはロバストである．$\theta_1(t) = \cos\omega t$，$\theta_2(t) = \sin\omega t$ の場合，任意の ω に対して安定性が保持されるのは A_0 を中心として $\alpha < 1$ の範囲までだが，ω に上限があれば，それに応じてより大きい α の範囲まで安定性が成立すると理解できる．

次節で具体的な形で説明するが，上の時変系の安定性の例は一般化されて，粗くいうとつぎのことが成り立つ．

> 固定された θ で制御対象 $P(\theta)$ と制御器 $K(\theta)$ が達成する制御性能は，θ が時変な GS 制御系でもパラメータの変化速度の大きさ $\|\dot{\theta}\|$ が小さいほど成立しやすい．

このように，GS 制御設計では，$\|\dot{\theta}\|$ の大きさを考慮して局所的な線形制御則を設計することが，θ の変動領域全体での性能を達成するために重要となる．

7.1.3 制御器補間法と LPV 法

θ の変動領域を Θ とし，Θ 上の離散点 $\theta = p_i$ $(i = 1, \cdots, N)$ で制御対象の線形システムモデルの集合 $P(p_i)$ が，なんらかの方法で得られたとする．その後以下の手順で GS 制御器を設計する方法を，ここでは**制御器補間法**と呼んでおく．

i) 離散的な点 $p_i \in \Theta$ 上の線形システム $P(p_i)$ に対して，線形制御理論により制御器 $K(p_i)$ を設計する．

ii) $K(p_i)$ を Θ 上で補間し，GS 制御則を構成する．

これは実用面で実績をあげてきた方法であり，文献57),58) などでも理論的に考

察されている．離散点での制御対象の線形モデル $P(p_i)$ の情報しか必要としないが，システマティックに設計を行うためには，どのような p_i を選ぶか，各 p_i でどの程度厳しい仕様で局所的な線形制御系設計を行うかを事前に決定するのが難しい．結果的にどれくらいの変化速度まで全体の GS 制御系が許容できるかは，制御器を定めた後に解析される[58]．また，制御器補間の方法も制御則の一部であり，慎重に考慮する必要がある．例えば，制御器伝達関数，状態フィードバックゲインやオブザーバゲインなど，さまざまなものを補間する可能性が考えられる．また，$K(p_i)$ を連続的に補間せずに切り替えによって変化させるスイッチング制御も，制御器補間の一種と見なすことができる．本書では，制御器補間の方法は割愛する．

これに対し，LPV モデルと呼ばれる，θ に連続的に依存した線形モデル $P(\theta)$ を用いて，制御器も θ に連続的に直接設計してしまう方法がある．これを **LPV 法**と呼んでおく．この方法は，線形ロバスト制御理論でのパラメータ不確かさの取り扱いの進歩に伴って開発されてきた方法である．本書では，LPV 法に焦点を絞って解説する．

LPV 法のおおまかな特徴を先に述べると，以下のようになる．

- 変動領域 Θ の離散的な点ではなく，Θ のすべての点に対して設計できる．
- θ の変化速度を見込んだ制御器設計によって，Θ 全体での GS 制御系性能が理論的に事前に保証できる．
- しかし，制御対象の（近似ではない）LPV モデル表現を導くことは，いつでも可能というわけではなく，個別の工夫が必要である．

7.1.4 LPV システム

係数行列が信号 $\theta(t)$ に依存したつぎのような線形時変システムを **LPV**（linear parameter varying）**システム**という．

$$\begin{cases} \dot{x} &= A(\theta)x + B(\theta)u \\ y &= C(\theta)x + D(\theta)u \end{cases} \tag{7.2}$$

7.1 ゲインスケジュールド制御とは

ここで，$\theta(t)$ はこのシステムの係数行列を定める変数であるが，状態変数 $x(t)$ や入力 $u(t)$ が $\theta(t)$ に含まれることもありうる．この場合，式 (7.2) は一般に非線形システムを表していることになる．以下，$A(\theta), B(\theta), C(\theta), D(\theta)$ は有界で θ に対して連続な行列関数とする．また，$\theta(t), \dot\theta(t)$ は適当な有界領域 $\Theta, \mathcal{V}$ に含まれていると仮定することが多い．特に，θ の各要素 θ_k に対して

$$\begin{bmatrix} A(\theta) & B(\theta) \\ C(\theta) & D(\theta) \end{bmatrix} = \begin{bmatrix} A_o & B_o \\ C_o & D_o \end{bmatrix} + \sum_{k=1}^{k_0} \theta_k \begin{bmatrix} A_k & B_k \\ C_k & D_k \end{bmatrix} \tag{7.3}$$

の形で表せるとき**アファイン型**（または**アファインパラメータ依存**）**LPV システム**と呼ばれる．モデリングを考える上で扱いやすい表現となる．

任意の LPV システムは，適当な変数の変換を行うことで形式的にアファイン型 LPV システムの形で書けるが，その場合，一般に新しい変数の各要素 θ_k は，たがいに独立ではない[†]．また，7.3.4 項や 7.3.5 項で述べるが，制御系設計に便利なポリトープ型，LFT 型と呼ばれる LPV モデルもある．アファイン型 LPV モデルは，θ の範囲が有界な多角形のときポリトープ型に，ノルムで押さえられているとき LFT 型に変換できる．

LPV システムに基づく GS 制御では，$\theta(t) \in \Theta$ の軌道は未知であるが，なんらかの手段で現在値 $\theta(t)$ が実時間で測定または推定可能という状況を考える．$\theta(t)$ の軌道があらかじめ将来まで決まっていて，これを利用できるならば，線形時変システム制御の問題となり，$\theta(t)$ が未知ならば，ロバスト制御の問題となる．

LPV システムとして表される制御対象に対して，同じく LPV システムの形の制御器（以下，LPV 制御器と呼ぶ）

$$\begin{cases} \dot{x}_K = A_K(\theta)x_K + B_K(\theta)y \\ u = C_K(\theta)x_K + D_K(\theta)y \end{cases} \tag{7.4}$$

を，線形制御理論を用いて，θ に関して連続的に設計するのが LPV 法である．

[†] 例えば，**例 7.1** の LPV システムで $\theta_1^2, \theta_1\theta_2, \theta_2^2$ の三つを新しいスケジューリング変数と見なすと，アファインパラメータ依存となるが，独立ではない．

このような LPV 法による GS 制御系設計がうまくいくためには，非線形制御対象の動特性の大事な情報を損なわずに LPV システムとしてモデリングできることが大切である．また，これに関連して，どのようなパラメータをスケジューリング変数 θ として選ぶかも重要である．LPV 制御器設計の観点から望ましい θ を選択するためには，つぎのような点が重要となる．

- 制御対象の非線形性を捉えている
- スケジューリング変数の数が少ない（設計計算の負荷の観点から）

これらの点に留意しながら LPV モデリングと LPV 制御器設計の適当な手法を選択することが重要である．

7.2 LPV システムへのモデル化

この節では，制御対象を LPV システムとしてモデリングする方法を三つ紹介する．7.2.1 項と 7.2.3 項は，制御対象の微分方程式が既知の場合に適用でき，7.2.2 項は離散的な動作点での線形化モデルのみを用いたものである．得られる LPV モデルは，7.2.1 項と 7.2.2 項の方法では一般に近似である．7.2.3 項の方法では，制御対象と厳密に等しくなるが，適用できる対象は限られる．LPV システムのモデリング手法はまだ十分とはいえず，さまざまな局面に応じた方法の開発が望まれる．

7.2.1 ヤコビ行列による線形化近似

つぎのような非線形システムを考える．

$$\dot{x}(t) = f(x(t), u(t)), \qquad y(t) = h(x(t), u(t)) \tag{7.5}$$

ここで，$u(t)$ はシステムの状態変数に影響を及ぼしうる外生入力信号，例えば制御入力，外乱，システムの動作状況を表す物理量などをまとめたものを表す．$y(t)$ は制御量，観測量などの出力であり，$x(t)$ は状態変数である．

このシステムの平衡点集合 $(x(\theta), u(\theta))$

$$0 = f(x(\theta), u(\theta)), \qquad y(\theta) = h(x(\theta), u(\theta)) \tag{7.6}$$

を考えよう．ここで，θ は平衡点 $(x(\theta), u(\theta))$ をパラメトライズする変数であり，システムの微分方程式の係数の一部や，ときには $x(t)$ や $u(t)$ の一部，例えば参照入力などが使われたりもする．平衡点 $(x(\theta), u(\theta))$ でのヤコビ行列

$$A(\theta) = \left.\frac{\partial f(x, u)}{\partial x}\right|_{(x,u)=(x(\theta),u(\theta))}, \quad B(\theta) = \left.\frac{\partial f(x, u)}{\partial u}\right|_{(x,u)=(x(\theta),u(\theta))},$$

$$C(\theta) = \left.\frac{\partial h(x, u)}{\partial x}\right|_{(x,u)=(x(\theta),u(\theta))}, \quad D(\theta) = \left.\frac{\partial h(x, u)}{\partial u}\right|_{(x,u)=(x(\theta),u(\theta))}$$

を計算し，$\tilde{x} = x - x(\theta)$, $\tilde{u} = u - u(\theta)$, $\tilde{y} = y - y(\theta)$ とおいて式 (7.5) の平衡点 $(x(\theta), u(\theta))$ 近傍での線形近似システム

$$\begin{cases} \dot{\tilde{x}} = A(\theta)\tilde{x} + B(\theta)\tilde{u} \\ \tilde{y} = C(\theta)\tilde{x} + D(\theta)\tilde{u} \end{cases} \tag{7.7}$$

が得られる．

例 7.3 つぎのような非線形 LC 回路あるいは摩擦のない非線形振動子などを表すような 2 階の微分方程式を考える．

$$\ddot{x} + g(x) = \alpha u \tag{7.8}$$

u は入力，α はこのシステムのパラメータである．平衡条件は $g(x) = \alpha u$ なので，平衡点は $[x\ \dot{x},\ u] = [g^{-1}(\alpha u)\ 0,\ u]$ となる．ただし，$g^{-1}(\cdot)$ は $g(\cdot)$ の逆関数を表す．この平衡点は，α が定数として扱えるなら $\theta = u$ によってパラメトライズでき，α を外生的な信号によって変化するパラメータとして扱うなら $\theta = [u\ \alpha]$ によってパラメトライズできる．また，平衡点を $[x\ \dot{x},\ u] = [x\ 0,\ g(x)/\alpha]$ と表したときには，α が定数か時変な外生変数かに応じて，それぞれ $\theta = x$ と $\theta = [x\ \alpha]$ によってこの平衡点はパラメトライズできる．後者の見方で α も外生変数だと見なすと，線形近似システムは，平衡点からの偏差をそれぞれ $\tilde{x}, \dot{\tilde{x}}, \tilde{u}$ として，以下のようになる．

$$\begin{bmatrix} \dot{\tilde{x}} \\ \ddot{\tilde{x}} \end{bmatrix} = \begin{bmatrix} 0 & 1 \\ -g'(\theta_1) & 0 \end{bmatrix} \begin{bmatrix} \tilde{x} \\ \dot{\tilde{x}} \end{bmatrix} + \begin{bmatrix} 0 \\ \theta_2 \end{bmatrix} \tilde{u}, \ \theta_1 = x,\ \theta_2 = \alpha,\ g' = \frac{dg}{dx}$$

GS制御を考える場合，α はスケジューリング変数となるので，平衡点をパラメトライズするパラメータ α は測定可能である必要がある。

7.2.2 LPVシステムとノルム有界変動を用いた補間による方法

非線形制御対象の状態方程式は未知であるが，離散的ないくつかの平衡点で線形近似モデルがシステム同定実験などにより得られている場合を考える。すなわち，$\theta = (\theta_1, \cdots, \theta_r)$ を動作点をパラメトライズする測定可能な変数とし，N 個の点 $\theta = p_j$ $(j = 1, \cdots, N)$ での線形近似モデルの状態空間データ (A_j, B_j, C_j, D_j) が得られているとする。このような制御対象をLPV法でGS制御するために，与えられた状態空間データを補間してLPVモデル (7.2) を構成することを考える[†]。しかし，一般に $N > r + 1$ のときや，同定誤差，微細な変動あるいは非線形性などの不確定な要素があるときなど，式 (7.2) のLPVモデルのみで表現しきれない場合がある。このような場合のために，つぎのようなノルム有界変動の項を加えたLPVモデルで状態方程式を表し，設計時にこの項を考慮したロバストGS制御則（L_2 ゲイン制御）を用いる。

$$\begin{cases} \dot{x} &= \mathcal{A}(\theta,\Delta)x + \mathcal{B}(\theta,\Delta)u \\ y &= \mathcal{C}(\theta,\Delta)x + \mathcal{D}(\theta,\Delta)u \end{cases} \quad (7.9)$$

$$\begin{bmatrix} \mathcal{A}(\theta,\Delta) & \mathcal{B}(\theta,\Delta) \\ \mathcal{C}(\theta,\Delta) & \mathcal{D}(\theta,\Delta) \end{bmatrix} = \begin{bmatrix} A(\theta) & B(\theta) \\ C(\theta) & D(\theta) \end{bmatrix}$$
$$+ \begin{bmatrix} H_1 \\ H_2 \end{bmatrix} \Delta \begin{bmatrix} E_1 & E_2 \end{bmatrix}, \ \bar{\sigma}(\Delta) \leqq 1 \quad (7.10)$$

ただし，右辺第1項のLPV項は，既知のある非線形連続関数 $\psi_l(\theta)$ $(l = 1, \cdots, l_0)$ によりアファイン型LPVモデル

[†] このような状況はジェットエンジン制御[55]，航空機姿勢制御[59] などの例で報告があるが，潜在的には多いと思われる。

7.2 LPVシステムへのモデル化

$$\begin{bmatrix} A(\theta) & B(\theta) \\ C(\theta) & D(\theta) \end{bmatrix} = \begin{bmatrix} A_o & B_o \\ C_o & D_o \end{bmatrix} + \sum_{l=1}^{l_0} \psi_l(\theta) \begin{bmatrix} A_{\psi_l} & B_{\psi_l} \\ C_{\psi_l} & D_{\psi_l} \end{bmatrix} \quad (7.11)$$

で表されると仮定し，$\psi_l(\theta)$ を新しいスケジューリング変数と見なす．式 (7.10) 右辺第 2 項のノルム有界変動の項は，あまり重要でないスケジューリング変数をここに押し込むことで設計計算におけるスケジューリング変数の数を減らしたり，少し大きめの項を導入することでスケジューリング変数の測定誤差を考慮したりすることに役立つ．$\psi_l(\theta)$ は制御対象に関する物理的な知識から適切に決められる場合もある．そうでなければ，式 (7.11) 左辺のべき級数やフーリエ級数などから定めることにする[†]．

式 (7.10) の LPV ＋ ノルム有界変動モデルが状態実現データを補間するのは，$\bar{\sigma}(\Delta_j) \leq 1$ を満たすある Δ_j $(j = 1, \cdots, N)$ が存在して

$$\begin{bmatrix} A_j & B_j \\ C_j & D_j \end{bmatrix} = \begin{bmatrix} \mathcal{A}(p_j, \Delta_j) & \mathcal{B}(p_j, \Delta_j) \\ \mathcal{C}(p_j, \Delta_j) & \mathcal{D}(p_j, \Delta_j) \end{bmatrix} \quad (7.12)$$

となることであるが，これと同値な条件はつぎの定理のとおりである．

【定理 7.1】 与えられたデータ (A_j, B_j, C_j, D_j) $(j = 1, \cdots, N)$ に対して式 (7.12) を満たす (A_o, B_o, C_o, D_o), $(A_{\psi_l}, B_{\psi_l}, C_{\psi_l}, D_{\psi_l})$ $(l = 1, \cdots, l_0)$ および (H_1, H_2, E_1, E_2) が存在する必要十分条件は，つぎの行列不等式が成立することである．

$$\begin{bmatrix} \tilde{E} & X_j^T \\ X_j & \tilde{H} \end{bmatrix} \succeq 0, \ \tilde{H} \succ 0, \ \tilde{E} \succ 0, \quad j = 1, \cdots, N \quad (7.13)$$

ただし，X_j $(j = 1, \cdots, N)$ は (A_j, B_j, C_j, D_j) を用いて

$$X_j := \begin{bmatrix} A_j & B_j \\ C_j & D_j \end{bmatrix} - \begin{bmatrix} A_o & B_o \\ C_o & D_o \end{bmatrix} - \sum_{l=1}^{l_0} \psi_l(p_j) \begin{bmatrix} A_{\psi_l} & B_{\psi_l} \\ C_{\psi_l} & D_{\psi_l} \end{bmatrix}$$

[†] $\psi_l(\theta)$ は，おのおのが独立である必要はない．

とし，正定値行列 $\tilde{E}, \tilde{H}$ は

$$\tilde{E} := E^T E, \quad \tilde{H} := HH^T, \quad H := \begin{bmatrix} H_1 \\ H_2 \end{bmatrix}, \quad E := \begin{bmatrix} E_1 & E_2 \end{bmatrix}$$

と定めており，H と E は正則行列である．

証明 まず，式 (7.12) が成立していれば，X_j の定義より

$$X_j = H\Delta_j E, \quad \bar{\sigma}(\Delta_j) \leqq 1, \quad j = 1, \cdots, N \tag{7.14}$$

を満たす Δ_j が存在する．H と E は正則なので，それぞれの j について

$$\Delta_j = H^{-1} X_j E^{-1} \tag{7.15}$$

と書ける．したがって，$\bar{\sigma}(\Delta_j) \leqq 1$ の制約は

$$\Delta_j^T \Delta_j = E^{-T} X_j^T H^{-T} H^{-1} X_j E^{-1} \preceq I, \quad j = 1, \cdots, N \tag{7.16}$$

と同値である．シューア補元を用い，$\tilde{E} = E^T E$, $\tilde{H} = HH^T$ を代入すると，式 (7.16) は式 (7.13) となることがわかる．逆にたどれば，十分条件であることも明らかである． △

LMI 条件 (7.13) はノルム有界項が大きいほど，すなわち $\tilde{H}$ と $\tilde{E}$（の最小固有値）が大きいほど成立しやすくなるが，制御器設計は不確かさが大きくなって，より困難になる．そこで，式 (7.13) の制約条件のもとで

$$\mathrm{tr}(W_1 \tilde{E} W_1^T) + \mathrm{tr}(W_2 \tilde{H} W_2^T) \quad \text{や} \quad \lambda_{\max}(W_1 \tilde{E} W_1^T) + \lambda_{\max}(W_2 \tilde{H} W_2^T)$$

などを最小化することにする．ここで，W_1 と W_2 は適当な定数重み行列である．この最適化問題は，行列に対してデータを補間する最小 2 乗問題を解いていることと等価であり（図 **7.2** 参照），(A_o, B_o, C_o, D_o), $(A_{\psi_l}, B_{\psi_l}, C_{\psi_l}, D_{\psi_l})$ $(l = 1, \cdots, l_0)$ および $\tilde{H}, \tilde{E}$ を変数とする SDP である．また，H と E は $\tilde{H}$ および $\tilde{E}$ のコレスキー分解で求めることができる．

H, E が正則なので，各 θ について式 (7.11) の線形化システムの近傍[†]にある（次数を増やさない）任意の非線形システムを式 (7.10) に含むことができる．

[†] H, E の最小特異値に応じて近傍の大きさが定まる．

7.2 LPV システムへのモデル化

図7.2 の内容:

$$\begin{bmatrix} A(p_N) & B(p_N) \\ C(p_N) & D(p_N) \end{bmatrix} + \begin{bmatrix} H_1 \\ H_2 \end{bmatrix} \Delta \begin{bmatrix} E_1 & E_2 \end{bmatrix}$$

$$\begin{bmatrix} A_1 & B_1 \\ C_1 & D_1 \end{bmatrix}$$

$$\begin{bmatrix} A(p_N) & B(p_N) \\ C(p_N) & D(p_N) \end{bmatrix}$$

$$\begin{bmatrix} A_N & B_N \\ C_N & D_N \end{bmatrix}$$

$$\begin{bmatrix} A_2 & B_2 \\ C_2 & D_2 \end{bmatrix}$$

$$\begin{bmatrix} A_o & B_o \\ C_o & D_o \end{bmatrix} + \sum_{l=1}^{l_0} \psi_l(\theta) \begin{bmatrix} A_{\psi_l} & B_{\psi_l} \\ C_{\psi_l} & D_{\psi_l} \end{bmatrix}$$

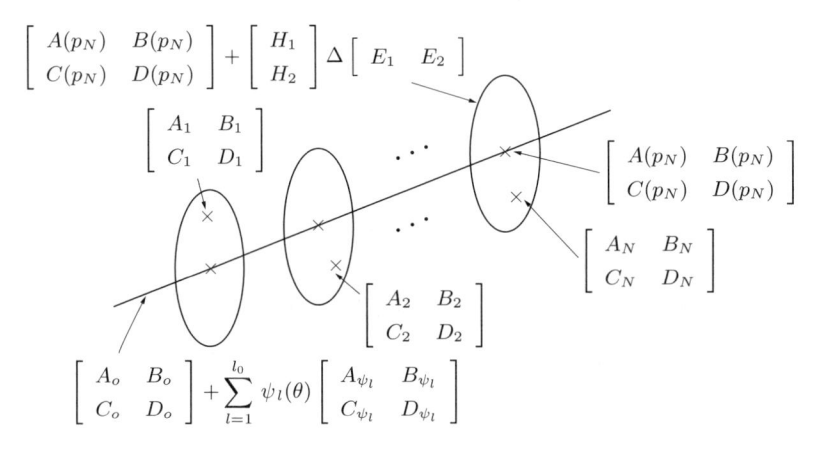

図 7.2 LPV システムとノルム有界変動を用いた補間による方法

7.2.3 quasi-LPV モデリング

あるクラスの非線形システムは，近似することなく LPV システムとして表現される。制御対象の状態変数の一部が実時間で観測できるとし，スケジューリング変数ベクトルの中に $\theta(x)$ という形で含まれているとする。このとき，LPV システム (7.2) は非線形システムを表していることになり，これは特に **quasi-LPV システム**と呼ばれている。一般には

$$\dot{x} = A(\theta(x))x + B(\theta(x))u, \quad y = C(\theta(x))x + D(\theta(x))u \qquad (7.17)$$

のような形で表される非線形システムである。状態変数がすべて測定できるなら，非線形システム

$$\dot{x} = f(x) + g(x)u, \; y = h(x) + j(x)u,$$
$$f(x) = [f_1(x) \; \cdots \; f_n(x)]^T, \; h(x) = [h_1(x) \; \cdots \; h_n(x)]^T$$

は，$\theta_k(x)$ を $f_j(x)/x_i$ や $h_j(x)/x_i$ とおいて，形式的に quasi-LPV システムとして表せる。ただし，原点での連続性や有界性を確認する必要がある。また，一般に非線形システムの quasi-LPV システムとしての表現は一意ではない。

例 7.4 つぎのような非線形システムを考える

$$\ddot{x} + f(x)\dot{x} + \sin x = u$$

x が測定できるとし，スケジューリング変数として扱うと

$$\begin{bmatrix} \dot{x} \\ \ddot{x} \end{bmatrix} = \begin{bmatrix} 0 & 1 \\ -\mathrm{sinc}(x) & -f(x) \end{bmatrix} \begin{bmatrix} x \\ \dot{x} \end{bmatrix} + \begin{bmatrix} 0 \\ 1 \end{bmatrix} u, \quad \mathrm{sinc}(x) = \frac{\sin x}{x}$$

のように quasi-LPV システムとして表せる（$\mathrm{sinc}(x)$ は原点で有界連続）。一方，$\dot{x}$ も測定可能なとき

$$\begin{bmatrix} \dot{x} \\ \ddot{x} \end{bmatrix} = \begin{bmatrix} 0 & 1 \\ -\mathrm{sinc}(x) - \dot{x}f(x)/x & 0 \end{bmatrix} \begin{bmatrix} x \\ \dot{x} \end{bmatrix} + \begin{bmatrix} 0 \\ 1 \end{bmatrix} u$$

と表すことも可能である。ただし，$f(x)/x$ が原点で連続有界であることを確認する必要がある。

---

quasi-LPV モデルを用いて LPV 制御器を設計するには，$\theta(x)$ の領域 Θ が有界で既知であることが望ましい。$\theta(x)$ が sin, cos, sinc 関数のようにもともと有界既知である場合もあるが，一般には x の可到達領域も考慮する必要がある。

入力と状態変数の非線形変換によって quasi-LPV システムとして表すことも可能である[60]。つぎのような y に関して非線形なシステムを考える。ただし，y は測定可能な状態変数，x は残りの状態変数で，$A(y), B(y), k(y)$ は y に関して連続関数とする。

$$\begin{bmatrix} \dot{y} \\ \dot{x} \end{bmatrix} = k(y) + A(y) \begin{bmatrix} y \\ x \end{bmatrix} + B(y)u, \tag{7.18}$$

$$k(y) = \begin{bmatrix} k_1(y) \\ k_2(y) \end{bmatrix}, A(y) = \begin{bmatrix} A_{11}(y) & A_{12}(y) \\ A_{21}(y) & A_{22}(y) \end{bmatrix}, B(y) = \begin{bmatrix} B_1(y) \\ B_2(y) \end{bmatrix}$$

この非線形システムに対し，つぎを条件を仮定する。

仮定（平衡条件） ある領域 $\mathcal{Y}$ の任意の要素 y に対して，次式を満たす連続微

分可能な $x_{\mathrm{eq}}(y), u_{\mathrm{eq}}(y)$ が存在する。

$$0 = k(y) + A(y) \begin{bmatrix} y \\ x_{\mathrm{eq}}(y) \end{bmatrix} + B(y)u_{\mathrm{eq}}(y) \qquad (7.19)$$

ここで，$(y, x_{\mathrm{eq}}(y), u_{\mathrm{eq}}(y))$ はシステム (7.18) の y をパラメータとする平衡点集合となっている。

この仮定が成り立つとき，式 (7.18) と式 (7.19) の差をとり，状態変換 $\tilde{x} = x - x_{\mathrm{eq}}$，入力変換 $\tilde{u} = u - u_{\mathrm{eq}}$ をすることによって，近似なしで y をスケジューリング変数とするつぎの quasi-LPV モデルが得られることが知られている[60]。

$$\begin{bmatrix} \dot{y} \\ \dot{\tilde{x}} \end{bmatrix} = \hat{A}(y) \begin{bmatrix} y \\ \tilde{x} \end{bmatrix} + \hat{B}(y)\tilde{u} \qquad (7.20)$$

ただし，$\hat{A}(y), \hat{B}(y)$ は $A(y), B(y)$ などから定まる行列である。したがって，$\theta = y$, $\Theta \subset \mathcal{Y}$ とすることで，LPV システムとして見なせることになる。

7.3 LPV 法によるゲインスケジュールド制御系設計

この節では，LPV システムとしてモデリングされた制御対象に対して，LPV コントローラを設計する手法のいくつかを紹介する。

つぎのような LPV システムを考える。

$$\begin{cases} \dot{x}(t) = A(\theta(t))x(t) + B(\theta(t))u(t) \\ y(t) = C(\theta(t))x(t) + D(\theta(t))u(t) \end{cases} \qquad (7.21)$$
$$\theta(t) \in \Theta \subset \mathbf{R}^r, \quad \dot{\theta}(t) \in \mathcal{V} \subset \mathbf{R}^r$$

各行列は θ の連続関数とする。また，$\theta(t)$ は連続微分可能な時間関数で，Θ と $\mathcal{V}$ は $\mathbf{R}^r$ の有界な閉集合とする。$\mathcal{V}$ としては，各成分 θ_i の変化速度の上下限 $\bar{v}_i, \underline{v}_i$ を用いて $\mathcal{V} = \{\dot{\theta} \mid \underline{v}_i \leqq \dot{\theta}_i \leqq \bar{v}_i\}$ などを考える場合が実用上多い。

7.3.1 LPV システムのおもな性質とその不等式条件

LPV システムとして表された制御系の安定性や性能の設計解析には，LTV システム

$$\begin{cases} \dot{x}(t) = A(t)x(t) + B(t)u(t) \\ y(t) = C(t)x(t) + D(t)u(t) \end{cases} \quad (7.22)$$

に対する結果が基本的である．ここで，$A(t), B(t), C(t), D(t)$ は，有界で連続な時間関数と仮定する．

安定性

LTV システムでは，$A(t)$ の各時間での固有値 $\lambda_i(t)$ の実部がすべて負であっても安定とは限らず，注意が必要であることを，**例 7.1** で述べた．LTI システムのリアプノフ方程式（不等式）に対応して，LTV システムではつぎの結果が成り立つ．

LTV システム (7.22) で $u(t) = 0$ とする．このとき，対称行列に値をとる有界で連続微分可能な関数 $X(t)$ が存在して

$$X(t) \succ 0, \qquad \dot{X}(t) + A^T(t)X(t) + X(t)A(t) \prec 0, \quad \forall t \quad (7.23)$$

が成り立てば，このシステムの原点 $x = 0$ が大域的指数安定[†]である．

上の条件にはリアプノフ関数 $V(x,t) = x(t)^T X(t) x(t)$ の時変項に対応する $\dot{X}(t)$ が現れているが，これを $\partial X(\theta)/\partial \theta_i$ と $\dot{\theta}_i$ で書き換えれば，ただちにつぎの結果が得られる．

【定理 7.2】 LPV システム (7.21) で $u(t) = 0$ とする．連続微分可能な $X(\theta)$ が存在して，$\forall \theta \in \Theta, \forall \dot{\theta} \in \mathcal{V}$ で線形微分行列不等式

$$X(\theta) \succ 0, \quad \sum_{i=1}^{r} \dot{\theta}_i \frac{\partial X(\theta)}{\partial \theta_i} + A^T(\theta)X(\theta) + X(\theta)A(\theta) \prec 0 \quad (7.24)$$

[†] 任意の初期値 $x(t_0) = x_0$ に対して，$\exists K_1 > 0, K_2 > 0, \|x(t)\| \leq K_1 \|x_0\| \exp\{-K_2(t-t_0)\}$ が成立すること．

7.3 LPV法によるゲインスケジュールド制御系設計

が成り立てば，このシステムの原点 $x=0$ が大域的指数安定である。

式 (7.24) の安定条件は，θ のみでなくその変化速度 $\dot{\theta}$ にも依存しており，7.1.2 項でも述べたように，許容すべき $\dot{\theta}$ の領域 $\mathcal{V}$ が大きいほど ($\dot{\theta}$ が大きいほど) 不等式を満たす解 $X(\theta)$ が存在しにくくなることを示している。式 (7.24) を満たす定数行列 X が存在するとき，微分項が消えて

$$\forall \theta \in \Theta, \quad X \succ 0, \quad A^T(\theta)X + XA(\theta) \prec 0 \tag{7.25}$$

となり，このとき式 (7.21) の原点は **2 次安定**である。2 次安定の場合は，スケジューリング変数の任意の変化速度 $\dot{\theta}$ に対して指数安定になるが，実際には物理的な理由から $\dot{\theta}$ に上下限があることが多いので，不必要に速い変化速度に対する安定性をも保証していることになる。したがって，2 次安定性は，一般には LPV システムに実用上要求される安定性に関しては，十分性の強い条件になりやすい。しかし，設計解析の点からは，計算量が少なく簡単な条件となる。

指数安定性が成り立てば，LPV システム (7.21) は入出力安定[†]である。

減衰率

LPV システムは時変系なので極の概念はないが，つぎのようにリアプノフ関数を通して状態変数の減衰率の上限を定めることができる。

【定理 7.3】 正の実数 α, β, γ に対して，$\forall \theta \in \Theta$, $\forall \dot{\theta} \in \mathcal{V}$ で θ に連続微分可能な $X(\theta)$ が存在して

$$\alpha I \preceq X(\theta) \preceq \beta I,$$
$$\sum_{i=1}^{r} \dot{\theta}_i \frac{\partial X(\theta)}{\partial \theta_i} + A^T(\theta)X(\theta) + X(\theta)A(\theta) \preceq -\gamma I \tag{7.26}$$

が成立するとき，式 (7.21) において，$u(t) = 0$，初期値 $x(t_0) = x_0$ に対して解 $x(t)$ は次式を満たす。

[†] 有界な入力 u に対して，有界な y を出力すること。

$$\|x(t)\| \leqq \|x_0\| \left(\frac{\beta}{\alpha}\right)^{1/2} \exp\left\{-\frac{\gamma}{2\alpha}(t-t_0)\right\}, \quad t_0 \leqq t$$

リアプノフ関数を $V(x) = x^T X(\theta) x$ とおけば，式 (7.26) は

$$\alpha\|x(t)\|^2 \leqq V(x(t)) \leqq \beta\|x(t)\|^2, \quad \dot{V}(x(t)) \leqq -\gamma\|x(t)\|^2$$

を意味することから，上の結果より $\dot{V} \leqq -(\gamma/\alpha)V$ が得られる．この微分不等式を初期条件のもとで解くと

$$\begin{aligned}\alpha\|x(t)\|^2 \leqq V(x(t)) &\leqq V(x(0))\exp\left\{-\frac{\gamma}{\alpha}(t-t_0)\right\} \\ &\leqq \beta\|x(0)\|^2 \exp\left\{-\frac{\gamma}{\alpha}(t-t_0)\right\}\end{aligned}$$

が成立することから導ける．

L_2 ゲイン性能

システムの入力信号 $u(t)$，出力信号 $y(t)$ に対して

$$\sup_{u\neq 0} \frac{\|y\|_2}{\|u\|_2}, \quad \text{ただし，} \|x\|_2 := \left(\int_0^\infty x^T(t)x(t)dt\right)^{1/2} \tag{7.27}$$

を L_2 ゲインという．LTI システムに対しては，L_2 ゲインは H_∞ ノルムと一致し，ロバスト制御で大きな役割を果たすことがよく知られている．ここで，消散性に関する節の方法にならって，$V(x,t) = x^T(t)X(t)x(t)$ の形の蓄積関数が有界実性の消散不等式を満たす条件を，行列不等式で記述しよう．すると，$x(0) = 0$ である LTV システム (7.22) に対しては，行列の値をとる有界連続微分可能な関数 $X(t) \succ 0$ が存在して任意の $t \geqq 0$ で

$$\begin{bmatrix} \dot{X}(t) + A^T(t)X(t) + X(t)A(t) & X(t)B(t) & C^T(t) \\ B^T(t)X(t) & -\gamma I & D^T(t) \\ C(t) & D(t) & -\gamma I \end{bmatrix} \prec 0 \tag{7.28}$$

が成り立てば，L_2 ゲインが γ 未満になることがわかる．これを用いて，安定性の場合と同様に以下の結果が得られる．

【定理 7.4】 連続微分可能な $X(\theta)$ が存在して，線形微分行列不等式

$$\begin{bmatrix} \sum_{i=1}^{r} \dot{\theta}_i \dfrac{\partial X(\theta)}{\partial \theta_i} + A^T(\theta)X(\theta) + X(\theta)A(\theta) & X(\theta)B(\theta) & C^T(\theta) \\ B^T(\theta)X(\theta) & -\gamma I & D^T(\theta) \\ C(\theta) & D(\theta) & -\gamma I \end{bmatrix} \prec 0,$$

$$X(\theta) \succ 0, \quad \forall \theta \in \Theta, \, \forall \dot{\theta} \in \mathcal{V} \tag{7.29}$$

が成立すれば，LPV システム (7.21) は γ 未満の L_2 ゲインを持つ．

L_2 ゲイン性能についても，2次安定性と同様に，条件としては厳しくなるものの，設計解析の簡単さから $X(\theta)$ を定数行列とする方法がしばしば用いられる．

LPV システムに関して扱うことのできる性能として，消散性やセパレータ Π が定数である（すなわち，時間領域で扱える）ような積分2次制約（integral quadratic constraint）[28] を考えることもできるが[61],[62]，省略する．

実際の応用では，LTV システムに対しては定義できないような極領域指定，古典的安定余裕（ゲイン余裕，位相余裕），H_2 ノルムなどの制御仕様を，パラメータ凍結（parameter frozen）LTI システム $P(\theta)$ に対して与える場合もある．これらは，スケジューリング変数の変化が十分遅いときには効果がある．

7.3.2 パラメータ依存線形微分行列不等式について

式 (7.24), (7.26), (7.29) のようなパラメータ依存線形微分行列不等式を解くことは，LPV システムの性能解析や，次節以降に述べる制御器設計において重要である．また，微分項がない場合は，システム制御の他の目的にも役立つ†．したがって，パラメータ依存線形（微分）行列不等式はシステム制御の基本的なツールといえるが，その求解は本質的に無限次元の問題であるため，厳密に解くことは多くの計算量を必要とし，一般には難しい．

---

† 例えば，構造化特異値 μ などによるロバスト安定解析や，多次元システムの安定性や L_2 ゲイン条件と関連する[63]．

微分項を考えないものも含めて，数多くの解法アルゴリズムが提案されている。おもな手法は，格子点を切って計算する方法，有限次数の級数展開近似，求解可能な特殊構造を採用する方法（7.3.4 項，7.3.5 項を参照），確率的手法などだが，それぞれ状況などにより一長一短がある。詳細は文献53), 63)～66) やそれらの引用を参照していただくことにし，パラメータが一つの簡単な場合の具体例を見てみよう。

例 7.5 スカラのスケジューリング変数 θ に依存したつぎのようなリッカチ微分行列不等式を満たす解 $X(\theta)$ を考える。

$$\underset{X(\theta),\gamma}{\text{minimize}} \ \gamma \quad \text{s.t.} \ X(\theta) \succ 0,$$

$$\dot{\theta}\frac{dX(\theta)}{d\theta} + A^T(\theta)X(\theta) + X(\theta)A(\theta) + C^T(\theta)C(\theta)$$
$$+ \frac{1}{\gamma^2}X(\theta)B(\theta)B^T(\theta)X(\theta) \prec 0 \qquad (7.30)$$

ただし，$\theta \in \Theta = [0,1]$, $\dot{\theta} \in \mathcal{V} = [-1,1]$ で各行列はつぎのとおりである。

$$A(\theta) = \begin{bmatrix} -2.0 + 1.6\cos(\theta\pi) & -3.0 + 3.2\cos(\theta\pi) \\ 0.5 - 2.8\cos(\theta\pi) & -1.5 - 1.4\cos(\theta\pi) \end{bmatrix},$$

$$B(\theta) = \begin{bmatrix} 1.0 - 2.8\cos(\theta\pi) \\ -0.3 + 2.0\cos(\theta\pi) \end{bmatrix}, \ C(\theta) = \begin{bmatrix} 1.0 + 5.4\cos(\theta\pi) \\ -2.6\cos(\theta\pi) \end{bmatrix}^T$$

式 (7.30) のリッカチ微分行列不等式は式 (7.29) と同値な条件であり，LPV システムの L_2 ゲイン γ を求める問題である。

解 $X(\theta)$ をフーリエ級数の形とし，その係数行列を正実補題から求める方法[67]で解いた結果を図 **7.3** に示す。図 (a) は得られた解 $X(\theta)$（級数の次数 = 4）の二つの固有値が θ に依存する様子を，また，図 (b) は式 (7.30) 左辺を符号反転した行列の二つの固有値が θ に依存する様子を，それぞれ横軸を θ にとってプロットしたものである（図 (b) において，実線，破線はそれぞれ $\dot{\theta} = 1, -1$ のときである）。

この方法は定めた次数での最適解を与え，次数を上げれば γ は単調非増

7.3 LPV 法によるゲインスケジュールド制御系設計

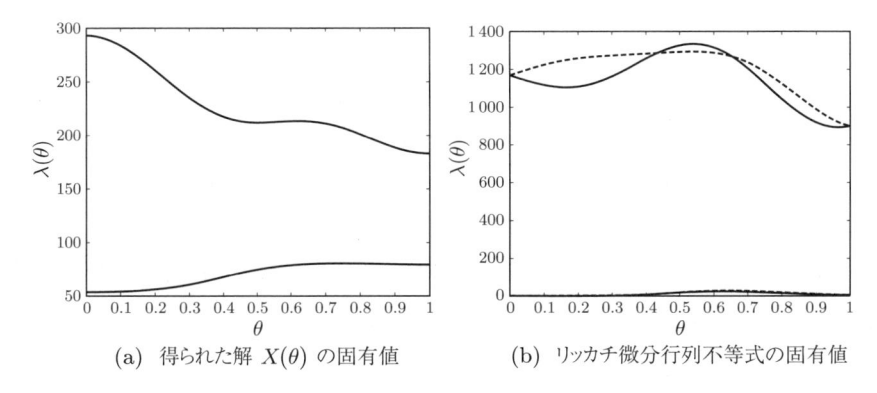

(a) 得られた解 $X(\theta)$ の固有値

(b) リッカチ微分行列不等式の固有値

図 **7.3** 微分行列不等式を制約条件とする最適化問題 (7.30) の解

加となり，$X(\theta)$ も真の解への漸近が保証できる．実際，図 (b) の第 2 固有値から Θ の両端で不等式制約に余裕がほとんどないので，この解 $X(\theta)$ は真の解に近いが，θ に大きく依存し，定数解 X の場合より γ も小さくなる．

実際の GS 制御応用の局面では，スケジューリング変数は 2, 3 個までであることが非常に多い．また，簡単な形のパラメータ依存性（例えば，低次の級数展開や，解のある部分にだけパラメータ依存性を仮定するものなど）でも，定数解より性能が大幅に向上する場合もある．したがって，パラメータ依存解計算の手間と性能向上効果の間のトレードオフを吟味することが重要である．

7.3.3 パラメータ依存解を用いた制御器設計法

6.4 節に沿って複数の仕様を直接扱う LPV 制御器が設計できる（文献68）も参照）．w を外生入力，u を制御入力，y を測定出力，z を制御出力，θ をスケジューリング変数とする LPV システムで表された一般化制御対象

$$\begin{bmatrix} \dot{x} \\ z \\ y \end{bmatrix} = \begin{bmatrix} A(\theta) & B_1(\theta) & B_2(\theta) \\ C_1(\theta) & D_{11}(\theta) & D_{12}(\theta) \\ C_2(\theta) & D_{21}(\theta) & D_{22}(\theta) \end{bmatrix} \begin{bmatrix} x \\ w \\ u \end{bmatrix}, \quad \theta \in \Theta, \dot{\theta} \in \mathcal{V} \quad (7.31)$$

と，y を入力，u を出力とし，θ でスケジュールされた LPV 制御器

$$\begin{bmatrix} \dot{x}_K \\ u \end{bmatrix} = \mathcal{K}(\theta) \begin{bmatrix} x_K \\ y \end{bmatrix}, \quad \mathcal{K}(\theta) = \begin{bmatrix} A_K(\theta) & B_K(\theta) \\ C_K(\theta) & D_K(\theta) \end{bmatrix} \tag{7.32}$$

を接続した閉ループ系（図 **7.1**）を考える．簡単のため，$D_{22}(\theta) = 0$ とする．

ここまでの設定は 6.4 節と同じである．以降，6.4 節の記号も踏襲しながら，閉ループ系の L_2 ゲインが γ 未満になる条件について，固定制御器の場合との違いを強調して説明する．なお，単位行列と γ 以外はすべて θ の関数であるが，簡略化のため (θ) を省略する．

閉ループ系を式 (6.23) のように表すと，L_2 ゲイン条件は式 (7.29) の各行列に添え字 cl を付けた不等式が成立することである†．この不等式に対して**定理 6.2** の証明と同じ基底変換を行うと，微分項 $\dot{X}_{\rm cl}$ は

$$U_f^T \dot{X}_{\rm cl} U_f = \begin{bmatrix} -\dot{P}_f & (P_f - S)\dot{P}_g \\ \dot{P}_g(P_f - S) & \dot{P}_g \end{bmatrix} \tag{7.33}$$

となる（**演習問題【1】**参照）ので，閉ループ系の L_2 ゲイン条件は

$$\begin{bmatrix} M_{\dot{X}} + M_A + M_A^T & M_B & M_C^T \\ M_B^T & -\gamma I & M_D^T \\ M_C & M_D & -\gamma I \end{bmatrix} \prec 0, \; M_X \succ 0, \quad \forall \theta \in \Theta, \; \forall \dot{\theta} \in \mathcal{V}$$

と $(P_f, P_g, W_f, W_g, W_h, L)$ に関するパラメータ依存 LMI に変換される．ただし，$(M_X, M_A, M_B, M_C, M_D)$ は 6.4 節と同じブロック行列であり，さらに

$$M_{\dot{X}} = \begin{bmatrix} -\dot{P}_f & 0 \\ 0 & \dot{P}_g \end{bmatrix}, \; \dot{P}_f = \sum_{i=1}^r \dot{\theta}_i \frac{\partial P_f(\theta)}{\partial \theta_i}, \; \dot{P}_g = \sum_{i=1}^r \dot{\theta}_i \frac{\partial P_g(\theta)}{\partial \theta_i}$$

である（$M_{\dot{X}}$ に $U_f^T \dot{X}_{\rm cl} U_f$ の非対角項を含めないことは，式 (7.34) の脚注を参照）．

このパラメータ依存線形微分行列不等式が前節で述べた方法などで解ければ，その解 $(P_f, P_g, W_f, W_g, W_h, L)$ を用いて $S := P_f - P_g^{-1} \; (\succ 0)$ とし，仕様

---

† 他の仕様を同時に考えるときも，対応する仕様の行列不等式で各行列に添え字 cl を付けたものを考え，6.4 節と同様にそれらを連立させればよい．

を満たす制御器の実現は

$$\begin{bmatrix} D_K & C_K \\ B_K & A_K \end{bmatrix} = \begin{bmatrix} I & 0 \\ B_2 & -P_g^{-1} \end{bmatrix} \begin{bmatrix} W_h & W_f \\ W_g & L - \dot{P}_g(P_f - S) - P_g A P_f \end{bmatrix}$$
$$\times \begin{bmatrix} I & -C_2 P_f S^{-1} \\ 0 & S^{-1} \end{bmatrix} \quad (7.34)$$

と表される†。

式 (7.34) から計算される A_K は $\dot{P}_g$ を含む,すなわち GS 制御器を構成するために,θ だけでなく $\dot{\theta}$ も必要とする。微分演算は一般に雑音の影響が大きい。これを避ける手法については,文献53), 69) を参照されたい。性能は劣化するものの,パラメータ依存解を計算する負荷を軽減できる簡単な方法として,P_g を定数行列とする方法などがある。文献68) は,ここで述べた方法の数値例とともに,一部に定数解を用いたときとの比較を示している。

以上の方法はパラメータ依存解を用いているため,理論的には良い性能が保証され,複数の仕様を直接扱うこともできる反面,一般に設計計算の手間が多く,制御則も複雑になる。

7.3.4 ポリトープ型 LPV モデルと定数解を用いる方法

ここでは,ポリトープ型 LPV モデルと θ に依存しない共通な定数行列 X_{cl} を用いて計算量を減らす方法を述べる。まず,一般化制御対象 (7.31) は

A1: $D_{22} = 0$

A2: B_2, C_2, D_{12}, D_{21} は θ に依存しない

を満たし,残りの係数行列は,ポリトープ型 LPV モデル

$$\begin{bmatrix} A(\theta) & B_1(\theta) \\ C_1(\theta) & D_{11}(\theta) \end{bmatrix} = \sum_{i=1}^{r} \theta_i \begin{bmatrix} A_i & B_{1i} \\ C_{1i} & D_{11i} \end{bmatrix},$$

---

† 先に述べた $U_f^T \dot{X}_{\mathrm{cl}} U_f$ の非対角項 $\dot{P}_g(P_f - S)$ は変数に対して非線形であるため,M_A の (2,1) ブロックの LMI 変数 L にこの項を吸収して線形化し,6.4 節の制御器への変換 B に当たる式 (7.34) で,$L \to L - \dot{P}_g(P_f - S)$ に置き換えている。

$$\theta \in \Theta := \left\{ \theta \in \mathbf{R}^r \,\middle|\, \sum_{i=1}^{r} \theta_i = 1,\, \theta_i \geqq 0,\, i = 1, \cdots, r \right\}$$

で与えられていると仮定する．θ の変動範囲が有界なら，各 θ_i の係数行列を適切に定めることで，変動範囲を上の Θ 内に収めることができる．同様に，LPV 制御器も，$(A_{Ki}, B_{Ki}, C_{Ki}, D_{Ki})$ を端点制御器変数としてポリトープ型 LPV モデル

$$\mathcal{K}(\theta) := \begin{bmatrix} A_K(\theta) & B_K(\theta) \\ C_K(\theta) & D_K(\theta) \end{bmatrix} = \sum_{i=1}^{r} \theta_i \begin{bmatrix} A_{Ki} & B_{Ki} \\ C_{Ki} & D_{Ki} \end{bmatrix}, \quad \theta \in \Theta$$

を用いると，仮定 A1, A2 により，$x_{\mathrm{cl}}^T = [x^T \ x_K^T]$ として閉ループ系も以下のようにポリトープ型 LPV モデルで表されることが重要である．

$$\begin{bmatrix} \dot{x}_{\mathrm{cl}} \\ z \end{bmatrix} = \begin{bmatrix} A_{\mathrm{cl}}(\theta) & B_{\mathrm{cl}}(\theta) \\ C_{\mathrm{cl}}(\theta) & D_{\mathrm{cl}}(\theta) \end{bmatrix} \begin{bmatrix} x_{\mathrm{cl}} \\ w \end{bmatrix} = \left(\sum_{i=1}^{r} \theta_i \begin{bmatrix} A_{\mathrm{cl}i} & B_{\mathrm{cl}i} \\ C_{\mathrm{cl}i} & D_{\mathrm{cl}i} \end{bmatrix} \right) \begin{bmatrix} x_{\mathrm{cl}} \\ w \end{bmatrix}$$

ただし

$$\begin{bmatrix} A_{\mathrm{cl}i} & B_{\mathrm{cl}i} \\ C_{\mathrm{cl}i} & D_{\mathrm{cl}i} \end{bmatrix} = \left[\begin{array}{cc|c} A_i + B_2 D_{Ki} C_2 & B_2 C_{Ki} & B_{1i} + B_2 D_{Ki} D_{21} \\ B_{Ki} C_2 & A_{Ki} & B_{Ki} D_{21} \\ \hline C_{1i} + D_{12} D_{Ki} C_2 & D_{12} C_{Ki} & D_{11i} + D_{12} D_{Ki} D_{21} \end{array} \right]$$

である．仮定 A1, A2 が直接成立しなくても，制御入出力の前後に θ に依存しないアクチュエータ，センサあるいは積分器を接続して一般化制御対象をモデル化すると A1, A2 は満たされる．

この閉ループ系に対して，L_2 ゲイン条件 (7.29) で定数解に限定した不等式を考えると，微分項が消えて $\mathcal{V}$ に関する条件は不要になり

$$\begin{bmatrix} A_{\mathrm{cl}}^T(\theta) X_{\mathrm{cl}} + X_{\mathrm{cl}} A_{\mathrm{cl}}(\theta) & X_{\mathrm{cl}} B_{\mathrm{cl}}(\theta) & C_{\mathrm{cl}}^T(\theta) \\ B_{\mathrm{cl}}^T(\theta) X_{\mathrm{cl}} & -\gamma I & D_{\mathrm{cl}}^T(\theta) \\ C_{\mathrm{cl}}(\theta) & D_{\mathrm{cl}}(\theta) & -\gamma I \end{bmatrix} \prec 0, \quad X_{\mathrm{cl}} \succ 0,$$
$$\forall \theta \in \Theta \tag{7.35}$$

となる．閉ループ系がポリトープ型 LPV システムで表されていることから，式

7.3 LPV法によるゲインスケジュールド制御系設計

(7.35) は端点 $i = 1, \cdots, r$ での条件

$$\begin{bmatrix} A_{\text{cl}i}^T X_{\text{cl}} + X_{\text{cl}} A_{\text{cl}i} & X_{\text{cl}} B_{\text{cl}i} & C_{\text{cl}i}^T \\ B_{\text{cl}i}^T X_{\text{cl}} & -\gamma I & D_{\text{cl}i}^T \\ C_{\text{cl}i} & D_{\text{cl}i} & -\gamma I \end{bmatrix} \prec 0, \quad X_{\text{cl}} \succ 0 \quad (7.36)$$

と同値になる．式 (7.36) は，各端点での LTI システムとしての H_∞ 条件にほかならない．微分項 $= 0$ で，X_{cl} が各端点で共通であることに気をつけて前節と同様に変数変換すれば，式 (7.36) は，端点によらず共通な新たな変数 (P_f, P_g) と，端点ごとに異なってよい新しい変数 $(W_{fi}, W_{gi}, W_{hi}, L_i)$ $(i = 1, \cdots, r)$ を導入して，これらの変数に関するつぎの同値な LMI に変換できる．

$$\begin{bmatrix} M_{Ai} + M_{Ai}^T & M_{Bi} & M_{Ci}^T \\ M_{Bi}^T & -\gamma I & M_{Di}^T \\ M_{Ci} & M_{Di} & -\gamma I \end{bmatrix} \prec 0, \quad \begin{bmatrix} P_f & I \\ I & P_g \end{bmatrix} \succ 0$$

ただし，$M_{Ai}, M_{Bi}, M_{Ci}, M_{Di}$ は，各端点ごとに 6.4 節と同様に定義される．

この解 $(P_f, P_g, W_{fi}, W_{gi}, W_{hi}, L_i)$ を用いて，$S := P_f - P_g^{-1}$ $(\succ 0)$ から，仕様を満たす端点 LTI 制御器の実現は

$$\begin{bmatrix} D_{Ki} & C_{Ki} \\ B_{Ki} & A_{Ki} \end{bmatrix} = \begin{bmatrix} I & 0 \\ B_2 & -P_g^{-1} \end{bmatrix} \begin{bmatrix} W_{hi} & W_{fi} \\ W_{gi} & L_i - P_g A P_f \end{bmatrix}$$
$$\times \begin{bmatrix} I & -C_2 P_f S^{-1} \\ 0 & S^{-1} \end{bmatrix} \quad (7.37)$$

と表される．

この方法による，特に L_2 ゲインを仕様とした LPV 制御器設計は，MATLAB[70] に実装されている．

7.3.5 LFT型 LPV モデルを用いる方法

スケジューリング変数 θ_i $(i = 1, \cdots, r)$ で表された

$$\Delta(\theta) = \text{block-diag}\{\theta_1 I, \cdots, \theta_r I\}, \quad \theta \in \Theta := \{\theta \in \mathbf{R}^n \, | \, \bar{\sigma}(\Delta) \leqq 1\}$$

を用いて†，式 (7.31) の制御対象が LFT（線形分数変換，10 ページ脚注参照）型

$$\begin{bmatrix} A(\theta) & B_1(\theta) & B_2(\theta) \\ C_1(\theta) & D_{11}(\theta) & D_{12}(\theta) \\ C_2(\theta) & D_{21}(\theta) & D_{22}(\theta) \end{bmatrix} = \begin{bmatrix} A & B_1 & B_2 \\ C_1 & D_{11} & D_{12} \\ C_2 & D_{21} & D_{22} \end{bmatrix}$$
$$+ \begin{bmatrix} B_\theta \\ D_{1\theta} \\ D_{2\theta} \end{bmatrix} \Delta (I - D_{\theta\theta}\Delta)^{-1} \begin{bmatrix} C_\theta & D_{\theta 1} & D_{\theta 2} \end{bmatrix} \qquad (7.38)$$

で表された LPV システムを考える．ただし，右辺は Δ 以外の行列は定数 である．式 (7.38) の左辺が各 θ_i の有理関数で表されるときは，必ず右辺のように LFT 表現できることが知られている[71]．θ は実時間で観測可能なので，式 (7.32) の LPV 制御器も，$\Delta(\theta)$ を用いて LFT 型

$$\begin{bmatrix} A_K(\theta) & B_K(\theta) \\ C_K(\theta) & D_K(\theta) \end{bmatrix} = \begin{bmatrix} A_K & B_{K1} \\ C_{K1} & D_{K11} \end{bmatrix}$$
$$+ \begin{bmatrix} B_{K\theta} \\ D_{K1\theta} \end{bmatrix} \Delta (I - D_{K\theta\theta}\Delta)^{-1} \begin{bmatrix} C_{K\theta} & D_{K\theta 1} \end{bmatrix} \qquad (7.39)$$

で表されているとする．これも 右辺は Δ 以外は定数行列 である††．

二つの LTI システムの伝達関数 $P(s)$, $K(s)$ を考え，それらの状態方程式を

$$P(s): \begin{bmatrix} \dot{x} \\ z_\theta \\ z \\ y \end{bmatrix} = \begin{bmatrix} A & B_\theta & B_1 & B_2 \\ C_\theta & D_{\theta\theta} & D_{\theta 1} & D_{\theta 2} \\ C_1 & D_{1\theta} & D_{11} & D_{12} \\ C_2 & D_{2\theta} & D_{21} & D_{22} \end{bmatrix} \begin{bmatrix} x \\ w_\theta \\ w \\ u \end{bmatrix}$$

$$K(s): \begin{bmatrix} \dot{x}_K \\ \tilde{z}_\theta \\ u \end{bmatrix} = \begin{bmatrix} A_K & B_{K\theta} & B_{K1} \\ C_{K\theta} & D_{K\theta\theta} & D_{K\theta 1} \\ C_{K1} & D_{K1\theta} & D_{K11} \end{bmatrix} \begin{bmatrix} x_K \\ \tilde{w}_\theta \\ y \end{bmatrix}$$

とおくと，式 (7.38) と式 (7.39) のフィードバック結合による閉ループ系は，図 **7.4** (a) のように表せる．ここで $\tilde{y}_\theta = \tilde{w}_\theta$, $\tilde{u}_\theta = \tilde{z}_\theta$ とすれば，図 **7.4** (b) のよ

---

† フルブロック構造[42] などでもよい．
†† 式 (7.38) と式 (7.39) の式中の逆行列は存在するとしている．

7.3 LPV法によるゲインスケジュールド制御系設計

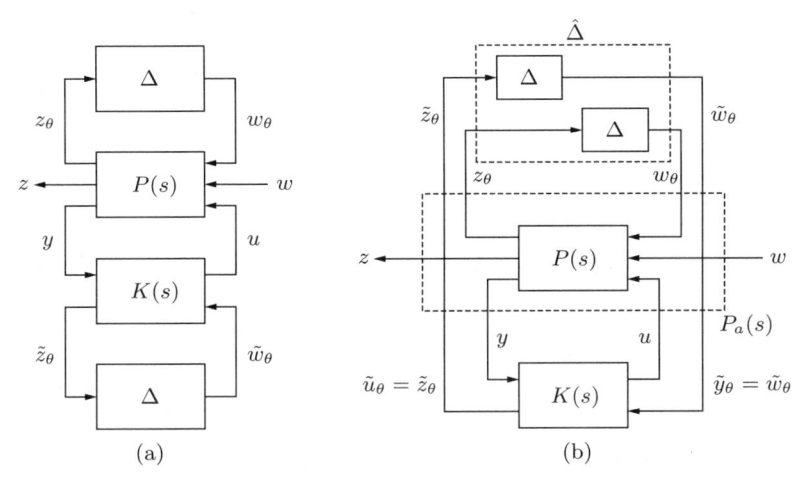

図7.4 (a) LFTゲインスケジュールド制御系と，(b) その等価変換により得られる閉ループ系

うに，この閉ループ系はLTI制御器$K(s)$，$\hat{\Delta} := \text{block-diag}\{\Delta, \Delta\}$，および拡大一般化制御対象$P_a(s)$すなわち

$$\begin{bmatrix} \tilde{z}_\theta \\ \hline z_\theta \\ z \\ y \\ \hline \tilde{y}_\theta \end{bmatrix} = P_a(s) \begin{bmatrix} \tilde{w}_\theta \\ \hline w_\theta \\ w \\ u \\ \hline \tilde{u}_\theta \end{bmatrix}, \quad P_a(s) := \begin{bmatrix} 0 & 0 & I \\ 0 & P(s) & 0 \\ I & 0 & 0 \end{bmatrix} \quad (7.40)$$

の三つのシステムが接続された閉ループ系に等価変換できる．

スケジューリング変数に依存した$\hat{\Delta}$を不確かさと見れば，図7.4 (b) はLFT型の構造的変動を持つLTI制御対象$P_a(s)$に対するロバスト制御問題であり（図6.6参照），LTI制御器$K(s)$が得られれば，式(7.39)からLFT型のLPV制御器が定まることになる．

通常のロバスト制御では，このようなLFT型構造変動に対するロバスト安定条件を緩和するために$\hat{\Delta}$と$P_a(s)$のループの間にスケーリング行列[†]を挿入

[†] 例6.4で述べたマルチプライヤと類似の働きをするシステムあるいは定数行列．

することが多いが，スケーリング行列の自由度も加わると，かえって設計問題の凸性が一般に損なわれる．ところが，図 **7.4** (b) のような GS 制御系を変形したロバスト制御問題では，θ が測定可能という仮定から $\hat{\Delta}$ の対角ブロックがつねに同一の Δ となることや，$P_a(s)$ の構造の特殊性から，スケーリング行列†に関する制約が緩くなり，可解条件の凸性は損なわれない[72, Theorem 5.1]．詳細は省略するが，この可解条件を満たす行列を文献72) の記号に従って L_3, J_3 とすると，スケーリング行列 W が

$$W = \begin{bmatrix} (L_3-J_3)^{-1} & (L_3-J_3)^{-1} \\ (L_3-J_3)^{-1} & L_3 \end{bmatrix} \tag{7.41}$$

と定まる．図 **7.4** (b) で $\hat{\Delta}$ を取り去った LTI 閉ループ系の実現を

$$\begin{bmatrix} \dot{x}_{\mathrm{cl}} \\ \hat{z} \end{bmatrix} = \begin{bmatrix} A_{\mathrm{cl}} & B_{\mathrm{cl}} \\ C_{\mathrm{cl}} & D_{\mathrm{cl}} \end{bmatrix} \begin{bmatrix} x_{\mathrm{cl}} \\ \hat{w} \end{bmatrix}$$

ただし，$\hat{z} = \begin{bmatrix} z_\theta \\ \tilde{z}_\theta \\ z \end{bmatrix}, \quad \hat{w} = \begin{bmatrix} w_\theta \\ \tilde{w}_\theta \\ w \end{bmatrix}$

と表せば，式 (7.36) から式 (7.37) を求めたのと同じく，この閉ループ系に関するスケール有界実補題[72] ($\widetilde{W} = \widetilde{V} = I$ のとき，通常の有界実補題)

$$\begin{bmatrix} A_{\mathrm{cl}}^T X_{\mathrm{cl}} + X_{\mathrm{cl}} A_{\mathrm{cl}} & X_{\mathrm{cl}} B_{\mathrm{cl}} & C_{\mathrm{cl}}^T \\ B_{\mathrm{cl}}^T X_{\mathrm{cl}} & -\widetilde{W} & D_{\mathrm{cl}}^T \\ C_{\mathrm{cl}} & D_{\mathrm{cl}} & -\widetilde{V} \end{bmatrix} \prec 0, \ X_{\mathrm{cl}} \succ 0 \tag{7.42}$$

ただし，$\widetilde{W} = \begin{bmatrix} W & 0 \\ 0 & \gamma I \end{bmatrix}, \quad \widetilde{V} = \begin{bmatrix} W^{-1} & 0 \\ 0 & \gamma I \end{bmatrix}$

の解から，式 (7.37) で LTI 制御器 $K(s)$ の実現 (A_K, B_K, C_K, D_K) が求められる（ただし，いまの場合は端点はないので，添え字の i はとる）．

この方法の特徴は，LTI 一般化制御対象 $P_a(s)$ に対する線形ロバスト制御法

---

† ここでは，定数行列によるスケーリングのあるクラスに限っている．

(スケールド H_∞ 制御) を通して，LPV コントローラの設計が LTI 制御器 $K(s)$ に帰着される点である．

7.4 軌道追従制御への応用

7.4.1 区分線形関数による LPV システムの構成

非線形システムの状態変数をある与えられた目標軌道に追従させる基本的な方法として，その軌道に沿った時変な線形化システムを安定化する方法がある．

この時変線形化システムは，もとの非線形システムのノミナルな微分方程式から計算可能であり，LPV システムと見なすことができる．しかし，実際にパラメータ依存 LMI を解く際は，その LPV システムを求解アルゴリズムに適した関数で近似し，誤差を不確かさとして扱って，ロバスト制御で処理するのが得策である．

ここでは，このような考えにより，L_2 ゲイン最小化によるロバスト GS 制御の軌道追従制御への応用を，簡単な数値例で示す．

滑らかなベクトル値関数 f と不確かなベクトル値関数 d により

$$\dot{x}(t) = f(x(t), u(t)) + d(x(t), u(t), t) \tag{7.43}$$

と表される非線形システムを考える．$d = 0$ としたノミナルなシステムに対し，目標軌道を $\tilde{x}(t)$ ($t \in [t_1, t_2]$) とし，それを生成する入力を $\tilde{u}(t)$ とすると

$$\dot{\tilde{x}}(t) = f(\tilde{x}(t), \tilde{u}(t))$$

である．これらから $e(t) = x(t) - \tilde{x}(t)$, $u_e(t) = u(t) - \tilde{u}(t)$ とし，$(\tilde{x}(t), \tilde{u}(t))$ に沿った時変線形化モデル (変分方程式)

$$\dot{e}(t) = A(t)e(t) + B(t)u_e(t) + d_e(t) \tag{7.44}$$

$$A(t) = \frac{\partial f}{\partial x}\bigg|_{(x,u)=(\tilde{x},\tilde{u})}, \quad B(t) = \frac{\partial f}{\partial u}\bigg|_{(x,u)=(\tilde{x},\tilde{u})}$$

を得る．ここで，d_e は f の線形化誤差や不確かな d を合わせた外乱項であり，

考慮する (x,u) の動作領域で $\|d_e\|$ は有界と仮定する。

式 (7.44) において $A(t), B(t)$ の時間を表す変数 t を特にスケジューリング変数と見なす，すなわち $\theta = t$ とすると，式 (7.44) は LPV モデルと見ることができる。しかし，このようにして得られた $A(\theta), B(\theta)$ が，パラメータ依存 LMI に対するさまざまな求解アルゴリズムのいずれかに適した関数の形や条件を満たしているとは限らない。

ここでは，LPV システムを区分的に線形な関数に近似し，そのように表現されたシステムに適したアルゴリズム[73]を用いる。そのために，以下を既知とする。

i) 選定された補間点（時刻）$\theta_k \in [t_1, t_2]$, $\theta_1 < \theta_2 < \cdots < \theta_q$ での線形化モデル (7.44) の係数行列 $A(\theta), B(\theta)$ の値：$A(\theta_k), B(\theta_k)$ $(k = 1, \cdots, q)$

ii) $A(\theta), B(\theta)$ の各要素 $a_{ij}(\theta), b_{ij}(\theta)$ の不確かさを定める勾配の上界値：

$$\text{Grad} \geq \max_{i,j,\theta \in [t_1,t_2]} \left\{ \left|\frac{da_{ij}}{d\theta}(\theta)\right|, \left|\frac{db_{ij}}{d\theta}(\theta)\right| \right\}$$

（ここでは，すべての要素に対し一つの値 Grad で扱う）。

i), ii) より，$a_{ij}(\theta)$ の不確かさの上界値 $\overline{a}_{ij}(\theta)$ と下界値 $\underline{a}_{ij}(\theta)$ が

$$\overline{a}_{ij}(\theta) = \min\{a_{ij}(\theta_k) + \text{Grad}(\theta - \theta_k), a_{ij}(\theta_{k+1}) - \text{Grad}(\theta - \theta_{k+1})\}$$

$$\underline{a}_{ij}(\theta) = \max\{a_{ij}(\theta_k) - \text{Grad}(\theta - \theta_k), a_{ij}(\theta_{k+1}) + \text{Grad}(\theta - \theta_{k+1})\}$$

のように，各区間 $[\theta_k, \theta_{k+1}]$ ごとに定まる[†]（図 **7.5** 参照）。これらの平均として，$a_{ij}(\theta)$ のノミナル推定値を $\hat{a}_{ij}(\theta) := (\overline{a}_{ij}(\theta) + \underline{a}_{ij}(\theta))/2$ とおく。$\overline{b}_{ij}(\theta)$, $\underline{b}_{ij}(\theta), \hat{b}_{ij}(\theta)$ についても同様である。

最後に，これらをまとめて表現するために，$\hat{a}_{ij}(\theta), \hat{b}_{ij}(\theta)$ を要素とする行列をそれぞれ $\hat{A}(\theta), \hat{B}(\theta)$ と表し，$S(\theta) = [\,A(\theta) \quad B(\theta)\,]$ とおき，その要素の上下界値を $\overline{s}_{lm}(\theta), \underline{s}_{lm}(\theta)$ とし，さらに $\hat{S}(\theta) = [\,\hat{A}(\theta) \quad \hat{B}(\theta)\,]$ とおく。すると

[†] ただし，$\theta \in [t_1, \theta_1]$ では $\theta_0 = -\infty$, $a(\theta_0) = +\infty$ とし，$\theta \in [\theta_q, t_2]$ では $\theta_{q+1} = +\infty$, $a(\theta_{q+1}) = +\infty$ として，上界値と下界値を定める。

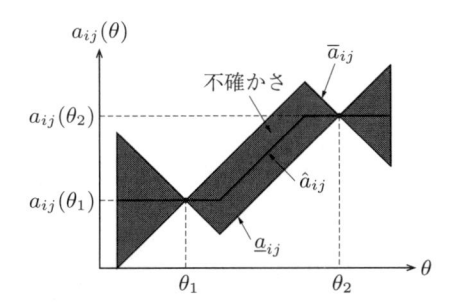

図 7.5 補間による LPV モデルと不確かさの構成

$$S(\theta) = \hat{S}(\theta) + \sum_{l,m} r_{lm}(\theta)\delta_{lm}e_l e_m^T, \tag{7.45}$$

$$|\delta_{lm}| \leqq 1, \quad r_{lm}(\theta) = \frac{\overline{s}_{lm}(\theta) + \underline{s}_{lm}(\theta)}{2}$$

である.ただし,e_l は第 l 要素が 1 で他は 0 のベクトルである.したがって,Δ をすべての δ_{lm} を対角要素に持つ行列とし,これらの並びに合わせて $H(\theta)$ と E をそれぞれ,列ベクトルとして $r_{lm}(\theta)e_l$ を並べた行列,行ベクトルとして e_m を並べた行列とすると,式 (7.45) は以下のように表せる.

$$[\,A(\theta) \quad B(\theta)\,] = S(\theta) = \hat{S}(\theta) + H(\theta)\Delta E$$

したがって,式 (7.44) は以下のように表せる.

$$\dot{e} = \hat{A}(\theta)e + \hat{B}(\theta)u_e + H(\theta)w + d_e, \quad v = Ee, \quad w = \Delta v$$

以上のように θ の区分線形関数でモデリングした LPV システムに対して状態フィードバックで GS 制御を行い,ロバストに軌道追従させる例を示す.

7.4.2 数値例と結果

$\mu = 1$ の場合をノミナルとし,μ が変動するシステム

$$\begin{bmatrix} \dot{x}_1 \\ \dot{x}_2 \end{bmatrix} = \begin{bmatrix} -x_2 \\ x_1 - \mu(1 - x_1^2)x_2 \end{bmatrix} + \begin{bmatrix} 0 \\ 1 \end{bmatrix} u \tag{7.46}$$

を考える.このノミナルシステムは,$u=0$ のとき半径がおよそ $1\sim 2$ の円環領域内に不安定なリミットサイクルを持ち,その内部においては解軌道が原点へ収束し,外部では発散する.

このシステムに対し,目標軌道として半径 2 の円軌道

$$\tilde{x}(t) = \begin{bmatrix} \tilde{x}_1(t) \\ \tilde{x}_2(t) \end{bmatrix} = \begin{bmatrix} 2\cos t \\ 2\sin t \end{bmatrix}, \quad t \in [0, 2\pi]$$

を考えると,ノミナルシステムに対して目標軌道を生成する入力は,式 (7.46) より

$$\tilde{u}(t) = 2\cos t - \{\tilde{x}_1(t) - (1 - \tilde{x}_1(t)^2)\tilde{x}_2(t)\}$$

となる.$(e(t), u_e(t))$ を前述したようにとり,$(\tilde{x}(t), \tilde{u}(t))$ に沿って変分方程式を計算すると

$$\dot{e}(t) = A(\theta)e(t) + Bu_e(t) + Bd_e(t) \tag{7.47}$$
$$A(\theta) = \begin{bmatrix} 0 & -1 \\ 1 + 8\mu\cos\theta\sin\theta & -\mu(1 - 4\cos^2\theta) \end{bmatrix},$$
$$B = \begin{bmatrix} 0 \\ 1 \end{bmatrix}, \quad \theta(t) = t \in [0, 2\pi], \quad \dot{\theta} = 1$$

のような LPV 近似偏差システムとなる.

式 (7.47) の LPV システムから,適当な補間点 $\theta_k \in [0, 2\pi]$ $(k = 1, \cdots, q)$ と Grad を定めると,前述した方法で各要素が区分線形関数で表された LPV モデル

$$\dot{e} = A(\theta)e + Bu_e + H(\theta)w + Bd_e, \quad v = Ee, \quad w = \Delta v \tag{7.48}$$
$$H(\theta) = \begin{bmatrix} 0 & 0 \\ r_{21}(\theta) & r_{22}(\theta) \end{bmatrix}, \quad E = \begin{bmatrix} 1 & 0 \\ 0 & 1 \end{bmatrix}, \quad \Delta = \begin{bmatrix} \delta_{21} & 0 \\ 0 & \delta_{22} \end{bmatrix}$$

が得られる.

LPV 状態フィードバックゲイン $u_e(t) = K(\theta)e(t)$ による閉ループ系で w から v への L_2 ゲインを γ とおき,区分線形モデルの持つ誤差に対処するため,γ を最小化する制御ゲイン $K(\theta)$ をパラメータ依存 LMI を解いて求める.なお,

$\mathrm{im}H(\theta) = \mathrm{im}B$ かつ $e = v$ なので,この最小化は,外乱 d_e の e への影響を小さくすることも意味する.

数値実験にあたり,つぎの 3 設定条件を変化させた.

1. $\dot{\theta}$ の範囲
2. θ に依存したパラメータ a_{21}, a_{22} の変化率の上下界値 Grad
3. θ を固定したとき(凍結システム)の閉ループ極の実部領域

ただし,式 (7.48) のシステムでは高ゲインであるほどモデリング誤差や外乱へのロバスト性が増すため[†],3 の制御仕様でこれを抑制した.

上の 3 設定条件を 2 通りずつ変化させ,計 8 種類のケースについて数値実験を行った結果,線形化計算が必要であった点数を**表 7.1** にまとめる.$\dot{\theta}$ の範囲変更に関しては,この数値実験の条件では変化がなかった.

表 7.1 数値実験の諸条件(Re[poles] は,凍結システムの閉ループ極の実部を表す)

選定点の数 q	$\dot{\theta}(t)$	Grad	Re[poles]
4	[0.90, 1.10]	8	[−10.00, −0.01]
4	[1.00, 1.00]	8	[−10.00, −0.01]
8	[0.90, 1.10]	12	[−10.00, −0.01]
8	[1.00, 1.00]	12	[−10.00, −0.01]
8	[0.90, 1.10]	8	[−5.00, −0.01]
8	[1.00, 1.00]	8	[−5.00, −0.01]
12	[0.90, 1.10]	12	[−5.00, −0.01]
12	[1.00, 1.00]	12	[−5.00, −0.01]

いくつかの設定条件で選定された計算点と構成された LPV 補間モデルを**図 7.6**,**図 7.7**,**図 7.8** に示す.

各図で 1, 2 段目はそれぞれ $A(\theta)$ の (2,1), (2,2) 要素の変化の様子であり,太い実線が式 (7.47) で表される真の a_{2j} $(j = 1, 2)$,実線が補間点から計算されたノミナル推定値 $\hat{a}_{2j}$,破線が不確かさの上下界値 $\bar{a}_{2j}, \underline{a}_{2j}$ である.3 段目は,1, 2 段目の区分線形関数 $\hat{a}_{2j}$ による LPV モデルに対する各区間での L_2 ゲイン

[†] マッチング条件(すなわち $\mathrm{im}H(\theta) \subset \mathrm{im}B$)を満たすので,$K(\theta)$ が高ゲインのとき δ_{ij} の影響が小さくなる.

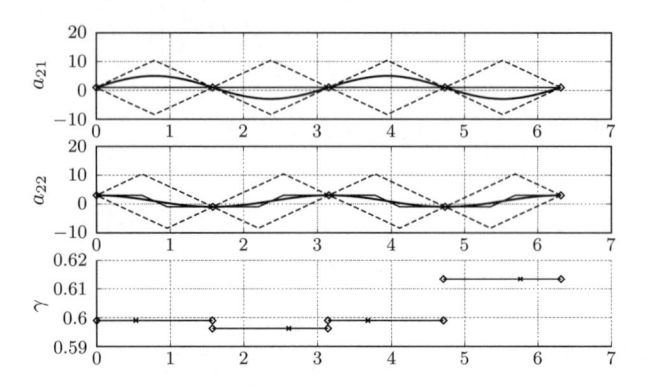

図 7.6 区分線形関数による各係数の近似と各区間での L_2 ゲイン γ
($\dot{\theta}(t) \in [0.90, 1.10]$, Grad = 8, Re[poles] $\in [-10.00, -0.01]$)

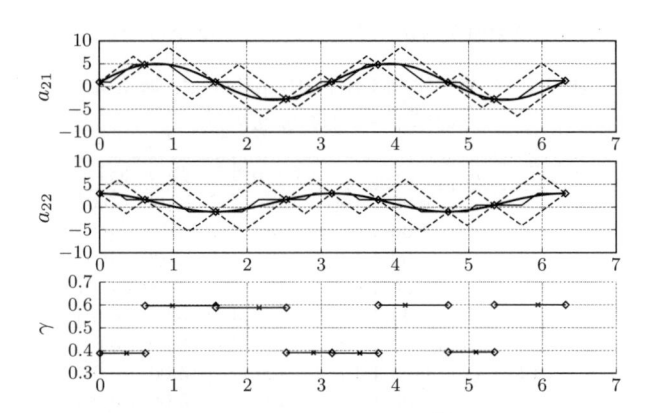

図 7.7 区分線形関数による各係数の近似と各区間での L_2 ゲイン γ
($\dot{\theta}(t) \in [0.90, 1.10]$, Grad = 12, Re[poles] $\in [-10.00, -0.01]$)

γ の最小値である.

最後に,得られたゲイン $K(\theta)$ の一つを用いて

$$u = u_e + \tilde{u} = K(\theta)e + \tilde{u}$$

を軌道制御システムに入力したときの,いくつかの初期値や散発的な μ の変動に対する応答を図 7.9,図 7.10 に示す.図 7.9,図 7.10 (b) では,破線が目標軌道,実線が制御時の軌道である.

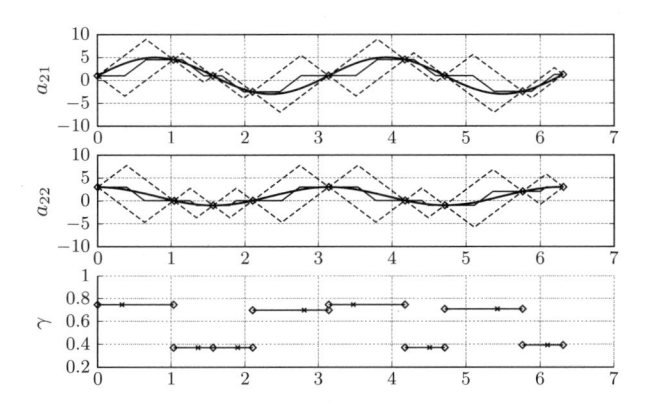

図 7.8 区分線形関数による各係数の近似と各区間での L_2 ゲイン γ ($\dot{\theta}(t) \in [0.90, 1.10]$, Grad = 8, Re[poles] $\in [-5.00, -0.01]$)

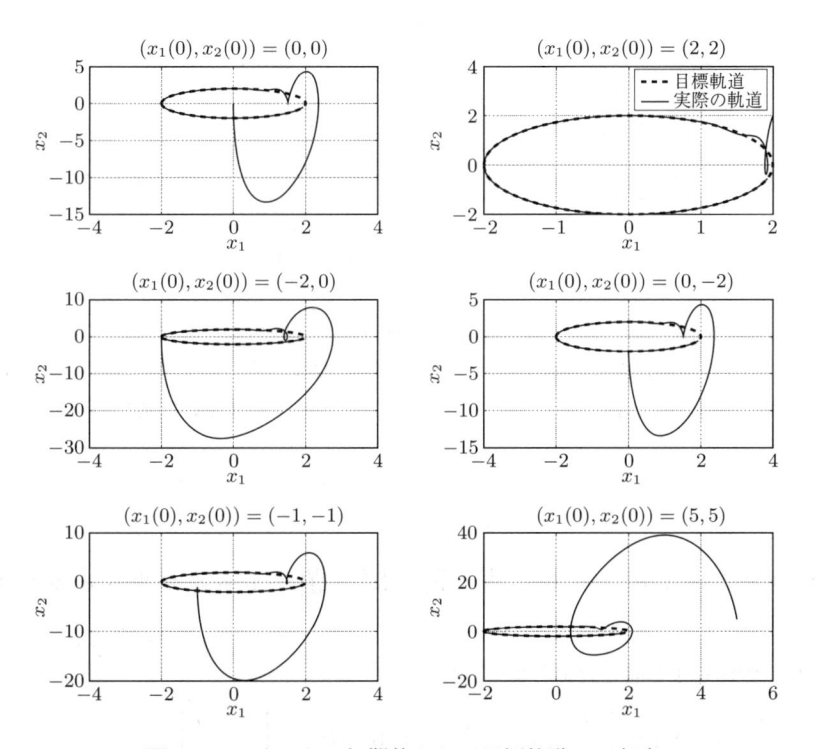

図 7.9 いくつかの初期値からの目標軌道への収束

214   7. ゲインスケジュールド制御

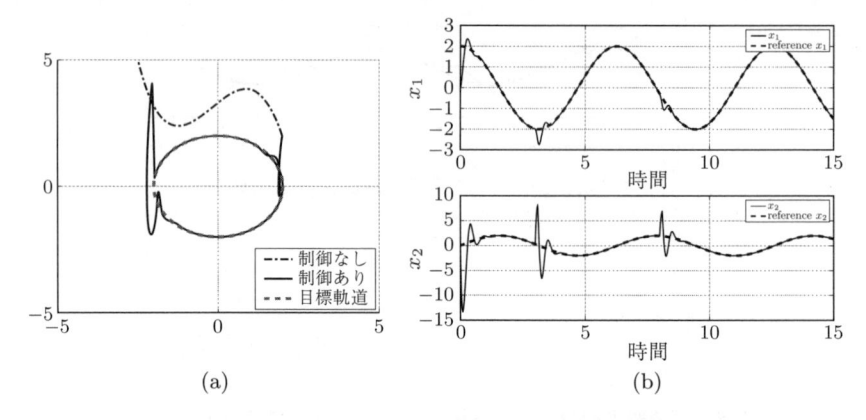

図 7.10 外乱が入った場合の軌道と時間応答

考慮する動作領域からの逸脱や μ の変動（微分方程式の式 (7.43) の不確かさ d に対応）が大きい場合には，必ずしも良好な収束が得られるわけではない．

──── コーヒーブレイク ────

LPV モデルを用いた GS 制御の基本的な考え方と設計の理論的側面は，7.3 節で述べたように，十分整備されてきている．応用を念頭に置いたとき，パラメータ依存行列不等式の求解と関係が深いのは，「制御対象を LPV モデルの形にいかにモデリングするか」という問題であり，今後の充実と発展が望まれる．

GS 制御は線形ロバスト制御を軸としながら，固定制御器の束縛から踏み出したばかりの発展段階とも考えられる．生物などの適応・学習システムは制御機構の究極の姿の一つであるが，そこに至るまでには，まだ多くの問題の解決が必要である．

━━━━━━━━━━

********** 演 習 問 題 **********

【1】 定理 6.2 と同じ設定，すなわち
$$X_{\mathrm{cl}} = \begin{bmatrix} P_g & -P_g \\ -P_g & S^{-1}P_f P_g \end{bmatrix} \succ 0, \quad U_f = \begin{bmatrix} P_f & I \\ S & 0 \end{bmatrix},$$
$$P_f \succ S \succ 0, \quad P_g = (P_f - S)^{-1} \succ 0$$

のもとで単位行列以外のすべての行列が時変なとき，式 (7.33) が成り立つことを示せ。

【2】 定理 7.1 を一般化し，つぎのような行列データの回帰問題を考えよう。N 個のデータ $(x_j, Y_j) \in \mathbf{R}^n \times \mathbf{R}^{m \times p}$ $(j = 1, \cdots, N)$ と l_0 個の関数系 $f_l(x)$ $(l = 1, \cdots, l_0)$ が与えられたとする。回帰誤差 $E_j \in \mathbf{R}^{m \times p}$

$$E_j := Y_j - \left(A_0 + \sum_{l=1}^{l_0} f_l(x_j) A_l \right), \quad j = 1, \cdots, N$$

に対し，それぞれ

$$\sum_{j=1}^{N} \|E_j\|^2 = \sum_{j=1}^{N} \bar{\sigma}(E_j)^2 \quad \text{と} \quad \sum_{j=1}^{N} \|E_j\|_F^2$$

を最小にする係数行列 $A_l \in \mathbf{R}^{m \times p}$ $(l = 0, \cdots, l_0)$ を求める問題を SDP で表せ。

付　録

　線形代数，集合と位相，システム制御工学の分野から，本書で詳しい説明なしに用いている予備知識を簡単にまとめる．詳細は 1.3 節に挙げた参考書を参照されたい．

A.1　線形代数からの簡単な準備——固有値・特異値・ノルム

A.1.1　内積とノルム

本書では，特に断らない限り，以下の内積とノルムを用いる．
複素ベクトル $x = (x_i) \in \mathbf{C}^n$, $y = (y_i) \in \mathbf{C}^n$ の内積とノルムは

$$\langle x, y \rangle := y^* x = \sum_{i=1}^n x_i \overline{y_i} = \overline{\langle y, x \rangle} \in \mathbf{C}, \quad \|x\| := \langle x, x \rangle^{1/2} \in \mathbf{R}$$

を用いる．実ベクトル $x, y \in \mathbf{R}^n$ の内積とノルムも同じ定義だが，実際に書くと

$$\langle x, y \rangle := y^T x = \sum_{i=1}^n x_i y_i = \langle y, x \rangle \in \mathbf{R}, \quad \|x\| := \langle x, x \rangle^{1/2} \in \mathbf{R}$$

となる．内積はつねに実数値であることに注意する．つぎの性質がある[†]．

$$\|x\| \geqq 0 \ (\|x\| = 0 \Leftrightarrow x = 0), \quad \|\alpha x\| = |\alpha| \cdot \|x\| \ (\alpha \in \mathbf{C} \text{ または } \alpha \in \mathbf{R}),$$

$$\|x + y\| \leqq \|x\| + \|y\| \ \text{(三角不等式)},$$

$$|\langle y, x \rangle| \leqq \|x\| \cdot \|y\| \ \text{(シュワルツの不等式)}.$$

　正方とは限らない同じサイズの複素行列 A, B の内積は（トレース内の行列を転置しても値は不変なので）

$$\langle A, B \rangle := \mathrm{tr}(B^* A) = \mathrm{tr}(A^T \overline{B}) = \overline{\mathrm{tr}(A^* B)} = \overline{\langle B, A \rangle} \in \mathbf{C}$$

であり，実行列に対しては * を ^{T} に取り替えたものとする（このときは実数値）．

[†] 後に示す L_2 ノルムもこれらの性質を満たす．シュワルツの不等式は $\int_0^\infty |x(t)^T y(t)| dt \leqq \|x\|_{L_2} \cdot \|y\|_{L_2}$ となる．rms 値は $\|x\|_{\mathrm{rms}} = 0 \Rightarrow \forall t, x(t) = 0$ が成立しない．

A.1　線形代数からの簡単な準備——固有値・特異値・ノルム

注：n 次エルミート行列（$A = A^*$ を満たす行列）の集合 $\mathrm{Herm}(n;\mathbf{C})$ は，実数体上のベクトル空間と見なす．よって，次元は n^2 であり，実数のスカラ積で閉じており，内積は実数値，すなわち $\forall A, B \in \mathrm{Herm}(n;\mathbf{C})$（$\forall \alpha \in \mathbf{R}$）に対して

$$\alpha A \in \mathrm{Herm}(n;\mathbf{C}), \quad \langle A, B \rangle = \mathrm{tr}(B^*A) = \mathrm{tr}(A^*B) = \langle B, A \rangle \in \mathbf{R}$$

が成り立つ（トレース内の行列積は可換であるため）．

$A = (a_{ij}) \in \mathbf{C}^{n \times m}$（または $\mathbf{R}^{n \times m}$）とする．**フロベニウスノルム**は

$$\|A\|_{\mathrm{F}} := \sqrt{\langle A, A \rangle} = \left(\sum_{i=1}^{n} \sum_{j=1}^{m} |a_{ij}|^2 \right)^{1/2}$$

と定義される．$n = 1$ または $m = 1$ のときはベクトルのノルムと一致する．

一方，**スペクトルノルム**（本書で通常用いる行列ノルム）は

$$\|A\| := \sup_{x \neq 0} \frac{\|Ax\|}{\|x\|} = \sup_{\|x\| = 1} \|Ax\|$$

と定義される．$\|A\|$ は後述する最大特異値 $\sigma_{\max}(A)$ に一致する．すなわち

$$\|A\| = \sqrt{\lambda_{\max}(A^*A)} = \sigma_{\max}(A) := \sigma_1(A)$$

となる．

フロベニウスノルムとスペクトルノルムは，つぎのような性質を持つ．

$$\|A\| \geqq 0 \ (\|A\| = 0 \Leftrightarrow A = 0), \quad \|\alpha A\| = |\alpha| \cdot \|A\| \ (\alpha \in \mathbf{C} \ \text{または} \ \alpha \in \mathbf{R}),$$
$$\|A + B\| \leqq \|A\| + \|B\|, \quad \|AB\| \leqq \|A\| \cdot \|B\|$$

A.1.2　特異値と固有値

$A \in \mathbf{C}^{n \times m}$，$\mathrm{rank}\, A = r$ に対して，それぞれ n 次と m 次のある正方行列 V, U が存在して，つぎのように分解できる．

$$A = V\Sigma U^*, \quad \text{ただし}, \quad VV^* = I_n,\ UU^* = I_m,$$
$$\Sigma = \begin{bmatrix} \Sigma_r & 0_{r \times (m-r)} \\ 0_{(n-r) \times r} & 0_{(n-r) \times (m-r)} \end{bmatrix}, \ \Sigma_r = \mathrm{diag}\{\sigma_1, \cdots, \sigma_r\} \in \mathbf{R}^{r \times r},$$
$$\sigma_1 \geqq \sigma_2 \geqq \cdots \geqq \sigma_r > 0, \quad \sigma_{r+1} := \cdots := \sigma_{\min\{n,m\}} := 0$$

これを A の**特異値分解**といい，実数 σ_i（$i = 1, \cdots, \min\{n, m\}$）を A の**特異値**と呼ぶ．特に**最大特異値** σ_1 は行列のノルムと一致する．すなわち $\|A\| = \sigma_1(A)$ である．$A^* = U\Sigma V^*$ より $\sigma_i(A) = \sigma_i(A^*)$（$i = 1, \cdots, \min\{n, m\}$）である．

$T^{-1} = T^*$ を満たす複素正方行列を**ユニタリ行列**という。また，$T^{-1} = T^T$ を満たす実正方行列を**直交行列**という。上の特異値分解で現れる V, U はユニタリ行列である。A が実行列の場合は，直交行列 V, U で特異値分解される。

$A \in \mathbf{C}^{n \times n}$ がエルミート行列の場合，ある n 次ユニタリ行列 V が存在してつぎのように分解できる。

$$A = V \Lambda V^*$$

ただし，$\Lambda = \mathrm{diag}\{\lambda_1, \cdots, \lambda_n\} \in \mathbf{R}^{n \times n}, \quad V = [v_1 \ \cdots \ v_n] \in \mathbf{C}^{n \times n}$

これは A の**固有値（スペクトル）分解**と呼ばれ，実数 λ_i は A の固有値，v_i は対応する固有ベクトルであり，すなわち $Av_i = \lambda_i v_i \ (i = 1, \cdots, n)$ である。特に A が実対称行列の場合，V は直交行列となる。

A がエルミート行列のとき，A の各固有値の絶対値 $|\lambda_j| \ (j = 1, \cdots, n)$ を降順に並べ替えたものが A の特異値 $\sigma_i \ (i = 1, \cdots, n)$ となる。したがって

$$\|A\| = \sigma_1(A) = \max\{|\lambda_{\min}(A)|, |\lambda_{\max}(A)|\}$$

の関係が成り立つ。また，$A \succeq 0$ の場合，特異値分解は固有値分解の一つで，特に $U = V$ となる。

A.2 集合と位相からの簡単な準備

【定義 A.1】 （ϵ 近傍）

$\mathbf{R}^n$ の点 x と正数 ϵ に対して，集合

$$B(x; \epsilon) := \{y \in \mathbf{R}^n \mid \|y - x\| < \epsilon\}$$

を x の ϵ 近傍という。ただし，$\|x\| := \left(\sum_{i=1}^{n} x_i^2\right)^{1/2}$ である。

【定義 A.2】 （内点）

$\mathbf{R}^n$ の部分集合 $\mathcal{A}$ の要素を x とする。ある $\epsilon > 0$ が存在して $B(x; \epsilon) \subset \mathcal{A}$ となるとき，x は $\mathcal{A}$ の**内点**（interior point）と呼ばれる。$\mathcal{A}$ のすべての内点の集合は $\mathcal{A}$ の**内部**（interior）と呼ばれ，int$\mathcal{A}$ と記される。int$\mathcal{A} = \mathcal{A}$ のとき，$\mathcal{A}$ は**開集合**（open set）と呼ばれる。

【定義 A.3】 （閉包点（触点），境界点）

$\mathcal{A}$ を $\mathbf{R}^n$ の部分集合とする．$\mathbf{R}^n$ の要素 x が任意の $\epsilon > 0$ に対して $B(x;\epsilon) \cap \mathcal{A} \neq \emptyset$ となるとき，x は $\mathcal{A}$ の**閉包点**（closure point）または触点と呼ばれる．$\mathcal{A}$ のすべての閉包点の集合は $\mathcal{A}$ の**閉包**（closure）と呼ばれ，$\mathrm{cl}\mathcal{A}$ と記される．$\mathrm{cl}\mathcal{A} = \mathcal{A}$ のとき，$\mathcal{A}$ は**閉集合**（closed set）と呼ばれる．

また，$\mathrm{cl}\mathcal{A} \backslash \mathrm{int}\mathcal{A}$ は $\mathcal{A}$ の**境界**（boundary）と呼ばれ，$\mathrm{bd}\mathcal{A}$ と記される．$\mathrm{bd}\mathcal{A}$ の要素は $\mathcal{A}$ の**境界点**（boundary point）と呼ばれる．

これらの定義から，一般に $\mathrm{cl}\mathcal{A} \supset \mathcal{A} \supset \mathrm{int}\mathcal{A}$ である．

例 A.1

$B(x;\epsilon)$ 自身も開集合，$\mathrm{bd}B(x;\epsilon)$ は x からの長さが ϵ である超球面である．$\mathbf{R}^3$ の曲面や曲線のように "厚さのない" 集合は開集合ではない（内点がないため）．$\mathbf{R}^n$ は開集合であり，かつ閉集合でもある．ある集合 $\mathcal{A}$ の閉包点や境界点の一部のみが $\mathcal{A}$ の要素なら，$\mathcal{A}$ は開集合でも閉集合でもない．

【定義 A.4】 （結合と包）

任意の自然数 q と $\mathbf{R}^n$ の q 個のベクトルの集合 $\{v_i\}_{i=1}^q$ に対して

$$x := \sum_{i=1}^q \alpha_i v_i, \quad \mathbf{R} \ni \alpha_i,\ i=1,\cdots,q \tag{A.1}$$

のように定義されるベクトルは，$\{v_i\}_{i=1}^q$ の**線形結合**（linear combination）と呼ばれる．$\mathcal{A} \subset \mathbf{R}^n$ に属する任意のベクトル v_i の線形結合として表される x 全体を $\mathrm{span}\mathcal{A} \subset \mathbf{R}^n$ と表す．

式 (A.1) で係数を特に $\left\{\sum_{i=1}^q \alpha_i = 1\right\}$ または $\{\alpha_i \geqq 0,\ i=1,\cdots,q\}$ に限った場合，対応する線形結合はそれぞれ**アファイン結合**（affine combination），**非負結合**（nonnegative combination）[†] と呼ばれる．また，アファイン結合であり，かつ非負結合でもあるとき，**凸結合**（convex combination）と呼ばれる．

$\mathrm{span}\mathcal{A}$ の場合と同様に，これらの結合に対応して，それぞれ $\mathrm{aff}\mathcal{A}$，$\mathrm{nonneg}\mathcal{A}$，$\mathrm{conv}\mathcal{A}$ が定義される．$\mathrm{aff}\mathcal{A}$，$\mathrm{nonneg}\mathcal{A}$，$\mathrm{conv}\mathcal{A}$ をそれぞれ $\mathcal{A}$ の**アファイン包**，**非負包**，**凸包**と呼ぶ．

[†] 錐結合（conic combination）と呼ばれるときもある．

注：span$\mathcal{A}$ は $\mathcal{A}$ を含む最小の線形部分空間[†]である．同様に，aff$\mathcal{A}$, nonneg$\mathcal{A}$, conv$\mathcal{A}$ は，それぞれ $\mathcal{A}$ を含む最小のアファイン部分空間，凸錐，凸集合である．したがって，$\mathcal{A}$ が凸かどうかにかかわらず，span$\mathcal{A}$, aff$\mathcal{A}$, nonneg$\mathcal{A}$, conv$\mathcal{A}$ はつねに凸である．

例 A.2 $\mathbf{R}^3$ の円 $\mathcal{A} := \{(x, y, 1) | x^2 + y^2 = 1\}$ を考えよう．このとき，各包は以下のようになる．

$$\text{span}\mathcal{A} = \mathbf{R}^3$$
$$\text{aff}\mathcal{A} = \{(x, y, 1) | \forall x, y \in \mathbf{R}\}$$
$$\text{nonneg}\mathcal{A} = \{(x, y, z) | x^2 + y^2 \leqq z^2, z \geqq 0\}$$
$$\text{conv}\mathcal{A} = \{(x, y, 1) | x^2 + y^2 \leqq 1\}$$

また，この集合 $\mathcal{A}$ については以下が成り立つ．

$$\text{cl}(\text{conv}\mathcal{A}) = \text{conv}\mathcal{A}, \quad \text{int}(\text{conv}\mathcal{A}) = \emptyset, \quad \text{bd}(\text{conv}\mathcal{A}) = \mathcal{A}$$

上の**例 A.2** の conv$\mathcal{A}$ のように内点を持たない凸集合を扱わなければならないことがしばしばある．一般に，$\mathbf{R}^n$ 内の凸集合 $\mathcal{C}$ が内点を持たない（int$\mathcal{C} = \emptyset$）のは，aff$\mathcal{C}$ の次元（**定義 A.5** 参照）が n 未満になるときである．したがって，このようなときには，$\mathcal{C}$ の相対的内点を定義しておくと便利である．

【定義 A.5】 （凸集合の次元，相対的内点）
凸集合 $\mathcal{C} \subset \mathbf{R}^n$ のアファイン包 aff$\mathcal{C}$ に含まれる線形独立なベクトルの最大数を $\mathcal{C}$ の**次元**と呼ぶ（$\mathcal{C} = \emptyset$ のとき，次元は -1 とする）．

$x \in \mathcal{C}$ に対し，ある $\epsilon > 0$ が存在し $B(x; \epsilon) \cap \text{aff}\mathcal{C} \subset \mathcal{C}$ となるとき，x は $\mathcal{C}$ の**相対的内点**（relative interior point）と呼ばれる．$\mathcal{C}$ のすべての相対的内点の集合は $\mathcal{C}$ の**相対的内部**（relative interior）と呼ばれ，ri$\mathcal{C}$ と記される．

上の**例 A.2** では，ri(conv$\mathcal{A}$) = $\{(x, y, 1) | x^2 + y^2 < 1\}$ である．

注：cl$\mathcal{C} \supset \mathcal{C} \supset$ ri$\mathcal{C}$ が成り立つ．$\mathcal{C}$ の次元が n のとき ri$\mathcal{C}$ = int$\mathcal{C}$ であるが，0 以上で $n-1$ 以下のときは int$\mathcal{C} = \emptyset$ に対し一般に ri$\mathcal{C} \neq \emptyset$ である．$\mathcal{C}, \mathcal{C}'$ を凸集合とするとき，つぎの性質があることが知られている[35]．

$$\text{ri}(\text{cl}\mathcal{C}) = \text{ri}\mathcal{C}, \quad \text{ri}(\mathcal{C} + \mathcal{C}') = \text{ri}\mathcal{C} + \text{ri}\mathcal{C}' \tag{A.2}$$

[†] すなわち $\mathcal{A} \subseteq V \subseteq \text{span}\mathcal{A}$ を満たすような他の線形部分空間 V が存在しない．

A.3　システム制御工学からの簡単な準備

A.3.1　線形システム理論からの必要事項

本書で中心的に扱っている常微分方程式と代数方程式

$$\Sigma : \quad \dot{x} = Ax + Bu, \quad y = Cx + Du \tag{A.3}$$

で表されたシステム Σ について，基礎事項を簡単にまとめておこう。

式 (A.3) は**状態方程式**と呼ばれ，$u(t) \in \mathbf{R}^m$，$y(t) \in \mathbf{R}^p$，$x(t) \in \mathbf{R}^n$ はそれぞれ**入力**，**状態変数**，**出力**を表し，A, B, C, D は実定数行列である。Σ は，有限次元の**線形時不変システム**と呼ばれる。$\delta(t)$ をデルタ関数として

$$g(t) = \begin{cases} C\exp(At)B + D\delta(t), & t \geq 0 \\ 0, & t < 0 \end{cases}$$

と，そのラプラス変換 $G(s) = D + C(sI - A)^{-1}B$ を，それぞれ Σ の**インパルス応答**，**伝達関数**と呼ぶ。$D = 0$ のとき，Σ や $G(s)$ は**厳密にプロパ**と呼ばれる。

状態方程式の解 $x(t)$ は，初期値 $x(0) = x_0$ と $t \geq 0$ で与えられた入力 $u(t)$ に対し

$$x(t) = \exp(At)x_0 + \int_0^t \exp\{A(t-\tau)\}Bu(\tau)d\tau, \quad t \geq 0$$

と表すことができる。$\forall t$ で入力 $u(t) = 0$ のとき，正方行列 A のすべての固有値の実部が負であることと，任意の初期値 x_0 に対し $\lim_{t \to +\infty} x(t) = 0$ が成り立つことは同値である。このような $x(t)$ を式 (A.3) の**漸近安定**な解というが，本書では語弊を恐れず，このようなシステム Σ や行列 A も**安定**と呼んでいる。また，Σ が安定なとき，任意の初期値 x_0 に対して $\|u(t)\|$ が $\forall t$ で有界なら $\|y(t)\|$ も $\forall t$ で有界であるが，逆は成り立たない[†]。

可制御性，**可観測性**の定義は省略するが，これらと同値な条件あるいはテストとしてよく用いられるものを挙げる（可制御性のみ）。

【補題 A.1】 行列 $A \in \mathbf{R}^{n \times n}$，$B \in \mathbf{R}^{n \times m}$ に対し，つぎの条件は同値である。

1) (A, B) は可制御である。
2) $\mathrm{rank}\,[B \quad AB \quad \cdots \quad A^{n-1}B] = n$

[†] 不可制御または不可観測の場合，このようなことが起こる。

3) rank$[sI - A \quad B] = n, \forall s \in \mathbf{C}$

4) 任意の $\xi \in \mathbf{R}^n \backslash \{0\}$ に対し,$\exists t \geqq 0, \xi^T \exp(At)B \neq 0$

特に 3) で A の固有値 λ が rank$[\lambda I - A \quad B] = n$ を満たす(満たさない)とき,λ を**可制御な(不可制御な)固有値**と呼ぶことにする.(C, A) が可観測であることは (A^T, C^T) が可制御であることと同値なので,可観測性についても上の補題が適用できる.また,3) に関連して,$\mathbf{C}$ の代わりに閉右半平面 $\{s|\text{Re}[s] \geqq 0\}$ としたとき,(A, B) は**可安定**と呼ばれる.これは不可制御な固有値があれば,その実部は負であることを意味する.(A^T, C^T) が可安定のとき,(C, A) は**可検出**と呼ばれる.

(L, A) が可観測とする.**補題 4.2** より,**リアプノフ方程式**

$$A^T X + X A + L^T L = 0$$

を満たす X について,$X \succ 0$ と A が安定であることとが同値であった.$X \succ 0$ のとき,状態変数 x の 2 次形式で与えられる関数 $V(x) = x^T X x$ を考えると

$$\frac{d}{dt} V(x(t)) = \dot{x}^T X x + x^T X \dot{x} = (Ax + Bu)^T X x + x^T X (Ax + Bu)$$

となる.したがって,$\forall t \geqq 0$ で入力 $u(t) = 0$ のとき,状態空間の原点 $x = 0$ 以外で

$$V(x) = x^T X x > 0, \quad \dot{V}(x) = -x^T L^T L x \leqq 0, \quad \forall t \geqq 0$$

である.このような関数 $V(x)$ を(Σ の)**リアプノフ関数**という.上式から $V(x)$ は単調非増加であるが,(L, A) の可観測性からより強く $\lim_{t \to +\infty} V(x(t)) = 0$ となることが示され,$x(t)$ の漸近安定性が従う.Σ のような有限次元の線形時不変システムでは逆も成り立ち,システムの安定性なら 2 次形式のリアプノフ関数が存在する.

A.3.2 消散性を保証する 2 次形式の蓄積関数について

つぎの補題は,消散的な線形時不変システムでは 2 次形式の蓄積関数 $V(x)$ が存在することを主張している.最適レギュレータ理論を使って $V_r(x)$ が 2 次形式となることを示す方法[74] が知られているが,ここでは連続微分可能性の仮定を設けてより簡単な証明を示す.

【**補題 A.2**】 システム Σ が消散的で原点近傍で C^3 級の蓄積関数 $V(x)$ が存在するなら,2 次形式の蓄積関数も必ず存在する.

証明 $V(x)$ が消散不等式 (4.7) を満たすとする。**定理 4.2** と同様な連続性の議論より，これはつぎの条件と同値である．

$$-\frac{\partial V}{\partial x}(x)(Ax+Bu) + \begin{bmatrix} x \\ u \end{bmatrix}^T W \begin{bmatrix} x \\ u \end{bmatrix} \geqq 0, \quad \forall \begin{bmatrix} x \\ u \end{bmatrix} \in \mathbf{R}^{n+m} \quad (\text{A}.4)$$

$V(x)$ の定数分の増減はこの条件に無関係なので $V(0) = 0$ として，C^3 級なので

$$V(x) = q^T x + x^T P x + o(\|x\|^2), \quad q \in \mathbf{R}^n$$

とテーラー展開の形にすることができる．よって，式 (A.4) は，任意の $(x, u) \in \mathbf{R}^{n+m}$ に対して

$$-q^T(Ax+Bu) - 2x^T P(Ax+Bu) + \begin{bmatrix} x \\ u \end{bmatrix}^T W \begin{bmatrix} x \\ u \end{bmatrix} + o(\|x\|^2) \geqq 0$$

であることを意味する．したがって，原点 $x = 0$ 近傍で考えれば，1 次の項（左辺第 1 項）は 0，2 次の項（左辺第 2, 3 項）は非負，すなわち $q = 0$ と LMI (4.10) が必要条件となることがわかる．したがって，$V(x)$ が消散不等式 (4.7) を満たす蓄積関数なら，その 2 次の項のみを用いた $x^T P x$ も式 (4.7) を満たす．　△

A.3.3　関数のノルムと入出力安定性

システムの働きを，入力関数を出力関数に写像する作用素と捉えて，システムの安定性を論じることができる．重要な結果の豊富な蓄積が文献39)〜41) にあるが，ここでは本書で用いる結果のみをまとめる．

実ベクトル値をとる関数 $x(t)$ $(t \in [0, \infty))$ に対して

$$\|x\|_{L_2} := \left(\int_0^\infty \|x(t)\|^2 dt \right)^{1/2}, \quad \|x\|_{\mathrm{rms}} := \left(\lim_{T \to \infty} \frac{1}{T} \int_0^T \|x(t)\|^2 dt \right)^{1/2}$$

を，それぞれ $x(t)$ の **L_2 ノルム**および rms (root mean square) 値という．L_2 ノルムが有限値をとる関数の集合を **$L_2[0, \infty)$ 空間**と呼ぶ．本書では単に L_2 と書く．

実ベクトル値関数 $x(t) \in L_2$ は，通常のフーリエ変換が可能とは限らないが

$$\lim_{T \to \infty} \int_0^T x(t) e^{-j\omega t} dt, \, \omega \in \mathbf{R}$$

は，虚軸上のある複素ベクトル値関数 $\hat{x}(j\omega)$ に収束する[†]．この $\hat{x}(j\omega)$ を $x(t) \in L_2$ の**フーリエ変換**と呼ぶ[39]．また，$x(t), y(t) \in L_2$ とそれらのフーリエ変換 $\hat{x}(j\omega), \hat{y}(j\omega)$

[†] （積分区間を $\mathbf{R}$ に置き換えて定義された）L_2 ノルムの意味で $\hat{x}(j\omega)$ に収束する[39]．

に対してつぎの**パーセバルの等式**が成り立つ．

$$\int_0^\infty x^T(t)y(t)dt = \frac{1}{2\pi}\int_{-\infty}^\infty \hat{x}^*(j\omega)\hat{y}(j\omega)d\omega$$

システム制御では，L_2 ノルムを信号 $x(t)$ のエネルギーと見なして最適レギュレータや H_∞ 制御などに利用し，L_2 空間はエネルギー有限な信号の集合と解釈される．同様に，rms 値は信号のパワー（エネルギーの時間平均）である．しかし，正弦波やステップ関数はパワー有限ではあるが，エネルギー有限ではない（つまり，L_2 空間には属さない）し，$\exp t$ はパワー有限でもない．

そこで，工学でもよく用いられるより一般的な信号に対するシステムの安定性を論じるために，L_2 空間を拡張する．まず，つぎのような作用素を導入する．

【定義 A.6】 （打切り作用素）
非負実数 T によって定まる作用素 P_T の関数 $u(t)$（$t \in [0,\infty)$）に対する作用を $P_T u$ と表し，つぎのように定義する．

$$(P_T u)(t) := \begin{cases} u(t), & 0 \leqq t \leqq T \\ 0, & t > T \end{cases}$$

P_T を**打切り作用素**（truncation operator）と呼び，$u_T := P_T u$ と略記する．

定義から，$u \in L_2$ に対し，$\|P_T u\|_{L_2} \leqq \|u\|_{L_2}$ であることに注意する．

任意の非負実数 T に対して，$\|P_T u\|_{L_2}$ が有限値となるベクトル値関数 $u(t)$（$t \in [0,\infty)$）の集合を $\boldsymbol{L_{2e}}[0,\infty)$ 空間（extended L_2-space）と呼び，本書では L_{2e} と書く．正弦波，ステップ関数，$\exp t$ など，有限時間で発散しない関数は，L_{2e} 空間の要素である．また，定義より明らかに $L_2 \subset L_{2e}$ である．

【定義 A.7】 （$\boldsymbol{L_2}$ 安定性と $\boldsymbol{L_2}$ ゲイン）
H を L_{2e} から L_{2e} への作用素とする．H が $\boldsymbol{L_2}$ **安定**とは，任意の $u \in L_2$ に対して $Hu \in L_2$ を満たすことである．さらに，L_2 安定な H が**有限ゲイン**（$\boldsymbol{\gamma}$ で）$\boldsymbol{L_2}$ **安定**とは，ある非負定数 γ が存在して

$$\forall u \in L_{2e}, \forall T \geqq 0, \quad \|(Hu)_T\|_{L_2} \leqq \gamma \|u_T\|_{L_2}$$

を満たすことであり[†]，このような γ の下限値を H の $\boldsymbol{L_2}$ **ゲイン**という．

[†] システムの初期値の影響などを考慮するため，$\|Hu\|_{L_2} \leqq \gamma\|u\|_{L_2} + b$（$\forall u \in L_2$）と定数バイアス b を加える定義もある．

例 A.3 有限次元の線形時不変システムは，すべての極の実部が負なら有限ゲイン L_2 安定であり，L_2 ゲインはその伝達関数の H_∞ ノルムである。

一方，$(Hu)(t) := \|P_t u\|_{L_2} u(t)$ と定義された H は，L_2 安定だが有限ゲイン L_2 安定ではない。なぜなら，$\|(Hu)_T\|_{L_2} = \|u_T\|_{L_2}^2$ となり，$\gamma \geqq 0$ をどのように選んでも $\gamma < \|u_T\|_{L_2}$ となる T と u は無数にあるからである。

つぎの因果性は，任意の T に対し，$T < t$ なる時刻 t の入力値 $u(t)$ の影響が，$\tau \leqq T$ なる時刻 τ のシステム H の出力値 $(Hu)(\tau)$ に現れないことを要請する。

【定義 A.8】 （因果性）
L_{2e} から L_{2e} への作用素 H が**因果的**（causal）とは，任意の $T \geqq 0$ について $P_T H = P_T H P_T$，すなわち次式が成り立つことである。

$$\forall u \in L_{2e}, \forall T \geqq 0, \quad (Hu)_T = (Hu_T)_T$$

ただし，$P_T H$ と $P_T H P_T$ は合成写像 $P_T \circ H$ と $P_T \circ H \circ P_T$ を表す。

定義から，因果的な作用素 $H_i : L_{2e} \to L_{2e}$ $(i = 1, 2)$ に対して，$H_1 H_2$ $(:= H_1 \circ H_2)$ や $H_1 + H_2$ も $L_{2e} \to L_{2e}$ で因果的となることは明らかであろう。

つぎの補題は，因果的な作用素 H の L_2 安定性と有限ゲイン L_2 安定性の関係を示している。

【補題 A.3】 $H : L_{2e} \to L_{2e}$ は因果的とする。つぎの 2 条件は同値である。

1) H は有限ゲイン γ で L_2 安定である。

2) $\|Hu\|_{L_2} \leqq \gamma \|u\|_{L_2}, \forall u \in L_2$

証明 1) $\Rightarrow$ 2) は $u \in L_2$ として定義で $T \to \infty$ とすれば明らかである。逆は，因果性と $\|P_T u\|_{L_2} \leqq \|u\|_{L_2}$ $(u \in L_2)$ となることから，つぎのように得られる。$\|(Hu)_T\|_{L_2} = \|(Hu_T)_T\|_{L_2} = \|P_T H u_T\|_{L_2} \leqq \|H u_T\|_{L_2} \leqq \gamma \|u_T\|_{L_2}$ $(\forall u \in L_{2e})$。 △

例 **A.3** の H は因果的だが，$\gamma < \|u\|_{L_2}$ であるような $u \in L_2$ で 2) を満たさない。

引用・参考文献

1) G. E. Dullerud, F. Paganini: A Course in Robust Control Theory: A Convex Approach, Springer (2000)
2) 蛯原：LMI によるシステム制御, 森北出版 (2013)
3) 岩崎：LMI と制御, 昭晃堂 (1997)
4) 梶原：線形システム制御入門, コロナ社 (2000)
5) 美多, 小郷：システム制御理論入門, 実教出版 (1979)
6) 吉川, 井村：現代制御論, 昭晃堂 (1994)
7) 児玉, 須田：システム制御のためのマトリクス理論（計測自動制御学会編）, コロナ社 (1978)
8) 太田：システム制御のための数学 (1) —— 線形代数編, コロナ社 (2000)
9) 福島：非線形最適化の基礎, 朝倉書店 (2001)
10) 田中：凸解析と最適化理論, 牧野書店 (1994)
11) J. W. Helton, V. Vinnikov: Linear Matrix Inequality Representation of Sets, Comm. Pure Appl. Math., Vol.60, No.5, pp.654–674 (2007)
12) A. Ben-Tal, A. Nemirovski: Lectures on Modern Convex Optimization: Analysis, Algorithms, and Engineering Applications, SIAM (2001)
13) J. C. Willems: Least Squares Stationary Optimal Control and the Algebraic Riccati Equation, IEEE Trans. AC-16, No.6, pp.621–634 (1971)
14) S. Boyd, L. Vandenberghe: Convex Optimization, Cambridge University Press (2004)
15) 小島, 土谷, 水野, 矢部：内点法, 朝倉書店 (2001)
16) S. Boyd, L. El Ghaoui, E. Ferron, V. Balakrishnan: Linear Matrix Inequalities in System and Control Theory, SIAM (1994)
17) 川田：制御系解析・設計における数値計算/数式処理ソフトウェアの活用, システム/制御/情報, Vol.55, No.5, pp.159–164 (2011)
18) E. J. Candes, M. B. Watkin: An Introduction to Compressive Sampling, IEEE Signal Processing Magazine, vol.25, no.2, pp.21–30 (2008)
19) 赤穂：カーネル多変量解析 —— 非線形データ解析の新しい展開, 岩波書店 (2008)

20) 福田：半正定値計画問題に対するソルバーの紹介, オペレーションズ・リサーチ, Vol.55, No.7, pp.393–399 (2010)
21) 小島, 脇：多項式最適化問題に対する半正定値計画緩和, システム/制御/情報, 48-12, pp.447–482 (2004)
22) 村松：多項式計画と錐線形計画——多項式計画への線形計画からのアプローチ, システム/制御/情報, 50-9, pp.338–343 (2006)
23) M. Chilali, P. Gahinet: H_∞ Design with Pole Placement Constraints: An LMI Approach, IEEE Trans. Automat. Contr., vol.41, no.3, pp.358–367 (1996)
24) R. A. Horn, C. R. Johnson: Topics in Matrix Analysis, Cambridge University Press (1991)
25) J. C. Doyle, K. Glover, P. P. Khargoneker, B. A. Francis: State-space Solutions to Standard H_2 and H_∞ Control Problems, IEEE Trans. Automat. Contr., vol.34, no.8, pp.831–847 (1989)
26) H. Kimura: Chain-Scattering Approach to H_∞ Control, Birkhauser (1997)
27) S. Arimoto: Control Theory of Nonlinear Mechanical Systems, Oxford University Press (1996)
28) A. Megretski, A. Rantzer: System Analysis via Integral Quadratic Constraints, IEEE Trans. Automat. Contr., Vol.42, No.6, pp.819–830 (1997)
29) P. Gahinet, P. Apkarian: A Linear Matrix Inequality Approach to H_∞ Control, Int. J. Robust Nonlinear Control, Vol.4, pp.421–448 (1994)
30) T. Iwasaki, R. E. Skelton: All Controllers for the General H_∞ Control Problem: LMI Exsitence Conditions and State-Space Formulas, Automatica, Vol.30, pp.1307–1317 (1994)
31) I. Polik, T. Terlaky: A Survey of the S-lemma, SIAM review, Vol.49, No.3, pp.371–418 (2007)
32) V. A. Yakubovich: S-procedure in Nonlinear Control Theory, Vestnik Leningrad. Univ. Math., Vol.4, pp.73–93 (1977)
33) A. L. Fradokov: Duality Theorems for Certain Nonconvex Extremal Problems, Siberian Math. J. Vol.14, No.2, pp.247–264 (1973)
34) A. Rantzer: On the Kalman-Yakubovich-Popov Lemma, Systems and Control Letters, Vol.28, No.1, pp.7–10 (1996)
35) R. T. Rockafellar: Convex Analysis, Princeton University Press (1970)
36) 杉江, 藤田：フィードバック制御入門, コロナ社 (1999)

37) A. Rantzer, A. Megretski: System Analysis via Integral Quadratic Constraints Part II, Tech. Rep., Lund Institute of Technology (1997)
38) T. Iwasaki, S. Hara: Well-posedness of Feedback Systems: Insights into Exact Robustness Analysis and Approximate Computations, IEEE Trans. Automat. Contr., vol.43, no.5, pp.619–630 (1998)
39) C. A. Desoer, M. Vidyasagar: Feedback Systems: Input-Output Properties, Academic Press (1975)
40) 井村：システム制御のための安定論, コロナ社 (2000)
41) H. K. Khalil: Nonlinear Systems (3rd edition), Prentice Hall (2002)
42) 劉：線形ロバスト制御（計測自動制御学会編）, コロナ社 (2002)
43) I. Masubuchi, A. Ohara, N. Suda: LMI-Based Controller Synthesis: A Unified Formulation and Solution, Int. J. Robust Nonlinear Control, Vol.8, No.8, pp.669–686 (1998)
44) 増淵, 小原：LMI によるシンセシスと半正定値計画問題, 計測と制御, Vol.35, No.10, pp.743–750 (1996)
45) 蛯原, 萩原：伸張型線形行列不等式を用いた制御系の設計と解析, システム/制御/情報, Vol.48, No.9, pp.355–360 (2004)
46) C. Scherer, P. Gahinet, M. Chilali: Multiobjective Output-Feedback Control via LMI Optimization, IEEE Trans. Automat. Contr., Vol.42, No.7, pp.896–911 (1997)
47) 小原, 松本, 井手：あるクラスの IQC 条件を満たす変動に対するロバスト制御——多重ループゲイン・位相同時変動への応用, 計測自動制御学会論文集, Vol.37, No.6, pp.493–501 (2001)
48) Y. Yamada, S. Hara: Global Optimization for H_∞ Control with Constant Diagonal Scaling, IEEE Trans. Automatic Control, Vol.43, pp.191–203 (1998)
49) W. J. Rugh, J. S. Shamma: Research on Gain Scheduling, Automatica, 36, pp.1401–1425 (2000)
50) J. S. Shamma, M. Athans: Gain Scheduling: Potential Hazards and Possible Remedies, IEEE Control Systems Magazine, Vol.6, pp.101–107 (1992)
51) D. J. Leith, W. E. Leithead: Survey of Gain-Scheduling Analysis and Design, Int. J. Control, Vol.73, No.11, pp.1001–1025 (2000)
52) W. J. Rugh: Analytical Framework for Gain Scheduling, IEEE Control Systems Magazine, Vol.1, pp.79–84 (1991)

53) 佐藤：「実システムへの適用」という成熟期に入ったゲインスケジューリング制御, システム/制御/情報, Vol.57, No.2, pp.73–81 (2013)
54) 内田, 渡辺：ゲインスケジューリング —— 適応/非線形制御への展開, システム/制御/情報, Vol.42, No.6, pp.306–311 (1998)
55) 渡辺, 内田：実用化が見えてきたゲインスケジューリング, 計測と制御, Vol.38, pp.31–36 (1999)
56) 山本：常微分方程式の安定性, 実教出版 (1979)
57) 村松, 池田：補間アプローチによるモデリングと制御, システム/制御/情報, Vol.42, No.5, pp.269–276 (1998)
58) D. J. Stilwell, W. J. Rugh: Stability Preserving Interpolation Methods for the Synthesis of Gain Scheduled Controllers, Automatica, 36, pp.665–671 (2000)
59) 小原, 井手, 山口, 大野：ALFLEX 縦系飛行制御系の LPV モデリングとゲインスケジューリング制御, システム制御情報学会論文誌, Vol.12, No.11, pp.655–663 (1999)
60) J. S. Shamma, J. R. Cloutier: Gain-Scheduled Missile Autopilot Design Using Linear Parameter Varying Transformations, Journal of Guidance, Control and Dynamics, Vol.16, No.2, pp.256–263 (1993)
61) C. Scherer: LPV Control and Full Block Multipliers, Automatica, 37, pp.361–375 (2001)
62) 山口, 小原, 松本, 井手：IQC 条件を満たす多入出力系ゲインスケジューリング飛行制御則の設計, 日本航空宇宙学会論文集, Vol.50, No.581, pp.242–248 (2002)
63) 増淵, 小原：ロバスト行列不等式のシステム制御への応用, 計測と制御, Vol.44, No.8, pp.561–567 (2005)
64) E. Feron, P. Apkarian, P. Gahinet: Analysis and Synthesis of Robust Control Systems via Parameter-Dependent Lyapunov Functions, IEEE Transactions on Automatic Control, Vol.41, No.7, pp.1041–1046 (1996)
65) P. Gahinet, P. Apkarian, M. Chilali: Affine Parameter-Dependent Lyapunov Functions and Real Parametric Uncertainty, IEEE Transactions on Automatic Control, Vol.41, No.3, pp.436–442 (1996)
66) 大石, 藤崎：ロバスト制御のための確率的アプローチ：現状と展望, 計測と制御, Vol.44, No.8, pp.547–551 (2005)
67) A. Ohara, Y. Sasaki: On Solvability and Numerical Solutions of Parameter-Dependent Differential Matrix Inequality, Proc. of 40th IEEE C.D.C.,

pp.3593–3594 (2001)
68) P. Apkarian, R. J. Adams: Advanced Gain-Scheduling Techniques for Uncertain Systems, IEEE Trans. Contr. Syst. Tech., Vol.6, No.1, pp.21–32 (1998)
69) I. Masubuchi, I. Kurata: Gain-scheduled Control via Filtered Scheduling Parameters, Automatica, Vol.47, No.8, pp.1821–1826 (2011)
70) P. Gahinet, A. Nemirovski, A. J. Laub, M. Chilali: LMI Control Toolbox User's Guide, The Math Works (1995)
71) L. El Ghaoui, G. Scoretti: Control of Rational Systems Using Linear-fractional Representations and Linear Matrix Inequalities, Automatica, Vol.32, No.9, pp.1273–1284 (1996)
72) P. Apkarian, P. Gahinet: A Convex Characterization of Gain-Scheduled $\mathcal{H}_\infty$ Control, IEEE Transactions on Automatic Control, Vol.41, No.7, pp.853–864 (1995)
73) I. Masubuchi, A. Kume, E. Shimemura: Spline-Type Solution to Parameter-Dependent LMIs, Proc. 37th IEEE C.D.C., pp.1753–1758 (1998)
74) B. P. Molinari: Nonnegativity of a Quadratic Functional, SIAM J. Control, Vol.13, No.4, pp.792–806 (1975)

━━━━━━━━ 演習問題の解答 ━━━━━━━━

2章

【1】 定理 2.1 の 1)：

f が凸なら，epi$f$ の任意の要素 (x_1, y_1), (x_2, y_2) と $\alpha \in [0, 1]$ に対して

$$\alpha y_1 + (1-\alpha)y_2 \geqq \alpha f(x_1) + (1-\alpha)f(x_2) \geqq f(\alpha x_1 + (1-\alpha)x_2)$$

が成り立つので，$\alpha(x_1, y_1) + (1-\alpha)(x_2, y_2) \in $ epi$f$ となり，epi$f$ は凸集合である。逆に，epi$f$ が凸集合なら，$(x_1, f(x_1))$, $(x_2, f(x_2))$ は epi$f$ の要素なので，$\alpha \in [0, 1]$ に対して

$$\text{epi}f \ni \alpha(x_1, f(x_1)) + (1-\alpha)(x_2, f(x_2))$$
$$= (\alpha x_1 + (1-\alpha)x_2, \alpha f(x_1) + (1-\alpha)f(x_2))$$

が成り立ち，f は凸関数である。

定理 2.1 の 2)：

$\bar{x} := \alpha x_1 + (1-\alpha)x_2$, $h := x_2 - x_1$ とおく。$\bar{x} \in \mathcal{X}$ でのテーラー展開から，つぎの関係が得られる。

$$f(x_2) = f(\bar{x}) + \alpha \nabla f(\bar{x})h + \frac{\alpha^2}{2} h^T \nabla^2 f(\bar{x})h + o(||h||^2)$$

$$f(x_1) = f(\bar{x}) - (1-\alpha)\nabla f(\bar{x})h + \frac{(1-\alpha)^2}{2} h^T \nabla^2 f(\bar{x})h + o(||h||^2)$$

ただし，$o(||h||^2)$ は $||h|| \to 0$ で $||h||^2$ より速く 0 となる 3 次の剰余項である。両式にそれぞれ $(1-\alpha)$ と α をかけて足し合わせると

$$(1-\alpha)f(x_2) + \alpha f(x_1) = f(\bar{x}) + \frac{\alpha(1-\alpha)}{2} h^T \nabla^2 f(\bar{x})h + o(||h||^2)$$

が得られる。よって，f が凸関数なら $\alpha \in (0, 1)$ のとき

$$\frac{\alpha(1-\alpha)}{2} h^T \nabla^2 f(\bar{x})h + o(||h||^2) \geqq 0, \ \forall h, \ \text{s.t.} \ x_1, x_2 \in \mathcal{X}$$

が成り立つ必要があるが，もし $h^T \nabla^2 f(\bar{x})h < 0$ となる h が存在すると，

$||h|| \to 0$ で不等式が成立しなくなり，凸性に矛盾する．よって，$\nabla^2 f(\bar{x})$ は半正定値である．

逆に，ヘッセ行列が $\mathcal{X}$ 上で半正定値なら，$\bar{x}$ でのテーラー展開で 2 次の剰余項は非負となり，つぎの二つの不等式が成り立つ．

$$f(x_2) \geqq f(\bar{x}) + \alpha \nabla f(\bar{x})h$$
$$f(x_1) \geqq f(\bar{x}) - (1-\alpha)\nabla f(\bar{x})h$$

両式にそれぞれ $(1-\alpha)$ と α をかけて足し合わせると

$$(1-\alpha)f(x_2) + \alpha f(x_1) = f(\bar{x})$$

が得られる．

（準凸関数の必要十分条件）f が準凸とすると，$c := \max\{f(x_1), f(x_2)\}$ に対し，$\mathcal{L}_f(c)$ は凸で $x_1, x_2 \in \mathcal{L}_f(c)$ である．したがって，任意の $0 \leqq \alpha \leqq 1$ について $\alpha x_1 + (1-\alpha)x_2 \in \mathcal{L}_f(c)$ となり，$f(\alpha x_1 + (1-\alpha)x_2) \leqq c$ が導かれる．

逆を示す．まず，$\mathcal{L}_f(c) = \emptyset$ なる c に対しては，空集合は凸と定めた（定義参照）ので，$\mathcal{L}_f(c)$ は凸である．また，$\mathcal{L}_f(c) \neq \emptyset$ なる c に対しては，条件から $x_1, x_2 \in \mathcal{L}_f(c)$ ならば

$$\forall \alpha \in [0, 1], \quad f(\alpha x_1 + (1-\alpha)x_2) \leqq \max\{f(x_1), f(x_2)\} \leqq c$$

となり，$\alpha x_1 + (1-\alpha)x_2 \in \mathcal{L}_f(c)$ なので，$\mathcal{L}_f(c)$ はやはり凸である．

【2】 1) y_1, y_2 を極錐 $\mathcal{K}^\circ$ の要素とすると，任意の $\mathcal{K}$ の要素 x に対して，定義より

$$\langle \alpha y_1 + \beta y_2, x \rangle = \alpha \langle y_1, x \rangle + \beta \langle y_2, x \rangle \leqq 0, \quad \forall \alpha \geqq 0, \forall \beta \geqq 0$$

となるので，$\mathcal{K}^\circ$ は錐でかつ凸集合である．

2) $y \in (\mathrm{cl}\mathcal{K})^\circ \Rightarrow y \in \mathcal{K}^\circ$ は自明である．逆に，$y \in \mathcal{K}^\circ$ に対して $\langle x_0, y \rangle > 0$ となる $x_0 \in \mathrm{cl}\mathcal{K}$ があったならば，閉包の定義と内積の連続性から x_0 の近傍に $\langle x, y \rangle > 0$ を満たす $x \in \mathcal{K}$ が存在することになり，矛盾する．したがって，$\mathcal{K}^\circ = (\mathrm{cl}\mathcal{K})^\circ$．

3) $v \notin \mathcal{K}$ であるようなベクトル $v \in \mathbf{R}^n$ に対して，$\hat{v} - v$ のノルムが最小となるような $\hat{v} \in \mathcal{K}$（v の $\mathcal{K}$ への直交射影）が存在し

$$\langle v - \hat{v}, x - \hat{v} \rangle \leqq 0, \ \forall x \in \mathcal{K} \tag{a.1}$$

がその必要条件として得られる（実際，ある $x \in \mathcal{K}$ について $\langle v-\hat{v}, x-\hat{v}\rangle > 0$ ならば，$\mathcal{K}$ は凸錐なので十分小さい $\epsilon > 0$ について $\hat{v} + \epsilon(x-\hat{v}) \in \mathcal{K}$ かつ

$$\|\hat{v} + \epsilon(x-\hat{v}) - v\| < \|\hat{v} - v\|$$

となることが確認でき，$\|\hat{v}-v\|$ の最小性に反する）．式 (a.1) を変形すると

$$\langle v-\hat{v}, x\rangle \leqq \langle v-\hat{v}, \hat{v}\rangle, \quad \forall x \in \mathcal{K}$$

となるが，右辺が定数であることに注意すると，任意の $x \in \mathcal{K}$ について成立するには $\langle v-\hat{v}, x\rangle \leqq 0 \ (\forall x \in \mathcal{K})$ が結論される．したがって，$0 \neq v-\hat{v} \in \mathcal{K}^\circ$ が得られた．

【3】 1) ⇒ 2)：付録 A.1.2 項より A は固有値を対角要素に持つ対角行列 Λ によって

$$A = V\Lambda V^*, \quad V \in U(n)$$

と固有値分解できる．したがって，任意の非零ベクトル $x \in \mathbf{C}^n$ に対して定義より

$$0 < x^*Ax = x^*V\Lambda V^*x = \sum_{i=1}^n \lambda_i(A)y_i^2, \quad y = (y_i) = V^*x$$

が成り立つ．V は正則なので，この不等式は任意の非零ベクトル y に対しても成立する．したがって，2) が導かれる．

2) ⇒ 3)：A の固有値分解で固有値がすべて正なので，正則行列

$$\Lambda^{1/2} := \mathrm{diag}\{\sqrt{\lambda_1}, \cdots, \sqrt{\lambda_1}\}$$

を定義する．$L := \Lambda^{1/2}V^*$ とおくと，n 次正方行列 L は正則なので，$\mathrm{rank}\, L = n$ で $A = L^*L$ を満たす．

3) ⇒ 1)：非零ベクトル x のエルミート形式は

$$x^*Ax = x^*L^*Lx = y^*y = \sum_{i=1}^m |y_i|^2, \quad y := Lx$$

となる．$\mathrm{rank}\, L = n$（列フルランク）なので $y \neq 0$ となり，$x^*Ax > 0$ が得られる．

$1'), 2'), 3')$ の同値性については，上と同様なので省略する．

【4】 1) $T \in \mathbf{C}^{m \times n}$ かつ $\mathrm{rank}\, T = m$ なので，$x \neq 0$ なら $x^*T \neq 0$ である．したがって，任意の非零ベクトル x に対して $x^*TAT^*x > 0$ となる．

2) 順方向は定義より自明である。$\mathrm{rank} T = n$ のとき,任意のベクトル x に対して $x = T^* y$ となる y が存在することから,$x^* A x = y^* T A T^* y \geqq 0$ ($\forall x$) となり,逆が成立する。

3) まず,A の正,零,負それぞれの固有値数（慣性）がそれぞれ p, z, m 個 ($p + z + m = n$) であることは,ある正則行列 S が存在して A が

$$A = S I_{p,z,m} S^*, \quad I_{p,z,m} := \mathrm{block\text{-}diag}\{I_p, 0_{z \times z}, -I_m\} \quad (\mathrm{a.2})$$

と表せることと同値であることを示す。A の固有値分解を

$$A = V \Lambda V^*, \quad \Lambda = \mathrm{block\text{-}diag}\{\Lambda_p, 0_{z \times z}, -\Lambda_m\}, \quad V = [V_p \quad V_z \quad V_m]$$

とする。ここで,$\Lambda_p, -\Lambda_m$ はそれぞれ A の正,負固有値からなる対角行列である。2 乗して Λ_p, Λ_m と等しくなる対角行列をそれぞれ $\Lambda_p^{1/2}, \Lambda_m^{1/2}$ で表し

$$S := [V_p \Lambda_p^{1/2} \quad V_z \quad V_m \Lambda_m^{1/2}]$$

とおけば,S の各列は直交するので,$\det S \neq 0$ で式 (a.2) が成り立つ。

逆に,式 (a.2) が成り立つとき,正則行列 S を

$$S = [S_p \quad S_z \quad S_m]$$

のように,p, z, m 列ずつ分割したブロック行列を考えると

$$A = S_p S_p^* - S_m S_m^*$$

となる。$\mathcal{W}_{n-p}$ として S_m, S_z の各列ベクトルの張る部分空間を選ぶと

$$\max_{x \in \mathcal{W}_{n-p}, \|x\| = 1} x^* A x \leqq 0$$

なので,式 (2.33) より $\lambda_{p+1} \leqq 0$ が得られる。一方,$\mathcal{W}_p$ として S_p の各列ベクトルの張る部分空間を選ぶと

$$\min_{x \in \mathcal{W}_p, \|x\| = 1} x^* A x > 0$$

なので,式 (2.34) より $\lambda_p > 0$ が得られる。したがって,A は p 個の正固有値を持つ。同様に,負固有値も m 個あることを示すことができる。

以上の結果より,A の慣性が (p, z, m) で $B = T A T^*$ のとき,式 (a.2) より $B = T S I_{p,z,m} S^* T^*$ となるので,B の慣性も (p, z, m) となる。逆に,A と B の慣性が (p, z, m) に等しいとき,ある正則行列 S, W に対して式 (a.2)

と $B = WI_{p,z,m}W^*$ が成り立つので，$T = WS^{-1}$ が A と B を関係付ける正則行列となる．

【5】 歪対称性 $Y^T = -Y$ より，任意の実ベクトル x に対して

$$x^T Y x = (x^T Y x)^T = x^T Y^T x = x^T(-Y)x = -x^T Y x$$

が成り立つので，$x^T Y x = 0$ である．これに注意して，実部および虚部を x, y とする複素ベクトル z のエルミート形式を計算すると

$$\begin{aligned} z^*(X+jY)z &= x^T X x - x^T Y y + y^T Y x + y^T X y \\ &= \begin{bmatrix} x \\ y \end{bmatrix}^T \begin{bmatrix} X & -Y \\ Y & X \end{bmatrix} \begin{bmatrix} x \\ y \end{bmatrix} \end{aligned}$$

となり，（半）正定値性の定義より題意が成り立つ．

【6】 $X \succ 0$ とし，$0 < \epsilon < \lambda_{\min}(X)$ なる ϵ をとる．X の ϵ 近傍 $\{Y \mid \|Y - X\| < \epsilon\}$ 内の任意の行列 Y に対して，ノルムの性質（付録参照）$|u^*(Y-X)u| \leqq \|(Y-X)\|\|u\|^2$ により

$$u^* Y u = u^*(Y-X)u + u^* X u \geqq (\lambda_{\min}(X) - \|Y - X\|)\|u\|^2 > 0$$

となるので，$Y \succ 0$．よって $\mathrm{PD}(n)$ は開集合である．

$X \succeq 0$ ならば，任意の $\epsilon > 0$ に対して X の ϵ 近傍内の行列 $Y := X + \dfrac{\epsilon}{2}I$ が正定値となることは，定義どおりに確認できるので，X は $\mathrm{PD}(n)$ の閉包点である．したがって，$\mathrm{cl}\,\mathrm{PD}(n)$ は半正定値行列集合となる．

【7】 各 $\theta^{(k)}$ の成分を $\theta_i^{(k)}$ と表すと

$$\begin{aligned} M(\theta) &= M_0 + \sum_{i=1}^r \theta_i M_i = M_0 + \sum_{i=1}^r \left(\sum_{k=1}^q \alpha_k \theta_i^{(k)} \right) M_i \\ &= M_0 + \sum_{k=1}^q \alpha_k \left(\sum_{i=1}^r \theta_i^{(k)} M_i \right) \\ &= \sum_{k=1}^q \alpha_k \left(M_0 + \sum_{i=1}^r \theta_i^{(k)} M_i \right) \end{aligned}$$

となる．したがって，$M_0 + \sum_{i=1}^r \theta_i^{(k)} M_i$ $(k = 1, \cdots, q)$ が求める端点行列である．

3章

【1】 問題の不等式制約は，変数ベクトル $s \geqq 0$（スラック変数と呼ばれる）を導入し

$$A_2 x + s = b_2$$

と等式制約に直すことができる．また，$x = v - w$, $v \geqq 0$, $w \geqq 0$ と置き直せば，$\tilde{x} := [v^T \quad w^T \quad s^T]^T$ に対して

$$\underset{\tilde{x}}{\text{minimize}} \ [c^T \quad -c^T \quad 0]\tilde{x} \quad \text{s.t.} \quad \begin{bmatrix} A_1 & -A_1 & 0 \\ A_2 & A_2 & I \end{bmatrix} \tilde{x} = \begin{bmatrix} b_1 \\ b_2 \end{bmatrix}, \ \tilde{x} \geqq 0$$

と主問題の形で表現できる．一方，問題の等式制約は形式的に

$$-A_1 y \leqq -b_1, \quad A_1 y \leqq b_1 \quad \text{ただし, } y := x$$

と書き直せるので，目的関数の符号を替えて

$$\underset{y}{\text{maximize}} \ -c^T y \quad \text{s.t.} \quad \begin{bmatrix} A_1 \\ -A_1 \\ A_2 \end{bmatrix} y \leqq \begin{bmatrix} b_1 \\ -b_1 \\ b_2 \end{bmatrix}$$

と双対問題の形で表現できる．

【2】 M を最大化する線形判別関数を選ぶと，図 **3.2** のように二つのクラスから少なくとも一つずつサポートベクトルが定まることがわかる．それらを $x_+ := x_i$ と $x_- := x_j$ と表そう．また，正数 α に対し，判別超平面は $(w, b) \to (\alpha w, \alpha b)$ としても不変なので

$$f(x_+) = 1, \quad f(x_-) = -1 \tag{a.3}$$

となるよう規格化しておいてよい．このとき，マージン M の最大化は

$$2M = \left| \left\langle \frac{w}{\|w\|}, x_+ - x_- \right\rangle \right| = \frac{1}{\|w\|} \left| w^T(x_+ - x_-) \right|$$
$$= \frac{1}{\|w\|} |f(x_+) - f(x_-)| = \frac{2}{\|w\|}$$

の関係から，$\|w\|$（あるいは $\|w\|^2 = w^T w$）の最小化と等価となる．

さらに，$\|w\|$ を最小化することから，規格化の条件 (a.3) は

$$y_i f(x_i) = y_i(w^T x_i + b) \geqq 1, \quad i = 1, \cdots, N$$

と置き換えてよい．

以上をまとめると，マージン最大化は

$$\underset{w,b}{\text{minimize}} \ w^T w \quad \text{s.t.} \ y_i(w^T x_i + b) \geqq 1, \quad i = 1, \cdots, N$$

という凸 2 次計画問題として定式化される。

【3】目的関数は線形なので凸である。実行可能領域が凸であることを示す。$x, y \in \mathcal{K}_i$ とする。$\tilde{x} := [x_2 \ \cdots \ x_{k_i}]$, $\tilde{y} := [y_2 \ \cdots \ y_{k_i}]$ と表すと, $x_1 \geqq \|\tilde{x}\|$, $y_1 \geqq \|\tilde{y}\|$ を満たす。$\alpha x + (1-\alpha) y$ ($\alpha \in [0, 1]$) についても,三角不等式より

$$\alpha x_1 + (1-\alpha) y_1 \geqq \|\alpha \tilde{x}\| + \|(1-\alpha) \tilde{y}\| \geqq \|\alpha \tilde{x} + (1-\alpha) \tilde{y}\|$$

が成立するので,$\mathcal{K}_i$ は凸である。このことから,$A_i x + b_i \in \mathcal{K}_i$ を満たす x の集合を $\mathcal{X}_i$ とすると,任意の元 $x, y \in \mathcal{X}_i$ の凸結合に対し

$$A_i \{\alpha x + (1-\alpha) y\} + b_i = \alpha(A_i x + b_i) + (1-\alpha)(A_i y + b_i) \in \mathcal{K}_i$$

なので,$\mathcal{X}_i$ も凸である。実行可能領域はこれらの共通集合 $\bigcap_{i=1}^{m} \mathcal{X}_i$ であるが,補題 **2.1** の 1) より,この集合も凸となる。

【4】i) $z := A^* y - c \in \mathcal{K}_\mathcal{V}^\circ$ とおくと

$$\langle c, x \rangle_\mathcal{V} - \langle b, y \rangle_\mathcal{W} = \langle A^* y, x \rangle_\mathcal{V} - \langle z, x \rangle_\mathcal{V} - \langle b, y \rangle_\mathcal{W}$$
$$= \langle y, Ax \rangle_\mathcal{W} - \langle z, x \rangle_\mathcal{V} - \langle b, y \rangle_\mathcal{W} = -\langle z, x \rangle_\mathcal{V} + \langle Ax - b, y \rangle_\mathcal{W}$$

を得る。$z \in \mathcal{K}_\mathcal{V}^\circ$, $x \in \mathcal{K}_\mathcal{V}$, $Ax - b \in \mathcal{K}_\mathcal{W}$, $y \in -\mathcal{K}_\mathcal{W}^\circ$ と極錐の定義より

$$\langle z, x \rangle_\mathcal{V} \leqq 0, \quad \langle Ax - b, y \rangle_\mathcal{W} \geqq 0$$

となり,弱双対性不等式が成り立つ。

ii) 極錐の定義と例から,$\mathcal{K}_\mathcal{V}^\circ = (\mathbf{R}_+^n)^\circ = -\mathbf{R}_+^n$, $\mathcal{K}_\mathcal{W}^\circ = \{0\}^\circ = \mathbf{R}^m$ となるので,$\langle y, Ax \rangle = y^T(Ax) = x^T(A^T y) = \langle x, A^* y \rangle$ の関係から

$$\underset{x}{\text{minimize}} \ c^T x \quad \text{s.t.} \ Ax - b = 0, \ x \in \mathbf{R}_+^n$$
$$\underset{y}{\text{maximize}} \ b^T y \quad \text{s.t.} \ A^T y - c \in -\mathbf{R}_+^n, \ y \in \mathbf{R}^m$$

のように,LP の主・双対問題が得られる。

iii) 任意の $y \in \mathbf{R}^m$ と $X \in \text{Sym}(n)$ に対し,$z = A(X) \in \mathbf{R}^m$ とすると

$$\langle y, z \rangle = y^T z = \sum_{i=1}^{m} y_i \text{tr}(A_i X) = \left\langle \sum_{i=1}^{m} y_i A_i, X \right\rangle = \langle A^*(y), X \rangle$$

により,$A^*(y)$ が得られる。よって,ii) と同様に,$\mathcal{K}_\mathcal{V}^\circ = (\text{cl} \, \text{PD}(n))^\circ =$

$$-\operatorname{cl}\operatorname{PD}(n),\ \mathcal{K}_{\mathcal{W}}{}^{\circ} = \{0\}^{\circ} = \mathbf{R}^m\ \text{より}$$

$$\underset{X}{\text{minimize}}\ \langle C, X\rangle \quad \text{s.t.}\quad A(X) - b = 0,\ X \in \operatorname{cl}\operatorname{PD}(n)$$

$$\underset{y}{\text{maximize}}\ b^T y \quad \text{s.t.}\quad A^*(y) - C \in -\operatorname{cl}\operatorname{PD}(n),\ y \in \mathbf{R}^m$$

となる．線形写像 $A(X)$ と求めた線形写像 $A^*(y)$ を用いれば，SDP の主・双対問題となっていることがわかる．

4 章

【1】$q = 1$ のとき，式 (4.4) の右の不等式条件は

$$C_{11} \otimes (A^* X A) + C_{10} \otimes (A^* X) + C_{01} \otimes (XA) + C_{00} \otimes X \prec 0$$

であるが，A に関して 2 次の項は，クロネッカ積の性質 ii) より

$$C_{11} \otimes (A^* X A) = (I_m \otimes A^*)(C_{11} \otimes X)(I_m \otimes A)$$

となる．$C_{11} \succ 0$，$X \succ 0$ なので，クロネッカ積の性質 iii) より $C_{11} \otimes X \succ 0$ である．よって，シュール補元を用いて上記の不等式は

$$\begin{bmatrix} C_{10} \otimes (A^* X) + C_{01} \otimes (XA) + C_{00} \otimes X & (I_m \otimes A^*)(C_{11} \otimes X) \\ (C_{11} \otimes X)(I_m \otimes A) & -C_{11} \otimes X \end{bmatrix}$$
$$= \begin{bmatrix} C_{10} \otimes (A^* X) + C_{01} \otimes (XA) + C_{00} \otimes X & C_{11} \otimes (A^* X) \\ C_{11} \otimes (XA) & -C_{11} \otimes X \end{bmatrix}$$
$$\prec 0$$

と同値となる．式 (4.3) の右の不等式条件についても同様である．

【2】A は虚軸上に固有値を持たないので，KYP 補題より (a) は次式と同値である．

$$\begin{bmatrix} (j\omega I - A)^{-1} B \\ I \end{bmatrix}^* W \begin{bmatrix} (j\omega I - A)^{-1} B \\ I \end{bmatrix} \succ 0, \quad \forall \omega \in \mathbf{R} \cup \{\infty\}$$

これが (b) と同値であることは，**定理 4.3** の 3) と 4) の同値性の証明とまったく同じ手順で証明される．

【3】次式のインパルス応答 $g(t)$ を用いた入出力表現

$$y(t) = \int_0^t g(t - \tau) u(\tau) d\tau, \quad g(t) := C \exp(At) B$$

より，コーシー・シュワルツの不等式を用いて

$$\|y(t)\| \leqq \int_0^t \|g(t-\tau)\|^{1/2} \|g(t-\tau)\|^{1/2} \|u(\tau)\| d\tau$$
$$\leqq \left(\int_0^t \|g(t-\tau)\| d\tau\right)^{1/2} \left(\int_0^t \|g(t-\tau)\| \|u(\tau)\|^2 d\tau\right)^{1/2}$$

を得る。また，A は安定，すなわち $0 > \sigma := \max_i \{\mathrm{Re}\lambda_i(A)\}$ なので，ある正定数 k が存在し $\int_0^\infty \|g(\tau)\| d\tau \leqq k \int_0^\infty \exp(\sigma t) d\tau$ なので，左辺は有限値を持つ。これを c とおくと，$c \geqq \int_0^t \|g(\tau)\| d\tau$ と積分順序交換を用いて

$$\int_0^T \|y(t)\|^2 dt \leqq c \int_0^T \int_0^t \|g(t-\tau)\| \|u(\tau)\|^2 d\tau dt$$
$$= c \int_0^T \|u(\tau)\|^2 \int_\tau^T \|g(t-\tau)\| dt d\tau$$
$$\leqq c \int_0^T \|u(\tau)\|^2 \int_\tau^\infty \|g(t-\tau)\| dt d\tau$$
$$= c \int_0^T \|u(\tau)\|^2 d\tau \int_0^\infty \|g(t)\| dt$$
$$= c^2 \int_0^T \|u(\tau)\|^2 d\tau$$

となる。

【4】 因果的なシステムを Σ と表し，入力 u に対する Σ の出力を簡単に Σu と表すことにする。a) $\Rightarrow$ b) は $T \to \infty$ より従う。逆に，$u_T := P_T u \in L_2$ なので，$y := \Sigma u_T$ に対してつぎの不等式が成立する。

$$0 \leqq \int_0^\infty s(u_T, y) dt$$
$$= \int_0^\infty (u_T)^T M_{22} u_T + 2(\Sigma u_T)^T M_{12} u_T + (\Sigma u_T)^T M_{11} (\Sigma u_T)^T dt$$
$$\leqq \int_0^\infty (u_T)^T M_{22} u_T + 2(\Sigma u_T)^T M_{12} u_T + (P_T \Sigma u_T)^T M_{11} (P_T \Sigma u_T) dt$$
$$= \int_0^\infty (u_T)^T M_{22} u_T + 2(P_T \Sigma u_T)^T M_{12} u_T + (P_T \Sigma u_T)^T M_{11} (P_T \Sigma u_T) dt$$
$$= \int_0^\infty (u_T)^T M_{22} u_T + 2(P_T \Sigma u)^T M_{12} u_T + (P_T \Sigma u)^T M_{11} (P_T \Sigma u) dt$$
$$= \int_0^\infty s(u_T, y_T) dt = \int_0^T s(u, y) dt$$

ここで，3 行目の不等号は $M_{11} \preceq 0$ から，4 行目の等号は被積分関数第 2 項が

$t > T$ で零であることから得られ，5 行目の等号は因果性 $P_T \Sigma P_T u = P_T \Sigma u$ を用いて得られる。ただし，$y_T := P_T \Sigma u$ である。

【5】 (a) $\Rightarrow$ (b)：**定理 4.5** の 1) $\Rightarrow$ 2) と同様，A が安定なのでリアプノフ方程式 $A^T P + PA + C^T C = 0$ の解

$$P := \int_0^\infty e^{A^T t} C^T C e^{At} dt \succeq 0$$

が存在するが，(C, A) の可観測性と**補題 4.2** より，特に $P \succ 0$ となる。H_2 ノルムの定義より，b) が（特に左のリアプノフ不等式は等号で）成り立つ。
(b) $\Rightarrow$ (a)：$L^T L = -(A^T P + PA + C^T C) \succeq 0$ を満たす行列 L が存在するので，つぎのリアプノフ方程式が成り立つ。

$$A^T P + PA + \begin{bmatrix} C \\ L \end{bmatrix}^T \begin{bmatrix} C \\ L \end{bmatrix} = 0$$

(C, A) の可観測性から $([C^T \ L^T]^T, A)$ も可観測なので，$P \succ 0$ と**補題 4.2** より A は安定である。よって，P は

$$P := \int_0^\infty e^{A^T t} (C^T C + L^T L) e^{At} dt$$

と表される。したがって

$$\gamma^2 \geqq \mathrm{tr}(B^T P B)$$
$$= \|C(sI - A)^{-1} B\|_2^2 + \|L(sI - A)^{-1} B\|_2^2$$

であるが，$\|L(sI - A)^{-1} B\|_2 \geqq 0$ なので，(a) が示される。

一方，(C, A) の可観測性に代えて A の安定性の仮定のもとでは，(a) $\Rightarrow$ (b) は，P の正定値性を保証できないこと以外は上と同じである。(b) $\Rightarrow$ (a) は，A の安定性より上記の L を用いて (b) のリアプノフ不等式の解はやはり

$$P := \int_0^\infty e^{A^T t} (C^T C + L^T L) e^{At} dt$$

と表されるので，あとは (C, A) が可観測の場合と同じである。

5 章

【1】 **補題 5.1** の証明の定義や記号を用いると

$$V^T (Q + \rho BB^T) V = \begin{bmatrix} V_1^T Q V_1 + \rho \Sigma^2 & V_1^T Q V_2 \\ V_2^T Q V_1 & V_2^T Q V_2 \end{bmatrix}$$

となる。この行列が正定値であるためには，$V_2^T Q V_2 \succ 0$ なので対応する

シュール補元の正定値性

$$\rho\Sigma^2 + W \succ 0, \ \text{ただし}, W := V_1^T(Q - QV_2(V_2^TQV_2)^{-1}V_2^TQ)V_1$$

すなわち $\rho I \succ -\Sigma^{-1}W\Sigma^{-1}$ が，必要かつ十分である．したがって，最大固有値 $\lambda_{\max}(-\Sigma^{-1}W\Sigma^{-1})$ が ρ の下限値である．

[2] BXC^T には B, C の線形独立な列ベクトルしか関与しないので，簡単のため B, C とも列フルランクとする．四つの部分空間

$$\text{im}B \cap \text{im}C, \ \text{im}B \cap (\text{im}C)^\perp, \ (\text{im}B)^\perp \cap \text{im}C, \ (\text{im}B)^\perp \cap (\text{im}C)^\perp$$

のそれぞれの基底ベクトルを列ベクトルとする行列をそれぞれ $V_{BC}, V_{B\bar{C}}, V_{\bar{B}C}, V_{\bar{B}\bar{C}}$ と表し

$$V := [V_{BC} \quad V_{B\bar{C}} \quad V_{\bar{B}C} \quad V_{\bar{B}\bar{C}}] \tag{a.4}$$

とすると，V は正則である．また，ある正則行列 $\tilde{B} := \begin{bmatrix} B_1^T & B_2^T \end{bmatrix}^T$, $\tilde{C} := \begin{bmatrix} C_1^T & C_3^T \end{bmatrix}^T$ が存在して，B, C および $B^\perp, C^\perp$ は仮定や定義から

$$B = V\begin{bmatrix} B_1^T & B_2^T & 0 & 0 \end{bmatrix}^T, \ B^\perp = \text{block-diag}\{0, 0, I, I\}V^T$$

$$C = V\begin{bmatrix} C_1^T & 0 & C_3^T & 0 \end{bmatrix}^T, \ C^\perp = \text{block-diag}\{0, I, 0, I\}V^T$$

と書ける．$Q' := VQV^T$ とし，式 (a.4) に従って Q' を分割した各ブロックを Q'_{ij} $(i,j=1,\cdots,4)$ と表す．これらの関係を用いると，条件 3) は，$Q'_{44} \succ 0$ とこれをシュール補元とする不等式

$$\begin{bmatrix} Q'_{11} & Q'_{12} & Q'_{13} \\ Q'^T_{12} & Q'_{22} & Q'_{23} \\ Q'^T_{13} & Q'^T_{23} & Q'_{33} \end{bmatrix} + \begin{bmatrix} B_1 \\ B_2 \\ 0 \end{bmatrix} X \begin{bmatrix} C_1 \\ 0 \\ C_3 \end{bmatrix}^T + \begin{bmatrix} C_1 \\ 0 \\ C_3 \end{bmatrix} X^T \begin{bmatrix} B_1 \\ B_2 \\ 0 \end{bmatrix}^T$$
$$- \begin{bmatrix} Q'_{14} \\ Q'_{24} \\ Q'_{34} \end{bmatrix} Q'^{-1}_{44} \begin{bmatrix} Q'_{14} \\ Q'_{24} \\ Q'_{34} \end{bmatrix}^T \succ 0 \tag{a.5}$$

との連立不等式に同値となる．式 (a.5) で (2,2) と (3,3) ブロックは，2) の

$$B^\perp Q(B^\perp)^T = \begin{bmatrix} Q'_{33} & Q'_{34} \\ Q'^T_{34} & Q'_{44} \end{bmatrix} \succ 0, \quad C^\perp Q(C^\perp)^T = \begin{bmatrix} Q'_{22} & Q'_{24} \\ Q'^T_{24} & Q'_{44} \end{bmatrix} \succ 0$$

から正定値であるので，式 (a.5) が成り立つように残りのブロックを X で定める．例えば，(1,1), (1,3), (2,1), (2,3) ブロックに関してまとめて

$$\begin{bmatrix} Q'_{11}/2 & Q'_{13} \\ Q'^T_{12} & Q'_{23} \end{bmatrix} + \begin{bmatrix} B_1 \\ B_2 \end{bmatrix} X \begin{bmatrix} C_1 \\ C_3 \end{bmatrix}^T = X' := \begin{bmatrix} X'_{11} & 0 \\ 0 & 0 \end{bmatrix}$$

が成り立つように (ただし $X'_{11} + X'^T_{11} \succ 0$), X を定めてみよう。$\tilde{B}, \tilde{C}$ の正則性から，左辺第1項の行列を Q'' と表し $X = \tilde{B}^{-1}(X' - Q'')\tilde{C}^{-1}$ が得られ，式 (a.5) の左辺は block-diag$\{X'_{11} + X'^T_{11}, Q'_{22} - Q'_{24}Q'^{-1}_{44}Q'^T_{24}, Q'_{33} - Q'_{34}Q'^{-1}_{44}Q'^T_{34}\}$ となり，正定値性が保証される。

【3】 ある L が存在し，$H = LL^T$ と書ける。$B^T HC = 0$ より

$$0 = B^T HC = (B^T L)(C^T L)^T$$

となるので，ある直交行列 U が存在して以下のように表せる。

$$B^T LU = \begin{bmatrix} 0 & M \end{bmatrix}, \qquad C^T LU = \begin{bmatrix} N & 0 \end{bmatrix}$$

したがって，$LU = \begin{bmatrix} L_1 & L_2 \end{bmatrix}$ とおくと，$B^T L_1 = 0$ と $C^T L_2 = 0$ より，それぞれ

$$L_1 = (B^\perp)^T Z_1, \quad L_2 = (C^\perp)^T Z_2, \qquad \exists Z_1, Z_2$$

と書ける。よって

$$H = L_1 L_1^T + L_2 L_2^T = (B^\perp)^T Z_1 Z_1^T B^\perp + (C^\perp)^T Z_2 Z_2^T C^\perp$$

となる。

【4】 定理 5.1 で述べたように，τ_1 に関する LMI の 2 次形式を考えれば十分性は明らかである。必要性も定理 5.1 の証明とほぼ同様（フィンスラーの補題の考慮は不要）であるが，相違点は，$\mathcal{K}$ の代わりに閉凸錐 $\mathcal{K}' := \{(f_1(x), f_0(x)) \in \mathbf{R}^2 | x \in \mathbf{R}^n\} = \mathcal{K} \cup \{0\}$ を定義するところである。これに対応して

$$\mathcal{Q}' := \{(u_1, u_2) | u_1 > 0, u_2 < 0\}$$
$$\mathcal{D}'_1 := \{x | f_1(x) \geqq 0\}, \quad \mathcal{D}'_2 := \{x | f_0(x) < 0\}$$
$$\mathcal{D}'_3 := \mathbf{R}^n \backslash (\mathcal{D}'_1 \cup \mathcal{D}'_2) = \{x | f_1(x) < 0, f_0(x) \geqq 0\}$$

と定めれば，今度は $\mathcal{Q}'$ が開凸錐で $\mathcal{Q}' \cap \mathcal{K}' = \emptyset$ となるので，分離定理より

$$\begin{bmatrix} f_1(x) & f_0(x) \end{bmatrix} \begin{bmatrix} \mu_1 \\ \mu_2 \end{bmatrix} \geqq 0, \quad \forall x \in \mathbf{R}^n$$

$$\begin{bmatrix} u_1 & u_2 \end{bmatrix} \begin{bmatrix} \mu_1 \\ \mu_2 \end{bmatrix} < 0, \quad \forall \begin{bmatrix} u_1 & u_2 \end{bmatrix} \in \mathcal{Q}'$$

となる $[\mu_1\ \mu_2] \neq 0$ ($\mu_1 \leqq 0$, $\mu_2 > 0$) の存在が導かれ，必要性が示される．

[5] 1) 閉包の定義より $\mathrm{cl}(\mathcal{K}^\circ) \supset \mathcal{K}^\circ$ なので，$\mathrm{cl}(\mathcal{K}^\circ) \backslash \mathcal{K}^\circ = \emptyset$ を示す．もし $\exists s \in \mathrm{cl}(\mathcal{K}^\circ) \backslash \mathcal{K}^\circ$ なら，$s \notin \mathcal{K}^\circ$ より $\langle s, x_0 \rangle > 0$ を満たすある $x_0 \in \mathcal{K}$ が存在し，かつ $s \in \mathrm{cl}(\mathcal{K}^\circ)$ より任意の $\epsilon > 0$ に対して

$$\exists s' \in \mathcal{K}^\circ, \quad \|s - s'\| < \epsilon, \quad \langle s', x_0 \rangle \leqq 0$$

となる．しかし，$\epsilon < \langle s, x_0 \rangle / \|x_0\|$ とすると，シュワルツの不等式より

$$\langle s', x_0 \rangle \geqq \langle s, x_0 \rangle - |\langle s - s', x_0 \rangle| \geqq \langle s, x_0 \rangle - \|s - s'\|\|x_0\|$$
$$> \langle s, x_0 \rangle - \epsilon \|x_0\| > 0$$

となり $\langle s', x_0 \rangle \leqq 0$ に矛盾する．

2) 極錐の定義（11ページ参照）から明らかである．

3) 極錐の定義とそこで述べた注における $\mathcal{K}^\circ = (\mathrm{cl}\mathcal{K})^\circ$ より，$x \in \mathrm{cl}\mathcal{K}$ なら $\forall s \in (\mathrm{cl}\mathcal{K})^\circ = \mathcal{K}^\circ$, $\langle s, x \rangle \leqq 0$ なので，$x \in \mathcal{K}^{\circ\circ}$ でもある．逆は，$x \in \mathcal{K}^{\circ\circ}$ なのに $x \notin \mathrm{cl}\mathcal{K}$ だったとすると，$\langle s_0, x \rangle > 0$ を満たす $s_0 \in (\mathrm{cl}\mathcal{K})^\circ$ が存在することになるが，$(\mathrm{cl}\mathcal{K})^\circ = \mathcal{K}^\circ$ なので矛盾する．

4) $\mathcal{K}_i \ni 0$ ($i = 1, 2$) より $\mathcal{K}_i \subset \mathcal{K}_1 + \mathcal{K}_2$ ($i = 1, 2$) である．したがって，2) より $\mathcal{K}_i^\circ \supset (\mathcal{K}_1 + \mathcal{K}_2)^\circ$ ($i = 1, 2$) である．ゆえに，$(\mathcal{K}_1 + \mathcal{K}_2)^\circ \subset \mathcal{K}_1^\circ \cap \mathcal{K}_2^\circ$ となる．

一方，$s \in \mathcal{K}_1^\circ \cap \mathcal{K}_2^\circ$ に対して次式が成り立つ．

$$\forall x \in \mathcal{K}_1 + \mathcal{K}_2, \quad \langle s, x \rangle = \langle s, x_1 \rangle + \langle s, x_2 \rangle \leqq 0$$

ただし，$x_1 \in \mathcal{K}_1$, $x_2 \in \mathcal{K}_2$ である．したがって，$\mathcal{K}_1^\circ \cap \mathcal{K}_2^\circ \subset (\mathcal{K}_1 + \mathcal{K}_2)^\circ$ となる．

[6] まず，リニアリティ空間条件 S2) は，$\mathcal{S} = \mathcal{K} = \mathbf{R}^n$ の場合も，これ以外の一般の閉有限錐の場合も，($\mathcal{S} = \mathcal{K}$ なので) それぞれ自明であろう．ファーカスの補題の 1) は $b = \theta \in \mathcal{S} = \mathrm{cl}\mathcal{S} = \mathrm{cl}\mathcal{S} + \mathrm{cl}\mathcal{K}$ と書き直せるので，**定理 5.4** から，これはつぎの条件と同値である．

$$\langle b, y \rangle \leqq 0, \quad \forall y \in \mathcal{S}^\circ \cap \mathcal{K}^\circ = \mathcal{S}^\circ$$

この条件の否定は

$$\exists y \in \mathcal{S}^\circ, \quad \langle b, y \rangle > 0$$

なので，$\langle a_i, y \rangle \leqq 0$ ($i = 1, \cdots, n$) より，ファーカスの補題の 2) が成り立つ．

6章

【1】 $e(t)$ に対する $G(s)$ の出力を $y_e(t)$ とすると，$G(s)$ は線形システムなのでループ外からの入力を $d := f + y_e$ とまとめて，閉ループ系 (G, Δ) の応答は

$$w(t) = (\Delta v)(t), \quad \dot{x}(t) = Ax(t) + Bw(t), \quad x(0) = x_0,$$
$$v(t) = Cx(t) + d(t)$$

と表せる。これを一つの微分方程式で書くと

$$\dot{x}(t) = Ax(t) + \{B\Delta(Cx + d)\}(t)$$

となる。この解 $x(t)$ は，存在すれば連続関数で

$$x(t) = (Hx)(t) := x_0 + \int_0^t Ax(\tau) + \{B\Delta(Cx + d)\}(\tau) d\tau$$

を満たす。1未満の正数 ρ を選んで $\mathcal{I} := [0, T]$, $T := \rho/(\|A\| + \kappa\|B\| \cdot \|C\|)$ とすれば，任意の $t \in \mathcal{I}$ と $x, \tilde{x}$ に対し，不等式

$$\|(Hx)(t) - (H\tilde{x})(t)\|$$
$$\leqq \int_0^t \|A(x - \tilde{x}) + B\{\Delta(Cx + d) - \Delta(C\tilde{x} + d)\}\| d\tau$$
$$\leqq \|A\| \int_0^t \|x - \tilde{x}\| d\tau + \|B\| \int_0^t \|\Delta(Cx + d) - \Delta(C\tilde{x} + d)\| d\tau$$
$$\leqq t\|A\| \cdot \|x - \tilde{x}\|_{\mathcal{I}} + t\|B\| \cdot \|\Delta(Cx + d) - \Delta(C\tilde{x} + d)\|_{\mathcal{I}}$$
$$\leqq t(\|A\| + \kappa\|B\| \cdot \|C\|)\|x - \tilde{x}\|_{\mathcal{I}}$$

が成り立つので，縮小写像の定理より $[0, T]$ で $x(t)$ が一意に存在する。$x(T)$ をつぎの区間の初期値として $[T, 2T]$，さらに $[2T, 3T]$，$\cdots$ と考えていけば，同様な結果が成り立ち，区間を延長することができる。したがって，微分方程式の解 $x(t)$ が $t \geqq 0$ で一意に存在することがいえる。

また，$x(t)$ は連続関数なので，任意の有限時刻 T' に対して区間 $[0, T']$ で2乗可積である。よって，$x \in L_{2e}$ であり，$v, w \in L_{2e}$ も定まり，well-posedである。

【2】 複素単位円とその内部を $\mathbf{C}_{+e}$ へ移す1次変換（ケーリー変換）を $s = c(z) := (1-z)/(1+z)$ とする。また，任意の複素定数ベクトル v を一つ選び

$$g(s) := v^* \begin{bmatrix} G(s) \\ I \end{bmatrix}^* \Pi \begin{bmatrix} G(s) \\ I \end{bmatrix} v$$

とおくと，$G(s)$ の安定性の仮定から，$\tilde{g}(z):=g(c(z))$ は $|z|\leqq 1$ で正則である．よって，$\tilde{g}(z)$ には $|z|\leqq 1$ で最小値があり，これを m とすると，$\tilde{g}(z)-m$ は $|z|\leqq 1$ で正則かつ非負である．したがって，最大値の原理から

$$\max_{|z|\leqq 1}|\tilde{g}(z)-m|\leqq \max_{|z|=1}|\tilde{g}(z)-m|$$

を得るが，絶対値は省ける．$c(z)$ による変換関係と条件 iii) から

$$\max_{s\in\mathbf{C}_{+e}}g(s)=\max_{|z|\leqq 1}\tilde{g}(z)\leqq \max_{|z|=1}\tilde{g}(z)=\max_{\omega\in\mathbf{R}\cup\{\infty\}}g(j\omega)\leqq -\epsilon v^*v$$

となる．v は任意の複素ベクトルであったので，題意が示されたことになる．

【3】 式 (6.14) の特別な場合として，$\tau=1$，$\Delta(t)=\Delta_i$ のとき，式 (6.16) が成り立つことは明らかである．

逆を示す．$\Pi_{22}\prec 0$ より，シュール補元を用いると，式 (6.16) は

$$\begin{bmatrix}\Pi_{11}+\Pi_{12}\Delta_i+\Delta_i^T\Pi_{12}^T & \Delta_i^T \\ \Delta_i & -\Pi_{22}\end{bmatrix}\succ 0,\ i=1,\cdots,r \qquad (\text{a.6})$$

と同値である．これらのおのおのの不等式に $\alpha_i\geqq 0$，$\sum_{i=1}^r\alpha_i=1$ を乗じて i について和をとれば，式 (a.6) で Δ_i を Δ に入れ替えた不等式が，任意の $\Delta\in\mathcal{U}_P$ に対して成り立つ．$0\in\mathcal{U}_P$ より，$\forall\tau\in[0,1]$ についても $\tau\Delta(t)\in\mathcal{U}_P$ であるから，式 (6.14) が導かれた．

【4】 式 (6.15) に左から $[I\ \ W_2^T\Delta_i^T]$，右から $[I\ \ W_2^T\Delta_i^T]^T$ をそれぞれかけると

$$W_2^T(\Pi_{11}+\Pi_{12}\Delta_i+\Delta_i\Pi_{12}^T+\Delta_i^T\Pi_{22}\Delta_i)W_2$$
$$+(A+W_1\Delta_iW_2)^TX+X(A+W_1\Delta_iW_2)\prec 0,\ i=1,\cdots,r$$

が得られる．式 (6.16) より左辺第 1 項は半正定値なので，式 (6.18) の LMI

$$(A+W_1\Delta_iW_2)^TX+X(A+W_1\Delta_iW_2)\prec 0,\ i=1,\cdots,r \qquad (6.18)$$

を得る．これらの LMI それぞれに α_i（ただし，$\alpha_i\geqq 0$，$\sum_{i=1}^r\alpha_i=1$）を乗じ i について和をとると，$\mathcal{U}_P$ の定義から 2 次安定条件 (6.17) が得られる．

逆を考える前に，W_2 は行フルランクとしても一般性は失われないことに注意する．そうでなければ，W_2 はある行列 U と行フルランクなある $\widetilde{W_2}$ を用いて $W_2=U\widetilde{W_2}$ と表せる．よって，$\widetilde{\Delta}:=\Delta U$ と置き直して $\widetilde{\Delta}$ が属するポリトープ型変動 $\widetilde{\mathcal{U}}_P:=\mathrm{conv}\{\Delta_iU\}_{i=1}^r$ を考え直せば，$A+W_1\Delta W_2=A+W_1\widetilde{\Delta}\widetilde{W_2}$

なので，同じロバスト安定性の問題である．

さて，逆に，式 (6.17) の特別な場合として式 (6.18) はただちに成立し，変形して

$$\begin{bmatrix} I \\ \Delta_i W_2 \end{bmatrix}^T \begin{bmatrix} A^T X + XA & XW_1 \\ W_1^T X & 0 \end{bmatrix} \begin{bmatrix} I \\ \Delta_i W_2 \end{bmatrix} \prec 0, \quad i = 1, \cdots, r$$

を得る．したがって十分小さい $\epsilon > 0$ が存在し，任意の非零ベクトル x に対し

$$\begin{bmatrix} x \\ \Delta_i W_2 x \end{bmatrix}^T \begin{bmatrix} A^T X + XA + \epsilon I & XW_1 \\ W_1^T X & \epsilon I \end{bmatrix} \begin{bmatrix} x \\ \Delta_i W_2 x \end{bmatrix} < 0,$$
$$i = 1, \cdots, r \quad \text{(a.7)}$$

となる．ここで，任意に与えた v, w について，x の凸 2 次最適化問題

$$\underset{x}{\text{maximize}} \begin{bmatrix} x \\ w \end{bmatrix}^T \begin{bmatrix} A^T X + XA + \epsilon I & XW_1 \\ W_1^T X & \epsilon I \end{bmatrix} \begin{bmatrix} x \\ w \end{bmatrix} \quad \text{s.t. } W_2 x = v$$

を考え，その最適値を $s(v, w)$ と表そう．実際，この最大化問題は W_2 が行フルランクなので，任意の v に対して $v = W_2 x$ を満たす実行可能解 x が存在し，目的関数のヘッセ行列 $A^T X + XA + \epsilon I$ の負定値性[†]から唯一解 x^* と $s(v, w)$ が定まる．煩瑣なため詳細を省略するが，ラグランジュ未定乗数法などでこれを解くと，最適解 x^* は v と w の線形変換で表され，代入し整理すると，ある定数対称行列 Π を用いて

$$s(v, w) = -\begin{bmatrix} v \\ w \end{bmatrix}^T \Pi \begin{bmatrix} v \\ w \end{bmatrix} = -\begin{bmatrix} v \\ w \end{bmatrix}^T \begin{bmatrix} \Pi_{11} & \Pi_{12} \\ \Pi_{12}^T & \Pi_{22} \end{bmatrix} \begin{bmatrix} v \\ w \end{bmatrix}$$

となる．すると，式 (a.7) と $s(v, w)$ の定義から，任意の非零ベクトル $v = W_2 x$ について $s(v, \Delta_i v) < 0$ が成立し，式 (6.16) が得られる．

一方，式 (6.15) は，やはり $s(v, w)$ の定義により任意の x と w について

$$\begin{bmatrix} x \\ w \end{bmatrix}^T \left(\begin{bmatrix} A^T X + XA & XW_1 \\ W_1^T X & 0 \end{bmatrix} + \begin{bmatrix} W_2 & 0 \\ 0 & I \end{bmatrix}^T \Pi \begin{bmatrix} W_2 & 0 \\ 0 & I \end{bmatrix} \right) \begin{bmatrix} x \\ w \end{bmatrix}$$
$$= 2x^T X(Ax + W_1 w) - s(W_2 x, w)$$
$$= 2x^T X(Ax + W_1 w) + \epsilon \|x\|^2 - \epsilon \|x\|^2$$
$$\quad - \max_{\widetilde{x}} \{ 2\widetilde{x}^T X(A\widetilde{x} + W_1 w) + \epsilon(\|\widetilde{x}\|^2 + \|w\|^2) \mid W_2 \widetilde{x} = W_2 x \}$$

[†] $\Delta(t) = 0$ でも式 (6.17) が成り立つため．

$$\leqq -\epsilon(\|x\|^2 + \|w\|^2)$$

となることから導かれる。

【5】 式 (6.17) ⇒ 式 (6.18) は，定数の変動 $\Delta(t) = \Delta_i$ を考えれば自明である。逆に，式 (6.18) が成り立つとき，ポリトープの定義より

$$\exists \alpha_i(t) \geqq 0, \ i = 1, \cdots, r, \ \sum_{i=1}^{r} \alpha_i(t) = 1, \quad \Delta(t) = \sum_{i=1}^{r} \alpha_i(t)\Delta_i$$

なので，各 (6.18) を $\alpha_i(t)$ 倍して i に関して和をとれば，式 (6.17) が得られる。

【6】 一般化制御対象 (6.21) と状態フィードバックゲイン K から構成される閉ループ系 (6.23) は

$$A_\mathrm{cl} = A + B_2 K, \ \ B_\mathrm{cl} = B_1, \ \ C_\mathrm{cl} = C_1 + D_{12} K, \ \ D_\mathrm{cl} = D_{11}$$

となる。クラス $\mathcal{L}$ の行列不等式は X_cl，$A_\mathrm{cl} X_\mathrm{cl}$，$B_\mathrm{cl}$，$C_\mathrm{cl} X_\mathrm{cl}$，$D_\mathrm{cl}$ でも表せるが（163 ページの脚注に注意），補助変数 W を用いた変数変換 $K = W X_\mathrm{cl}^{-1}$ により

$$A_\mathrm{cl} X_\mathrm{cl} = A X_\mathrm{cl} + B_2 W, \quad C_\mathrm{cl} X_\mathrm{cl} = C_1 X_\mathrm{cl} + D_{12} W$$

と W と X_cl のアファインな形に変換できるので，これらの変数の LMI で表せ，K を求めることができる。

7 章

【1】 S^{-1} に逆行列の微分公式を適用すると

$$\dot{X}_\mathrm{cl} = \begin{bmatrix} \dot{P}_g & -\dot{P}_g \\ -\dot{P}_g & -S^{-1}\dot{S}S^{-1}P_f P_g + S^{-1}\dot{P}_f P_g + S^{-1}P_f \dot{P}_g \end{bmatrix}$$

なので，$U_f^T \dot{X}_\mathrm{cl} U_f$ に代入して，(1,1) ブロック以外はただちに題意のとおり求められる。(1,1) ブロックはさらにつぎのように変形できる。

$$(P_f - S)\dot{P}_g P_f - \dot{S}S^{-1}P_f P_g S + \dot{P}_f P_g S$$
$$= (P_f - S)\dot{P}_g P_f - \dot{S}P_g P_f + \dot{P}_f P_g S$$
$$= (P_f - S)\dot{P}_g P_f + (\dot{P}_f - \dot{S})P_g P_f - \dot{P}_f P_g (P_f - S)$$
$$= \left(P_g^{-1}\dot{P}_g + \frac{d}{dt}(P_g^{-1})P_g\right)P_f - \dot{P}_f P_g P_g^{-1} = -\dot{P}_f$$

ただし，最初の等号では X_cl の (2,2) ブロックの対称性 $S^{-1}P_f P_g = P_g P_f S^{-1}$

を用いた.

【2】 各 E_j は求める係数行列 A_l に関して線形であることに注意する.スペクトルノルムの2乗誤差に関しては

$$t \geqq \sum_{j=1}^{N} \|E_j\|^2 \quad \Leftrightarrow \quad t = \sum_{j=1}^{N} t_j, \quad t_j I \succeq E_j^T E_j, \ j = 1, \cdots, N$$

なので,つぎのようになる.

$$\operatorname*{minimize}_{t_j, A_l} \sum_{j=1}^{N} t_j \quad \text{s.t.} \quad \begin{bmatrix} t_j I & E_j^T \\ E_j & I \end{bmatrix} \succeq 0, \ j = 1, \cdots, N$$

一方,フロベニウスノルムの2乗誤差に関しては

$$E^T := [\, E_1^T \quad E_2^T \quad \cdots \quad E_N^T \,]$$

とおくと

$$t \geqq \sum_{j=1}^{N} \|E_j\|_F^2 = \sum_{j=1}^{N} \operatorname{tr}(E_j^T E_j) = \operatorname{tr}\left(\sum_{j=1}^{N} E_j^T E_j \right) = \operatorname{tr}(E^T E)$$

なので,つぎのようになる.

$$\operatorname*{minimize}_{t, A_l, S} t \quad \text{s.t.} \quad t \geqq \operatorname{tr} S, \quad \begin{bmatrix} S & E^T \\ E & I \end{bmatrix} \succeq 0$$

索引

【あ】
圧縮サンプリング　62
アファイン結合　219
アファイン部分空間　6, 28
アファイン変換　10, 125
アファイン包　219
安定　1, 221
安定行列　79

【い】
一般化固有値　45
一般化制御対象　146
因果的　225

【う】
打切り作用素　224

【え】
エピグラフ　12
エルミート形式　17
円板定理　154

【お】
凹関数　14

【か】
可安定　222
開集合　218
可観測　221
可検出　222
可制御　221
加法的変動　141
慣性　20
緩和問題　72

【き】
記憶型　143
境界　219
供給率　89
強正実　93
強正実補題　102
強有界実　93
強有界実補題　103
極錐　11
近傍　218

【く】
クラス $\mathcal{L}$　162
クロネッカ積　82

【け】
ゲインスケジュールド制御　180
厳密にプロパ　221

【こ】
固有値分解　218
コレスキー因子　49

【さ】
最小解　48, 108
最大解　48
最適解　34, 54
最適制御　64
最適値　34, 53
最適レギュレータ　106
サブレベル集合　13
サポートベクトルマシン　66

【し】
自己双対　11, 31
実行可能　34
実行可能領域　53
実対称　17
周波数領域不等式　90
シュール補元　23
縮小的　95
受動　94
受動定理　153
主問題　55, 60
準凹関数　14
準凸関数　13
消散性　88
消散不等式　89
状態方程式　1, 78
乗法的変動　141
シルベスタの判別法　19
シルベスタ方程式　80
振幅制約　109

【す】
錐　8
錐線形計画　71
スケジューリング変数　180
スペクトルノルム　44, 217
スペクトル半径　42
スモールゲイン定理　153

【せ】
正実　93
正実補題　95
正象限　8
正則　45

正定値	18	
静 的	143	
積分2次制約	149	
セクタ	149	
セクタ型非線形	144	
セパレータ	149	
線形行列不等式	2, 21, 30	
線形計画法	60	
線形結合	219	
線形時不変システム	221	
線形分数変換	10, 125, 204	

【そ】

相対的内点	220
相対的内部	220
双対錐	11
双対定理	58
双対問題	55, 60

【た】

多項式最適化	72
単 体	8

【ち】

チェビシェフ近似	62
蓄積関数	89, 222
超平面	6
直交行列	218

【と】

特異値	44, 217
特異値分解	217
凸関数	12
凸計画	34, 54
凸結合	7, 219
凸集合	5
凸 錐	8
凸多面錐	9
凸 包	7, 219

凸2次計画	64
凸2次制約凸2次計画	63

【な】

内 積	216
内 点	218
内点法	54
内 部	218

【に】

入力受動	95

【の】

ノミナル	141
ノルム	216
ノルム有界型	145

【は】

パーセバルの等式	224
パラメータ凍結システム	181
半空間	6
半正定値	18
半正定値計画	2, 34
半負定値	18

【ひ】

ピークゲイン	110
非拡大的	95
非負結合	219
非負象限	8
非負包	9, 219

【ふ】

ファーカスの補題	131
フィンスラーの補題	116
負定値	18
プロパに分離	14
フロベニウスノルム	217
分離超平面	14

分離定理	14

【へ】

閉集合	219
閉 包	219
閉包点	219
ヘッセ行列	13

【ほ】

飽和要素	143
ポリトープ	7
ポリトープ型	145

【ま】

マルチプライヤ	157

【も】

目的関数	34, 53

【ゆ】

有界実	93
有界実補題	98
有限ゲインL_2安定	148, 224
有限錐	9
ユニタリ行列	218

【り】

リアプノフ関数	222
リアプノフ不等式	22, 81
リアプノフ方程式	79, 222
リッカチ不等式	23

【ろ】

ロバスト安定	147
ロバスト行列不等式	123
ロバスト性能	159
ロバスト線形計画	68

【C】

CQP	64

【F】

FDI	90

【H】

H_∞ ノルム	100
H_2 ノルム	105

【I】

IQC	149

【K】

KYP 補題	90, 128

【L】

LMI	2, 21, 30
LMI 領域	85
LP	60
LPV システム	184
LTI システム	182
LTV システム	182
L_2 安定	224
L_2 空間	223
L_2 ゲイン	224
L_2 ゲイン 1 以下	95
L_2 ノルム	223
L_{2e} 空間	224

【Q】

QCQP	63
quasi-LPV システム	191

【S】

SDP	2, 34
SOCP	66
SOS	74
S-lemma	119
S-procedure	119, 132

【W】

well-posed	148

1-ノルム	61
2 次安定	158, 195
2 次形式	18
2 次錐	9
2 次錐計画	66
2 乗和	74
∞-ノルム	61

―― 著者略歴 ――

- 1984年　東京大学工学部計数工学科卒業
- 1986年　東京大学大学院工学系研究科修士課程修了(計数工学専攻)
- 1989年　東京大学大学院工学系研究科博士課程修了(計数工学専攻),工学博士
- 1989年　大阪大学助手
- 1993年　大阪大学講師
- 1996年　大阪大学助教授
- 2007年　大阪大学准教授
- 2011年　福井大学教授
  　　　　現在に至る

行列不等式アプローチによる制御系設計
Matrix Inequality Approach to Control System Design

Ⓒ Atsumi Ohara 2016

2016 年 3 月 25 日　初版第 1 刷発行

検印省略	著　者　小 原 敦 美	
	発行者　株式会社　コロナ社	
	代表者　牛 来 真 也	
	印刷所　三 美 印 刷 株 式 会 社	

112-0011　東京都文京区千石 4-46-10

発行所　株式会社　コロナ社
CORONA PUBLISHING CO., LTD.
Tokyo Japan

振替 00140-8-14844・電話 (03) 3941-3131 (代)

ホームページ http://www.coronasha.co.jp

ISBN 978-4-339-03323-6　(新宅)　(製本:愛千製本所) G

Printed in Japan

本書のコピー,スキャン,デジタル化等の無断複製・転載は著作権法上での例外を除き禁じられております。購入者以外の第三者による本書の電子データ化及び電子書籍化は,いかなる場合も認めておりません。

落丁・乱丁本はお取替えいたします